10日でおぼえる XML入門教室 第2版

山田祥寛 著

SE SHOEISHA

本書内容に関するお問い合わせについて

このたびは翔泳社の書籍をお買い上げいただき、誠にありがとうございます。弊社では、読者の皆様からのお問い合わせに適切に対応させていただくため、以下のガイドラインへのご協力をお願いいたしております。下記項目をお読みいただき、手順に従ってお問い合わせください。

● ご質問される前に、弊社Webサイトの「正誤表」や「出版物Q＆A」をご確認ください。

　　正誤表　　　　http://www.seshop.com/book/errata
　　出版物Q＆A　　http://www.seshop.com/book/qa

● ご質問はすべて、http://www.seshop.com/book/qa/からお願いします。

弊社Webサイトの質問専用フォームサイトです。お電話や電子メールによるお問い合わせについては、原則としてお受けしておりません。

● インターネットがお使いになれない読者の方には、質問専用シートをお送りします。

お客様のお名前、ご住所、郵便番号、FAX番号、「質問専用シート希望」と明記のうえ、FAXか郵便で、下記宛先までお申し込みください。折り返し質問シートをお送りいたします。郵便の場合は、80円切手を同封してください。
シートがお手元に届きましたら、ご質問と必要事項を漏れなく記入し、「編集部読者サポート係」まで、FAXまたは郵便にてご返送ください。

● 郵便物送付先およびFAX番号

　　送付先住所　〒160-0006　東京都新宿区舟町5
　　FAX番号　　03-5362-3818
　　宛先　　　　（株）翔泳社出版局 編集部読者サポート係

● すぐに回答できない場合もあります。

回答は、ご質問いただいた手段によってご返事申し上げます。ご質問の内容がむずかしいもののときは、回答の作成に数日ないしはそれ以上の期間を要する場合があります。

● このようなご質問には、お答えできません。

本書の説明範囲を超えるもの、記述個所を特定されていないもの、また機械の故障や不具合など、お客様固有の環境に起因するご質問にはお答えできませんので、あらかじめご了承ください。

※本書に記載されたURL等は予告なく変更される場合があります。
※本書の出版にあたっては正確な記述につとめましたが、著者や出版社などのいずれも、本書の内容に対してなんらかの保証をするものではなく、内容やサンプルに基づくいかなる運用結果に関してもいっさいの責任を負いません。
※本書に掲載されているサンプルプログラムやスクリプト、および実行結果を記した画面イメージなどは、特定の設定に基づいた環境にて再現される一例です。

Microsoft、Windows、Windows NTは、米国Microsoft Corporationの米国およびその他の国における登録商標です。
その他、記載されている会社名、製品名は、各社の登録商標または商標です。

よ うこそ、XML入門教室へ！

この授業をすべて受講すれば、あなたもXMLを使って、日常業務を効率的に処理できるようになります。

　ちょうど今から3〜4年間前、XML（eXtensible Markup Language）は空前の大ブームにありました。猫も杓子もXML、次世代のWeb言語がついに登場した、などと騒がれたものです（それは大いなる誤解でもあったのですが）。

　それからいくばくかの年月が流れ、XMLがかつてのように喧騒の舞台にのぼることはほとんどなくなりました。

　では、XMLの時代はすぎさったのでしょうか？

　いいえ、そんなことはありません。

　XMLはもはや我々にとって「当たり前」の技術になったにすぎません。それは、テレビやビデオがもはや我々の生活にとって「あることが当たり前」のものであるのとまったく同様の感覚です。あってもなんら目をひくものでないにせよ、なければ困ってしまう——、そんな技術がXMLなのです。

　さまざまなアプリケーションの設定ファイルでXMLをベースにしているものが多くなってきました。近頃では、RSS（Rich Site Summary）と呼ばれるXMLベースのフォーマットでWebサイトの新着情報を配信するサイトも増えています。サイト間、システム間の連携（たとえば、皆さんもよく耳にするであろう「Webサービス」）においても、多くがニュートラルなXMLデータを基盤とするようになりました。

　つまり、XMLとはもはや「なにをするにも知っておいて当たり前。知らなければ、これからは不便する」、そんな技術になりつつあるのです。

　本書は、そのようなXMLの導入部分にあたる、基本的なXMLの構文、使い方について、重点的に紹介する書籍です。まずはXMLがどんなものか使ってみたい、なんでもいいから自分の手で書いてみたい、見てみたいという方には、ぜひとも手にとって見ていただきたいと思っています。

　HTMLをご存知の方はまずそのHTMLの延長としてXML構文を学ぶのも良いでしょう。XMLだけではなく、その周辺を取り巻く豊富な関連技術——文書構造の変換やスタイルを定義するXSLT、ドキュメントの動的な動作を可能にするDOM、厳密なデータ交換をする場合に欠かすことのできないDTD、XMLSchemaなどなど、XMLをまず導入するにあたって基本となる知識を総合的に解説します。そして本書最後には、これらの技術を総括した実用サンプルを（ほんのさわりの部分だけですが）ご紹介します。それが、今後のXML学習のさらなるステップのきっかけとして役立てば幸いです。

　なお、本書サポートサイトを以下URLで公開しています。Q&A掲示板、オンライン記事はじめ、タイムリーな情報を内容でお送りしていますので、併せてご利用ください。

http://www.wings.msn.to/

　　最後にはなりましたが、本書を執筆するにあたって、タイトなスケジュールの中で筆者の無理を調整いただいた（株）翔泳社の編集者諸氏、そして、傍らで原稿管理・校正作業などの制作をアシストしてくれた妻の奈美、両親、関係者ご一同に心から感謝の意を表します。

2004年10月吉日　山田祥寛

CONTENTS

第0日 オリエンテーション ……… vii
- XMLの機能と特徴 ……… viii
- サンプルプログラムのダウンロード ……… xxii

第1日 XMLの基本 ……… 1
- 1時限目　おぼえようXMLの基本 ……… 2
- 2時限目　同じ内容でもいろいろな書き方がある─XMLの多様な表現 ……… 12

第2日 XSLTスタイルシートでレイアウト ……… 19
- 1時限目　要素・属性の内容をXSLTで表示する ……… 20
- 2時限目　一覧表にして出力する ……… 32
- 3時限目　データをソートしてリンクを張る ……… 44

第3日 XSLTでの詳細情報表示 ……… 55
- 1時限目　画像表示や文章の装飾をする ……… 56
- 2時限目　条件分岐・数値整形で表示をより美しく ……… 70

第4日 高度なXSLT＋αテクニック ……… 79
- 1時限目　xPath関数を使ってみる ……… 80
- 2時限目　メンテナンス性の向上とより細かな表示の制御 ……… 92

第5日 DOMプログラミング ① ─── 103
- 1時限目　DOMを使ってXML文書を読み込んでみる ……………… 104
- 2時限目　XML文書から要素を抽出する ……………………………… 110
- 3時限目　XML文書から属性値を取り出す …………………………… 120

第6日 DOMプログラミング ② ─── 125
- 1時限目　ダイレクトに要素を抽出する ……………………………… 126
- 2時限目　XML文書にノードを追加する ……………………………… 134
- 3時限目　XML文書を更新、削除する ………………………………… 142

第7日 DTD（文書型宣言）を書いてみる ─── 149
- 1時限目　XML文書の中にDTDを記述する …………………………… 150
- 2時限目　XML文書の外にDTDを記述する …………………………… 160

第8日 XML Schemaを書いてみる ─── 169
- 1時限目　基本的なXML Schemaの記述 ……………………………… 170
- 2時限目　ちょっと高度なXML Schemaの記述 ……………………… 184

第9日 クライアントサイドでXMLプログラミング ─── 197
- 1時限目　XML SchemaでXML文書の構文チェック ………………… 198
- 2時限目　XSLTで動的にソートを行う ………………………………… 206
- 3時限目　蔵書検索システムを作ってみよう ………………………… 214

第10日 サーバーサイドでXMLプログラミング —— 223

1時限目　XSLTを動的に切り替えてみよう …………………………224
2時限目　XMLファイルをCSVファイルに変換する ………………………240
3時限目　データベースの内容をXMLファイルとしてダウンロードする…252

付録 —— 263

練習問題の解答 ……………………………………………………………264

索引 —— 290

第0日 オリエンテーション

一刻も早くXMLに触ってみたい。
そんなはやる心を抑えて、まずは準備体操をしておきましょう。
XMLとはいったいなんなのか、その周辺を取り巻く豊富な技術には「なにが」あるのか、これからXMLを学ぶにあたって具体的には「なにを」勉強していくのか、実際にXMLを使うためには「なにが」必要なのか、もろもろの前提知識をご紹介します。

XMLの機能と特徴

XML（eXtensible Markup Language）の作成をはじめる前に、XMLに関する予備知識を習得しておきましょう。ここでは、XMLとはなにか、XMLを使うとどのようなメリットがあるかを説明します。

XMLとはなにか

　一言で言ってしまうならば、XMLとは「情報記述言語」です。
　みなさんは、HTML (HyperText Markup Language)をご存じでしょう。HTMLは、プレーンテキスト（平文）にタグと呼ばれる命令を埋め込む (Markup) ことで文書を修飾したり、構造を示したりするWeb用のマークアップ言語です。たとえば、

> `<B>WORD</B>`は今一番普及しているワープロソフトです

と記述するだけで、ブラウザは`<B>`タグで囲まれた文字列を太字で表示してくれます。その容易さとなんでもこなす多機能性、そして、適当に書いてもそれなりに表示されてしまう気軽さが、インターネット普及に大いに貢献したのは、今さら言うまでもありません。
　しかし同時に、その整合の取れない多機能性と、構文解釈のあいまいさが、いざWebをシステムとして活用しようとしたときのネックとなったのも厳然たる事実です。たとえば、上の一文を見てみましょう。太字で表された「WORD」という言葉は、人間にとって太字であるという表面的な事実にとどまらず、「重要な単語なんだな」と推測させる材料になってくれます。文脈によっては、それが「テーマ」、「タイトル」であることまで判別できるかもしれません。
　しかし、コンピュータにとっては依然、`<B>`タグで囲まれた「WORD」は、太字で表示するべき文字列にすぎません。コンピュータにとって、それは「テーマ」でもなければ、「タイトル」でもないのです。
　ところが、XMLを使用すると、これが次のように、明確にその文字列単位のデータとしての意味合いを定義することが可能となります。

> `<keyword>WORD</keyword>`は今一番普及しているワープロソフトです

　このデータが人間にとってもコンピュータにとっても、非常に可読性に優れた言語であることは、容易に納得していただけるでしょう（ちなみに、こうして表現された情報を実際に見やすいように表示するために、XSLTという技術を使うのですが、これについては後述します）。
　また、このことは文書データをシステム的に検索する場合に、大きな意味合いをもちます。たとえば、これまでのHTML文書では「WORD」というキーワードを含ん

文書を検索するのに、「全文をくまなく」舐めなければなりませんでした。結果、キーワードでもなんでもない「WORD（単語）」であったり、「PassWord」といった、同じ「WORD」でも「WORD」違いであったり、はたまた、「sword」などといったまったく関係ない言葉の一部だったりと本来期待した結果とはずいぶんかけ離れた文字列が延々連なったあげくに、ようやくMicrosoft Officeの「WORD」が出てくるといったことがまま起こり得ます。

　これはHTMLが情報の属性情報をもたないための「欠陥」（本来の目的からすれば、欠陥といって過言ではないでしょう）にほかなりません。コンピュータに対して、ドキュメントのどこを探すべきか、情報を区別するための情報が与えられないのですから、やむを得ない話ではあります。しかしこれでは目的の結果を得るために、コンピュータがどれだけ余計な情報を検索してくるかわかりません。余計な情報に本当に必要な情報がうずもれてしまう可能性すらあるでしょう。

　しかしXML文書においては、キーワードがキーワードとしてコンピュータに認識されるように記述されています。これによって、コンピュータはまさにキーワードだけに的を絞って、情報を検索するのが可能となるのです。その結果、XML文書が普及した世界においては、インターネットという広大な情報空間を、一つの膨大な知識データベースとして扱うことも夢ではないのです。

【HTMLとXMLとの検索性】

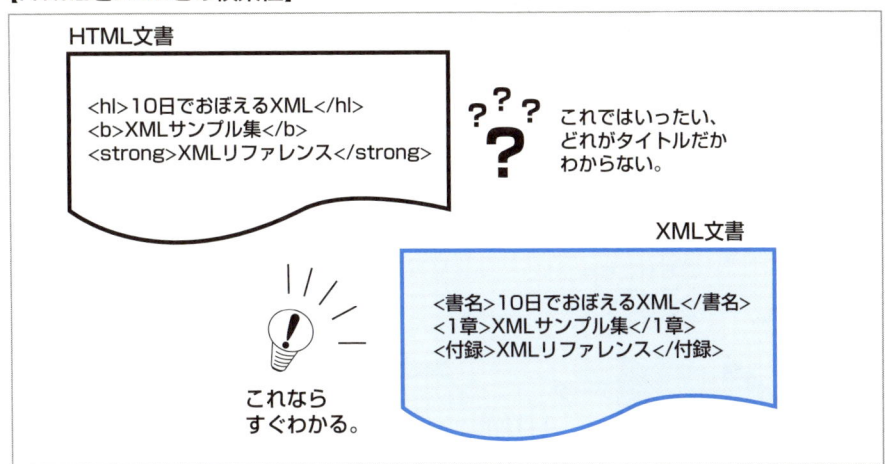

SGML/HTMLとの比較

　ここでは、XMLの特性を既存のSGML（Standard Generalized Markup Language）/HTMLと比較しながら、さらに明確にXMLの長所を概観してみましょう。
　ただし、この比較は、XMLがHTMLの次世代言語であることを意味しません。XMLがSGML/HTMLの問題意識のもとに生まれた言語であることは確かですが、XMLは単なるWeb上の表現言語にとどまらない、より広遠な可能性をもっています。

①メタ記述言語（言語定義を記述できる言語）

　HTMLが固定的なタグセット（<table>とか<frame>などの決められたタグセットを思い起こしてください）しかもたなかったのに対し、XMLは自分でタグを定めることができます。これによって、そのデータが文書タイトルであるのか、それとも商品名であるのかが、人間だけでなく、コンピュータにも認識できるようになっています。

②20年近い歴史をもつSGMLのサブセット/インターネット時代のHTMLをベースに

　SGMLというふるい歴史を持つ言語仕様に準拠することで、新しい言語でありながら、DTD（Document Type Definition：文書型定義）による文書構造チェックなど、非常に熟成された仕様を併せもちます。また、HTMLで培われたインターネットへの親和性と軽快さ、さらに、充実した構造記述仕様（XML Schema）や、より進化したリンク機能（XLink、XPointer）はXMLならではのものです。

③文書構造定義と文書修飾定義の明確な分離（One Source、Multi Use）

　情報としてのXMLドキュメント（文書構造定義）と表示形式としてのXSLT（eXtensible Stylesheet Language Transformations）ドキュメント（文書修飾言語）を明確に分離することで、情報の再利用性/転用性を高めています。1つのXML文書（One Source）でいくつものケースへの活用を可能とする（Multi Use）と言われるゆえんです。HTMLでも最近ではCSS（Cascading StyleSheet）により、文書修飾の機能を分離する試みがなされてきましたが、本来的に構造と修飾の分離が明示されてこなかったHTMLに比べ、XML+XSLTではより機能を明確に区分できます。

【なにもかもがいっしょくたになったHTML】

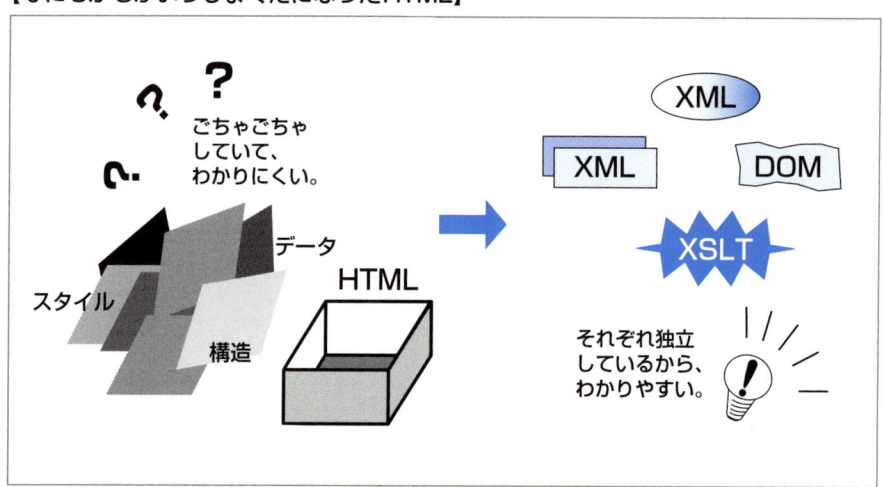

XMLを取り囲む豊富な周辺技術

　XMLという技術体系のすごさは、技術それ自体というよりも、体系としての「分散と集中」の徹底した切り分けの思想にあります。

　「分散」とは、個々の技術が役割分担を明確に切り分けている点（XML文書はデータ本体の記述、XSLTは変換、表示規則の記述、XML Schemaはメタデータの記述、DOMはビジネスフローの記述というように）であり、「集中」とはこれら個々の技術がすべて、XMLというきわめて簡素な規則を中核において、惑星軌道を描くように明確に体系化している点です。

　以下では、そんなXML技術を支える一連の周辺技術についてまとめてみることにしましょう。

①XML文書を変換、整形するXSLTスタイルシート

　XSLTは、1999年11月にW3C（World Wide Web Consortium）から勧告となったあらたなXML文書変換用言語です。

　そもそもXSLTは、より汎用的なXML文書用のスタイルシート言語XSL（eXtensible Stylesheet Language）のなかでも、XML実用にあたってより重要な文書変換部分のみを切り出した技術です。XSLは、XSLTのほかにFO（Formatting Objects）と呼ばれるスタイル指定の役割を担う仕様から構成されます。XSL/FOについてはあまりに膨大な技術仕様であったことからXSLTに遅れること約2年、2001年10月に勧告となっています。

　ただし、IE6.xなどのブラウザではXSL/FOにはまだ対応していませんので、ブラウザ上でXML文書を参照する場合には、XSLTでXML文書を表示形式（たとえばHTML）に変換し、CSSで細部のスタイルを指定するといった使い方になると思われます。

【XSLTとCSSとの働き】

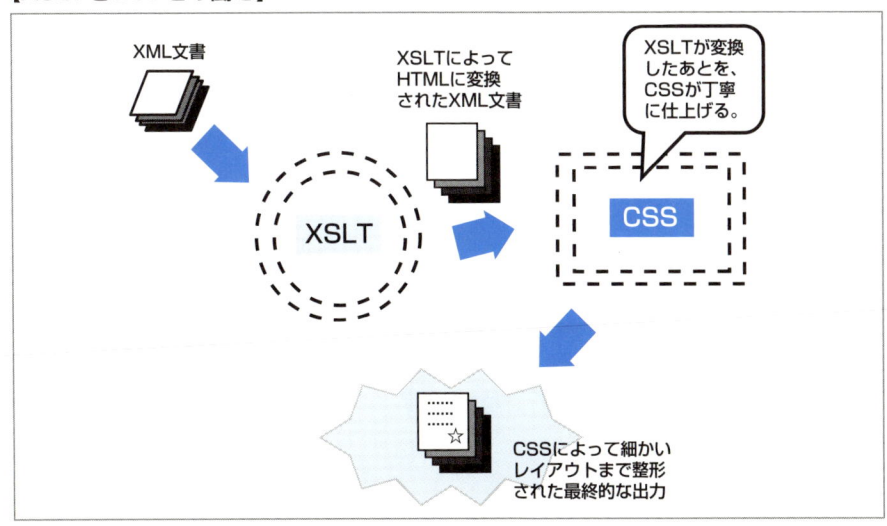

②XML文書を操作するDOM

　DOM（Document Object Model）とはその名が示すとおり、XML文書に含まれる各ノード（つまり、要素や属性、テキストなど）を汎用的に操作するためのオブジェクト群（道具箱）です。つまり、わたしたちはこのDOMを介することではじめて、文書モデルへのアクセス（読み書きなどの加工や抽出）を行うことができるようになるのです。

　現在もW3Cにおいて標準化、レベルアップの作業が着々と進められており、2000年11月にDOM Level2、2004年4月にDOM Level 3が勧告となっています。現時点では、まだLevel 3の機能を実装するパーサはさほどに多くない状況ですが、今後、次第とLevel2への対応が拡がっていくものと思われます。

③XSLTとDOMの違い

　先に紹介したXSLTもまた、XML文書から特定のノードを抽出し、加工するための言語です。

　それでは、DOMとはXSLTとなにが違うのでしょう？　また、DOMはXSLTとどう使いわければよいのでしょう？　至極もっともな疑問です。

　実際、XSLTとDOMとは一面非常によく似た役割をもっています。しかし、XSLTがスナップショット的に現在あるがままのXML文書を決められたルールに従って切り出す静的な仕組みであるとするならば、DOMはXML文書やXSLTスタイルシートを動的に結びつけたり（たとえば同一のデータを一覧表形式で見せたり、単票形式で見せたりなど）、また、編集、加工するための動的な仕組みです。

　XMLとXSLTだけに注目してしまうと、「XMLになったら、かえってHTMLより作成も面倒になったし、なんのメリットがあるのかわからない」という感想を抱かれてしまうかもしれません。しかし、このDOMを学ぶことによって、XMLとXSLTとを動的に結びつけるその柔軟性、簡易な操作を可能とするインターフェイスが、HTMLでは代え難いものであるという事実を実感できるに違いありません。

　また、本書後半では、そうしたXSLTとDOMとの相互補完的な技術連携のテクニックだけでなく、「それでは実際にこうしたDOMプログラミングがどのような局面に使用されているのか」という実用例をちりばめて紹介することにします。XMLをわれわれの生きた「生活」に結びつけることで、単純な技術「ノウハウ」の習得にとどまらず、実用的な「知識」にまで高めることとなれば幸いです。

【XSLTとDOMの違い】

④DTDとValid（妥当）なXML

　HTMLの延長線の技術として語られるとき、XMLはともすれば表示形式としての言語であると誤解されがちです。しかし、XMLの柔軟で中性的な（環境に束縛されない）特性は、むしろ異なるプラットフォーム間のデータ交換に適しています。

　タグを自由に拡張でき、構造の変更にも強いXMLは、従来のCSV（Commma Separeted Value：カンマ区切りテキスト）やTDV（Tab Delimited Value：タブ区切りテキスト）の中性的な（環境に依存しない）特性を継承しつつ、より高度でより柔軟なデータ交換の用途に耐えうるものでしょう。

　しかしXMLの自由度は、ともすれば、思わぬ落とし穴にもなりうるものです。

　XMLへの脚光は、かつてRDB（Relational DataBase：リレーショナルデータベース）が登場した当初と酷似しています。RDBは列と行とからなるテーブルというきわめて単純な概念の組み合わせで、データを簡単に格納できることから、急速に普及しました。しかし、その簡潔さゆえに、似たような意味をもつテーブルが整理もされずに乱立し、データの一元的なやりとりを難しくしてしまったのも事実です。テーブルどうしの互換性を保つために、間にデータ交換用の中間テーブルをかませ、テーブルどうしの関連がますます複雑化していく過程は、悪循環の螺旋であったとも言えます。

　もちろん、この事実はRDBの功績を否定するものではありません。しかし、XMLが今後実践のシステムに浸透していく過程での、よき教訓ではあるでしょう。

　なるほど、XMLはHTML同様のマークアップ言語であり、初心者でもデータの記述はそれほど困難ではありません。また、HTMLと異なり自由にタグを定められることから、個々人が拘束されるべき事柄は少ないと言えます。しかし、厳密なビジネスフローの中でXMLを採用した場合、簡易さがきわめて不都合な場合があります。たとえば、注文書XMLを考えてみましょう。

　同じ注文番号や顧客番号、品番、個数などを表すにも、次のように表すシステムがあったり、

```xml
<order id="abc-000" customerID="00001"
productsID="xyz-999" quantity="2" />
```

次のように表すシステムがあったとしたらどうでしょう。

```xml
<order>
  <id>abc-000</id>
  <customerID>00001</customerID>
  <productsID>xyz-999</productsID>
  <quantity>2</quantity>
</order>
```

　内容は同じなのに、システムがこれを読み取るにはやはり2つのプログラムなり、もしくはフォーマットを変換するためのXSLTを用意しなければなりません。これが

```
<odr oID="abc-000" cID="00001" pID="xyz-999" qty="2" />
```

のように、要素名、属性名が異なってきたり、

```
<order id="abc-000" customerID="00001"
 productsID="xyz-999" quantity="2" memo="comment" />
```

のように、想定外の要素、属性が追加されていたりした場合、さらに話は複雑になります。

　しかし、Well-Formed（整形式）と言われるXMLの規則においては、上のどちらも正しいXMLです。そこで、ある特定のデータ交換においては「この形式だけが正しい」という規則を別に用意する必要性が出てくるのです。これがDTD（Document Type Definition：文書型宣言）の役割です。

　DTDは、その名のとおり、ある文書の中に記述することができる要素、属性の種類、構造関係を定義するためのドキュメントです。XMLパーサは従来XML1.0で規定されている構文規則のほかに、個別に用意されたDTDを参照することで、XML文書が正しいかどうかを判定します。

　XML本来の構文にも、DTDにも従っているXML文書を、「Well-Formed XML」と区別する意味で、「Valid（妥当）なXML」と呼びます。

【DTDの必要性】

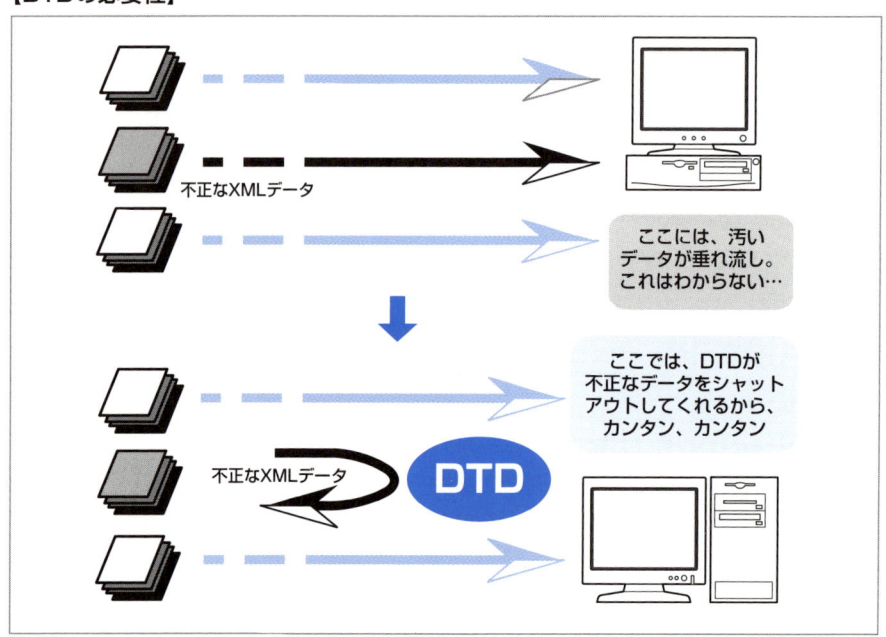

⑤DTDの欠点　そしてXML Schemaの登場

　しかし、DTDには根本的に実用には耐えられない限界がありました。それが次世代の文書型宣言XML Schemaの登場を促す原動力となったわけですが、以下にDTDの欠点とも言うべきポイントと、それがXML Schemaになってどのように改善されたのかを見ていくことにしましょう。

(1) DTDはXML構文とは異なる形式で記述される

```
<!ELEMENT books (owner,book+)>
<!ELEMENT owner (#PCDATA)>
<!ELEMENT book (name,author,category)>
```

　これはDTDの一部です。一見しただけで、XMLとはまったく構文規則が異なっていることが見てとれるでしょう。

　つまり、わたしたちはValidなXMLを記述するにあたって、XML構文の他にDTDの構文規則を学ぶ必要があります。また、パーサやその他の処理プログラムにもXMLを読み取るしくみの他にDTDを読み取るための「別な」しくみを用意しておく必要があります。これは開発時の煩雑さというだけでなく、処理的にもきわめて重いロジックとなります。

　しかし、XML SchemaはXMLの構文規則にのっとって記述される「XML文書」です。

```
<?xml version="1.0" encoding="Shift_JIS" ?>
<xsd:schema xmlns:xsd="http://www.w3.org/2001/XMLSchema">
  <xsd:element name="title" type="xsd:string" />
</xsd:schema>
```

　上記は基本的なXML Schemaの例ですが、XML文書そのものであるため、DTDに比べると、比較的親しみやすく思われるのではないでしょうか（感覚的なものでよいのです）。

　こうした構文規則の一元性は、わたしたちがあらたに学ぶ上でも、システム的な処理の上でもきわめて有利なことです。

【XML SchemaはXML文書】

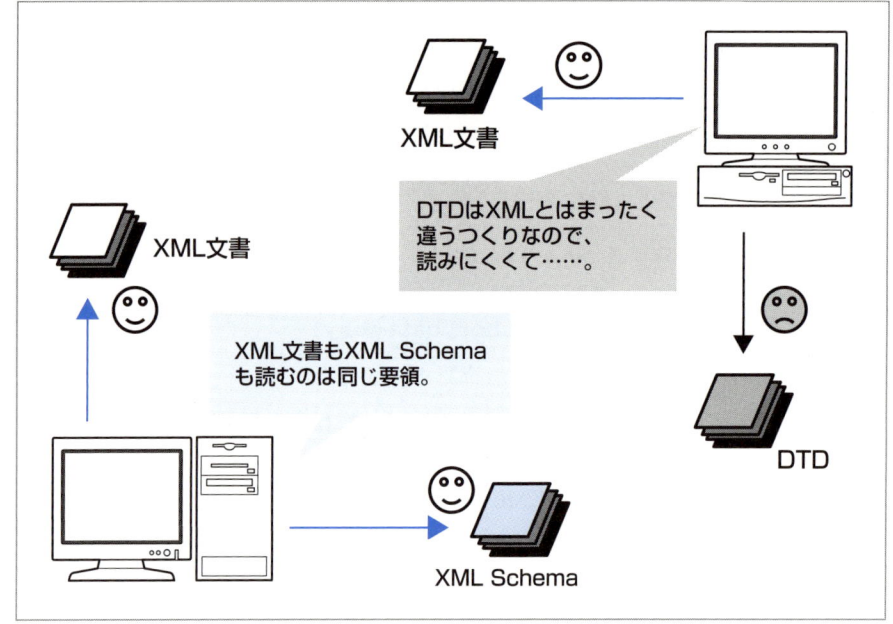

(2) DTDはデータ型をもたない

　もともと、DTDは前XML時代——SGMLの時代に開発された規格です。SGMLもまた、XMLやHTML同様、文書構造を表現するためのマークアップ言語ですが、その時代、文書はすなわちワープロで扱われるような散文的な（わたしたちにとってはもっとも身近な）文書でした。

　その時代の産物であるDTDは、文書の構造関係を表すことはできても、そのなかで表されるデータの型という概念は希薄です。データ型と言えば、かろうじて#PCDATAと呼ばれる文字列型を表せるだけです。

　一方で、XML時代たる現代では、文書と一口に言っても、散文的な一般文書にとどまらず、データベース的なさまざまなデータの集合体をも含みます。そうしたドキュメントでは、当然、含まれるデータが数値であるのか日付であるのか、あるいは数値であっても整数であるのか、負の数であるのか、いろいろ厳密な定義を要求されます。

　DTDはことごとくこれを文字列型（#PCDATA）で表すことができるだけです。

　しかし、XML Schemaは基本データ型として、文字列型、数値型、日付型、真偽型はじめデータベースで扱えるような一連の型をあらかじめ用意すると同時に、個別にデータ型を定義することができます。つまり、同じ文字列型であっても、文字列長は何桁以上なのか何桁以下なのか、数値型ならば、整数なのか小数なのか、正なのか負なのか、その時々の用途に応じて変動する詳細な定義を厳密に表現できるのです。

　このことだけを見ても、「文書交換」から「データ交換」へと変遷した現在の「データ処理」ニーズを満たすのはXML Schemaしかないことがおわかりになるでしょう。

【XMLSchemaはデータ型を表現できる】

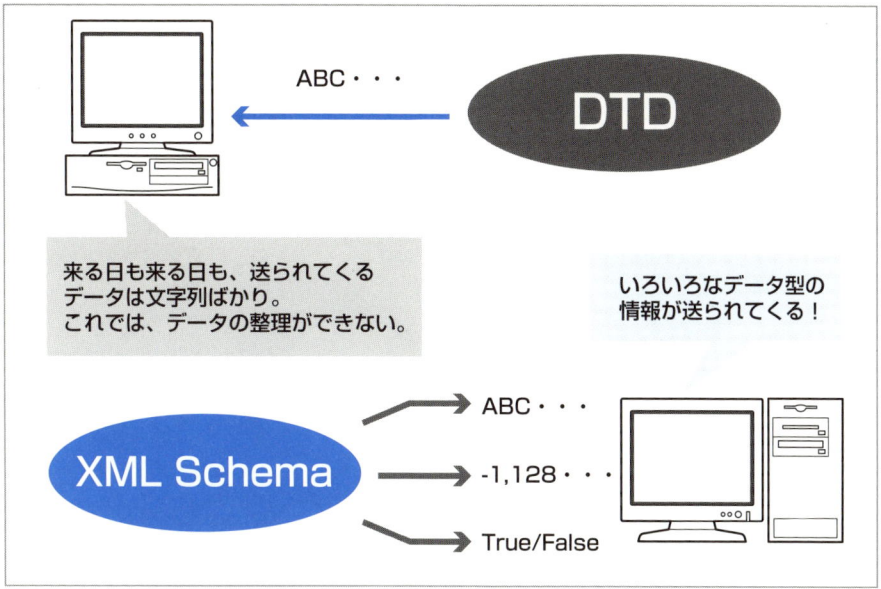

(3) DTDは名前空間をサポートしない

もうひとつ、XMLをサポートする重要な概念として、「名前空間」があります。名前空間は2つの文書定義を1つの文書内で扱う場合には、非常に重要な概念です。

たとえば、書籍XMLでは<name>要素は書名を表していたとしましょう。しかし、著者XMLでは<name>要素は著者名を表していたとします。これを同じXML文書内に統合した場合、異なる意味をもった<name>要素が同居することとなり、大変不便なことになってしまいます。もともとがXMLを採用したのも、HTMLではあいまいであったデータの内容を厳密に定義し、システム的に自動処理できるようにするためでした。しかし、今や要素名だけでは正しくデータの内容を表すことができなくなってしまったのです。

そこで名前空間の登場です。名前空間はこのように一意にならなくなってしまった要素（属性）名の前にプレフィックス（接頭辞）を付け、これがどの文書規則に従っているかを定めるための規格です。

たとえば、著者名を表す<name>要素は<author:name>とし、書名を表す<name>要素は<book:name>とすると定めれば、両者の名前が1つのXML文書内で一意となり、システム的にも両者を判別することができるようになるというわけです。

しかし、SGMLの時代においては、複数の文書型宣言を統合し、転用するという概念は希薄でした。当然、DTDにも名前空間の考え方はありません。XMLの重要な概念に対応できないということ自体、DTDの根本的な限界をそのまま表していると言えましょう。一方のXML Schemaは「XML文書」ですから、名前空間を表現することが可能です。

※名前空間の具体的な例がp.133にもあります。併せて参照してみてください。

【名前空間による区別】

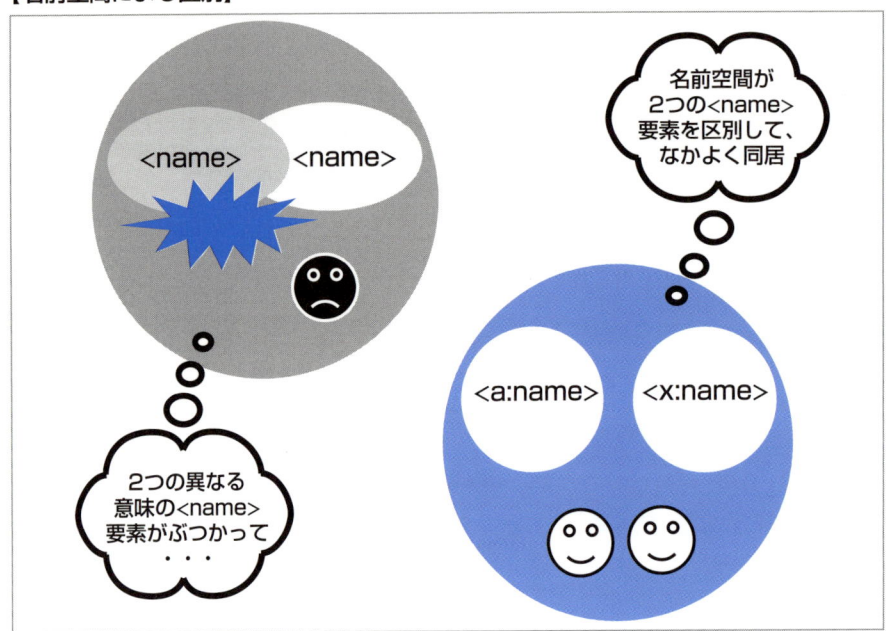

本書を利用するにあたって

　本書を利用するにあたってまず必要なものは、XMLに対応したブラウザInternet Explorer（IE）6.x以降だけです。IE5.xでもXML対応していますが、XMLの対応も古く、セキュリティ上の問題も多々見つかっていますので、本書で学習を進めるにあたってはかならずIE6.xにバージョンアップするようにしてください。
　IE6.xについては、各自でご用意いただくとして、ここでは、XMLを編集するエディタとして「秀丸エディタ（任意）」のインストール方法についてのみご紹介することにしましょう。

■秀丸エディタをインストールする

　秀丸は広い用途で一般に使用されるテキストエディタです。XMLで標準的に使用される文字コードUnicodeを扱える、また、さまざまな機能が充実していることから、XMLエディタとしてもよく使用されています。
　かならずしも秀丸を使わなければXMLを記述できないということはなく、Windowsに標準添付のメモ帳などでも十分に記述することはできますが、本書では秀丸をベースに紹介していきたいと思います。

❶ 秀丸エディタのWebサイト（http://hide.maruo.co.jp/software/hidemaru.html）から「hm410.exe」をダウンロードし、保存したのち、ダブルクリックする。

注意

IE5.xの最新版対応について

以前、IE5.xでもMSXML3とxmlinst.exeと呼ばれるモジュールを追加的にインストールすることで、新しいXML技術に対応させることができました。しかし、2004年8月現在、Microsoft社のサイトからのダウンロードは打ち切られています。IE6.xでは標準的にMSXML3が組み込まれています。

第0日／オリエンテーション──XMLの機能と特徴

❷ インストール先を指定する画面で、任意のフォルダを指定し、[次へ>]ボタンをクリックする。

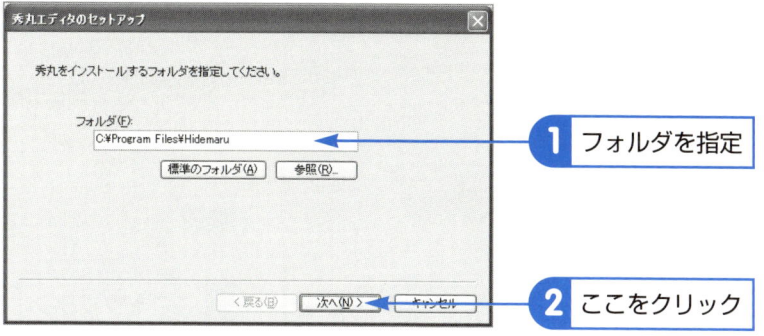

❸ 各種設定画面で、必要に応じてチェックを入れ、[次へ>]ボタンをクリックする。

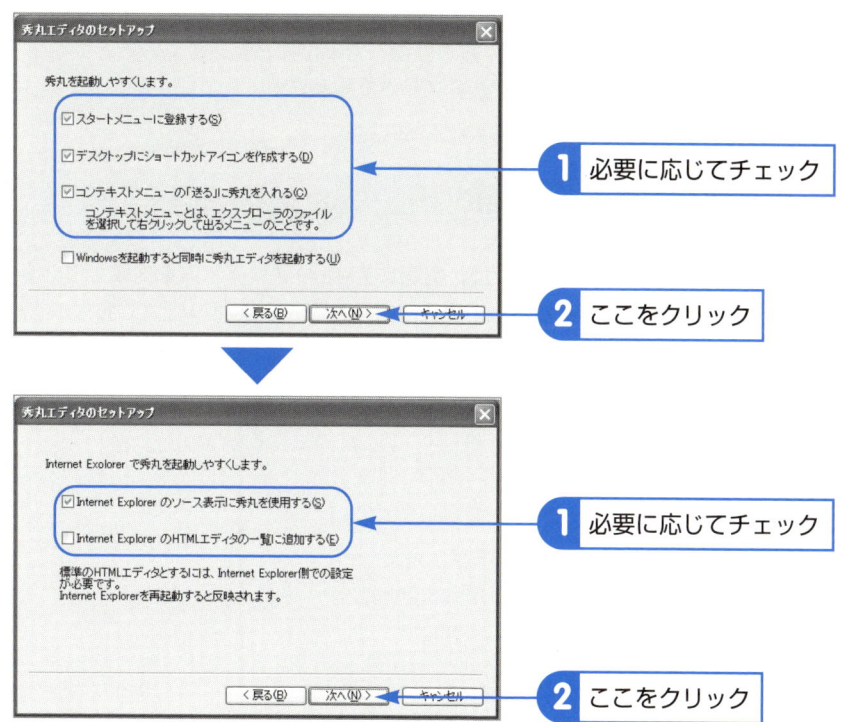

> **ヒント**
>
> **秀丸を[送る]に登録する**
> [送る]に秀丸を登録しておくと、各種ドキュメントを開くときに便利です。

❹ インストールの設定作業が正常に終了すると、終了の画面が表示されるので、[完了]
ボタンをクリックして、インストールの設定を終了する。

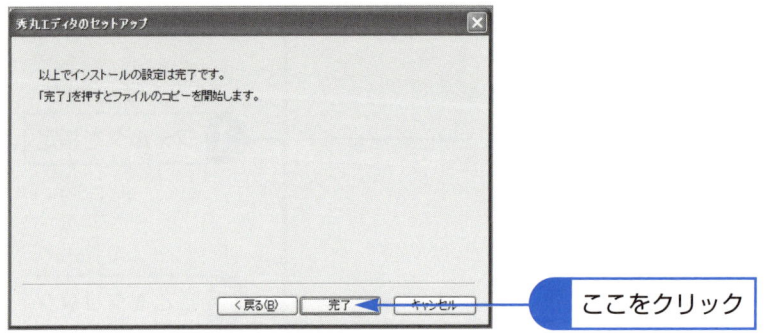

ここをクリック

さあ、これで退屈な導入編は終わりです。
まだまだイメージのわかないところもあるかもしれませんが、それは今後実際に自
分の手を動かしてXMLに触れてみることで、だんだんと見えてくることでしょう。
「案ずるより産むが易し」 万事を学ぶ上での基本です。

レッスンをはじめる前に

第1日からはじまるレッスンでは、実際にXMLのプログラムを作成していきます。
作ったプログラムを保存するための作業用フォルダを、下記の要領であらかじめ作っ
ておきましょう。

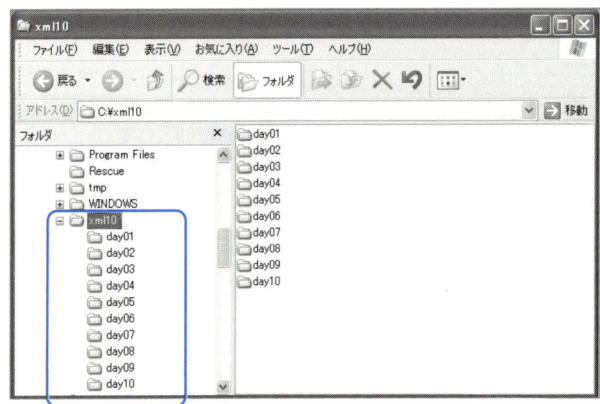

各フォルダに付ける名前は自由に決めていただいてかまいませんが、本書では上図
のような構成で作業用フォルダを作成したという前提で説明を進めます。

XML文書作成に便利なツール群

もちろん、XML文書はOSに標準で実装されているメモ帳など、通常のテキストエディタでも作成することができます。作成するのに特別なツールを強制しないこと、それがXMLの利点のひとつでもあるのです。しかし、やはり汎用のテキストエディタでは不便が多いのも事実です。専用のツールを利用することで、よりXML文書の作成が簡単になります。

たとえば、Java言語の代表的な統合開発環境（IDE：Integrated Development Environment）であるEclipseでは、さまざまなXML対応プラグインが用意されており、開発環境をそのまま専用のXMLエディタとして利用することもできます。以下に、主要なEclipse対応XMLプラグインを挙げておくことにしましょう。

プラグイン名	入手URL	ライセンス
XMLBuddy	http://www.xmlbuddy.com/	CPL
X-Men	http://xmen.sourceforge.net/	無償／商用
<oXygen/>	http://www.oxygenxml.com	商用

▲Eclipseの代表的なXML対応プラグイン

【XMLBuddyでXML文書の編集】　【Word 2003でXML文書の編集】

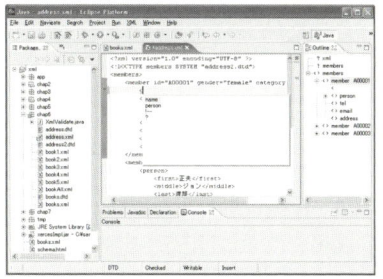 

また、オフィスアプリケーションの代表格であるWordの最新バージョンであるWord 2003をXMLエディタとして利用することもできます。XMLSchema（第8日で紹介）を利用して、要素／属性名を自動補完したり、文書型の妥当性チェックを行ってくれるため、XML文書作成の効率が格段に向上するはずです。

テキストエディター辺倒という方も、一度試してみてはいかがでしょうか？

サンプルプログラムのダウンロード

本書では、プログラムを自分で作っていく形でレッスンが進められますが、弊社Webサイトから、本書で解説しているサンプルプログラムをすべてダウンロードすることができますので、学習の参考にぜひご利用ください。

●ダウンロード

Internet Explorerなどのブラウザで、下記URLにアクセスしてください。

http://www.shoeisha.com/book/hp/10days/down#xml2

10xml2ed.zipをダウンロードして、ハードディスクに保存し、解凍してお使いください。保存場所は、デスクトップでもどこでも構いません。

●免責事項について

Webサイトで提供しているサンプルファイルは、通常の運用においては何ら問題ないことを編集部では確認していますが、万一運用の結果、いかなる損害が発生したとしても著者および(株)翔泳社はいかなる責任も負いません。すべて自己責任においてご使用ください。

●サンプルファイルのテスト環境について

サンプルファイルは以下の環境で正常に動作することを確認しました。
・Internet Explorer 6.0 ＋ Windows 2000/XP/2003 Server

●著作権等について

本書に収録したプログラムおよびソースコードの著作権は、著者および(株)翔泳社が所有します。ただし個人的に利用する場合は、ソースコードの流用や改変は自由です。商用利用に関しては、(株)翔泳社へご一報ください。

(株)翔泳社 編集部

XMLの基本

1時限目：おぼえようXMLの基本
2時限目：同じ内容でもいろいろな書き方がある──XMLの多様な表現

　XMLはHTML同様、タグ埋め込み型のマークアップ言語です。おそらくこれまでHTMLをテキストエディタベースで書いてきた方ならば、XMLはほとんど直感的に理解することができるでしょう。
　そこで、第1日目の今日はまず、そんなXMLだからこそ気をつけなければならない、あるいは知っておかなければならないポイントを、HTMLと比較しつつおさえていくことにしましょう。

第1時限目【XMLの基本●】おぼえようXMLの基本

まずは簡単なXML文書「books.xml」を書いてみましょう。

今回作成する例題の実行画面

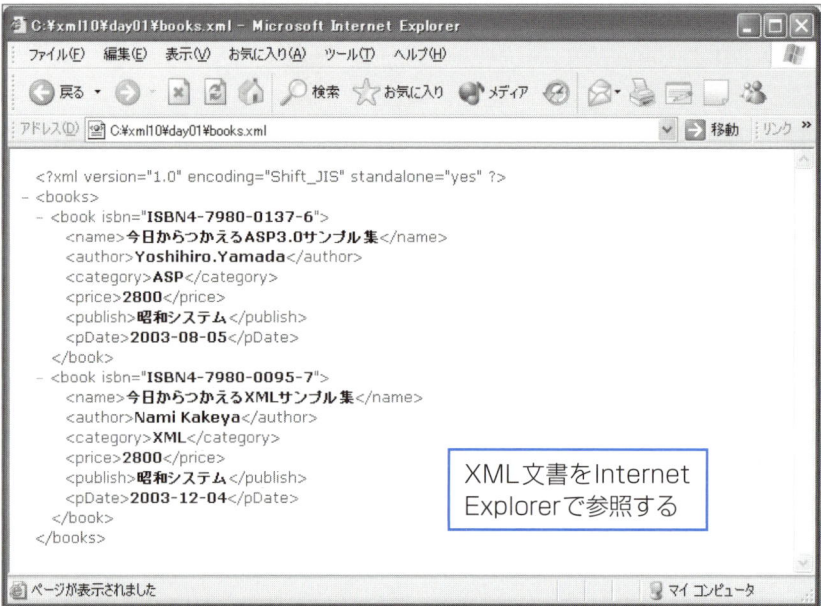

XML文書をInternet Explorerで参照する

サンプルファイルはこちら  xml10 ▶  day01-1 ▶  books.xml

●このレッスンのねらい

　あまり難しく考える必要はありません。書いてあるとおりをとりあえずは打ち込んでみてください。
　単純なタイピング作業だと思われるかもしれませんが、最初のうちは思いもよらないミスがあるものです。じつはそのミスの1つ1つがHTMLではあいまいに見過ごされてきた——XMLで新たに再確認するべき事柄でもあります。たかがタイピングといわずに、丁寧に書き写してみることにしましょう。

操作手順

1 テキストエディタで新規文書を作成し、「リスト」のコードを入力する

2 入力できたら、「day01」フォルダに「books.xml」という名前で保存する

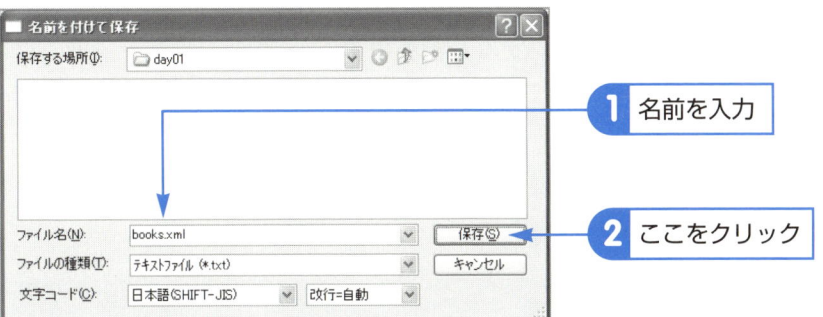

> **ヒント**
> XML文書の拡張子は…
> XML文書の場合、拡張子は「.xml」とします。

> **ヒント**
> 名前を付けて保存するには…
> [ファイル]メニューの[名前を付けて保存]を選択します。

3 エクスプローラなどから「day01」フォルダを開き、「books.xml」を開く

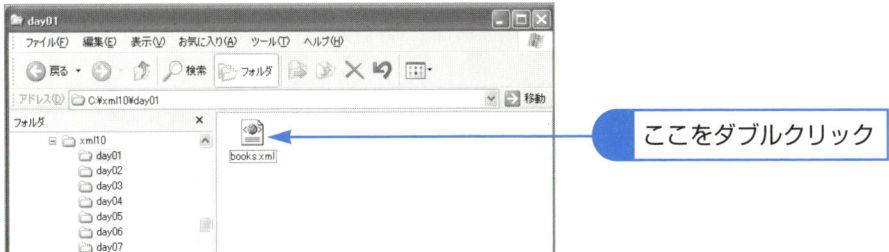

記述するコード

【リスト：books.xml】

```
1  <?xml version="1.0" encoding="Shift_JIS" standalone→
   ="yes" ?>  ──── XML宣言
2  <books>
3    <book isbn="ISBN4-7980-0137-6">
4      <name>今日からつかえるASP3.0サンプル集</name>
5      <author>Yoshihiro.Yamada</author>
```

> **ヒント**
> 行番号をふっていない行は…
> 紙面の都合で改行してあるだけなので、実際に入力する際は前の行に続けて入力してください（以下同）。

> **ヒント**
> →の箇所は…
> 紙面の都合により改行してあります（以下同）。

```
 6      <category>ASP</category>
 7      <price>2800</price>
 8      <publish>昭和システム</publish>
 9      <pDate>2003-08-05</pDate>
10    </book>                              ─── 書籍1冊分の情報
11    <book isbn="ISBN4-7980-0095-7">
12      <name>今日からつかえるXMLサンプル集</name>
13      <author>Nami Kakeya</author>
14      <category>XML</category>
15      <price>2800</price>
16      <publish>昭和システム</publish>
17      <pDate>2003-12-04</pDate>
18    </book>
19  </books>                                ─── ルート要素
```

解説

エクスプローラなどから「books.xml」を起動すると、XML文書が読み込まれ、IE（Internet Explorer）上にツリー構造に展開された「books.xml」が表示されます。

 XMLの基本的な構成要素

XML文書は主に「要素」と「属性」と呼ばれる2つの部品から構成されています。

要素はタグと呼ばれる<xx>～</xx>のような文字列で囲まれた部分のことを指し、それ自体で独立したひとかたまりの情報を表します。

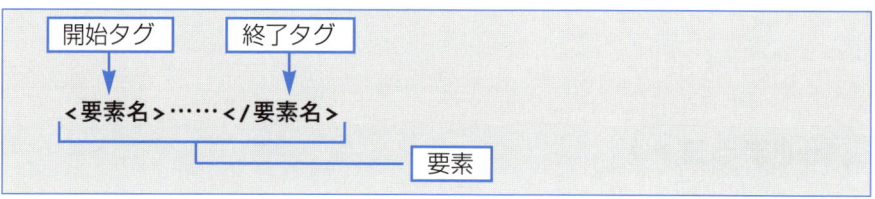

属性は、タグ内に「属性名=属性値」のセットで記述されるもので、要素が表す情報に対して付随的な情報を記述することが一般的です。タグ内にいくつでも記述することができます（サンプルデータの属性名として使われているisbnは、「International Standard Book Number」の略記で、個々の本のID番号のようなものです。XMLとは特に関係ありません）。

```
<要素名 属性名="属性値" ...>任意のデータ</要素名>
```

要素名、属性名は原則的には自由に定めることができますが（XMLがeXtensible［拡張性がある］であるゆえんです）、使える文字に少々の制約があります。

以下に、最低限の規則を示しておきましょう。

文字の使用場所	説明
先頭文字として使える文字	アルファベット、全角かな、全角カナ、漢字、コロン（:）、アンダーバー（_）
2文字目以降に使える文字	上記の文字、数字、ピリオド（.）、ハイフン（-）
場所を問わず使えない文字	半角カナ、全角数字、全角アルファベット

ワンポイント・アドバイス

XMLを構成する「要素」や「属性」のような構成部品要素のことを、一般的に「ノード」と呼びます。要素ノードや属性ノードのほかに、処理命令ノードや実体参照ノード、コメントノード、テキストノードなどがあります。

> **ヒント**
> **その他の規則**
> XMLにおいては先頭が「xml」ではじまる名前は大文字小文字を問わず、禁止されています。これは「xml」という文字が、XMLの拡張のために予約されているからです。
> また、名前に「:」を含めることは、XMLの仕様上認められていますが、「:」は名前空間を表す区切り文字でもあります。間違いではありませんが、極力使用しないことをお勧めします。

また、以下の表に示す名前はXML上でなんらかの意味をもつ予約語です。ユーザがこれらの名前を使用することはできません。SGMLから引き継がれた名前は大文字で、それ以外の名前は小文字で表記されています。

予約語	概要
#FIXED	属性は固定値である
#IMPLIED	属性は任意である
#PCDATA	文字データ
#REQUIRED	属性値は必須である
ANY	任意の要素を認める
ATTLIST	属性リスト宣言
CDATA	CDATAセクション
DOCTYPE	文書型宣言
ELEMENT	要素型宣言
EMPTY	空要素
encoding	使用している文字エンコーディング
ENTITY	実体宣言
EITITIES	実体宣言の集合
ID	ユニークな識別子
IDREF	識別子への参照

予約語	概要
IDREFS	識別子参照の集合
IGNORE	無視指定（条件セクション）
INCLUDE	処理指定（条件セクション）
NDATA	データ記法宣言
NMTOKEN	名前トークン
NMTOKENS	名前トークンの集合
NOTATION	記法宣言
PUBLIC	公開識別子
standalone	外部のDTDを参照しなければならないか
SYSTEM	システム識別子
version	XMLのバージョン
xml	XML宣言
xml:lang	使用している言語
xml:space	空白文字の処理方法

② XML文書であることを宣言する

XML文書では、1行目に<?xml ……?>宣言を記述することが「推奨」されています。XML宣言はかならずしも必須ではありませんが、今後、XMLのバージョンが増えてきた場合に、その互換性を保証するという意味でも記述する癖をつけておいたほうがよいでしょう。

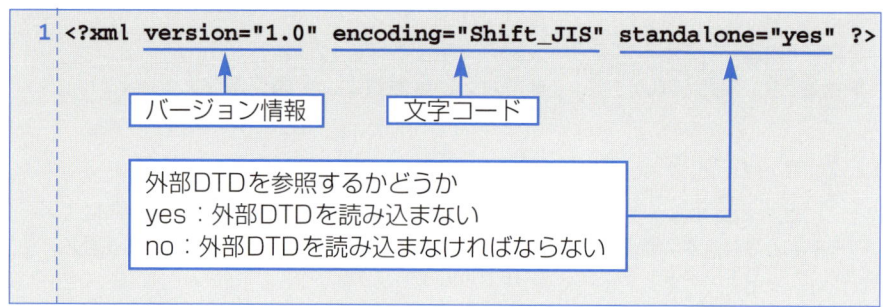

(1) version属性

version属性は、現在の文書を処理するのに必要なXMLのバージョンを指定します。2004年8月時点の最新バージョンは1.1ですが、まだ1.1に対応しているパーサはさほどに多くはないというのが実情です。特に1.1の機能を必要としているのでない限りは、互換性維持の観点からも 1.0 と指定しておくのが無難です。XML宣言自体は任意ですが、XML宣言を記述した場合はこのversion属性だけが必須となります。

(2) encoding属性

ファイル内の文字コードを示します。文字コードには、UTF-8、UTF-16、ISO-2022-JP（JIS）、Shift-JIS、EUC-JPのようなものを指定することができます。

デフォルトはXML仕様で推奨されるUnicode（UTF-8、UTF-16）となっており、これらの文字コードを使用している場合はencoding属性を省略することができます。しかし、それ以外のコードを採用する場合にはencoding属性は必須となり、省略した場合はエラーとなります。また、宣言された文字コードと実際にXML文書内で使用されている文字コードが異なる場合もエラーとなります。

本書では、Windows環境で昔から一般的に用いてこられたShift-JISを使うことにしますが、Windows XP/2000やMe/98のようなOSではUnicodeを扱うことも可能です。

(3) standalone属性

外部DTD（Document Type Definition：文書型宣言）を読み込むかどうかを指定します（DTDについては、第7日で解説します）。standalone属性を「yes」とした場合、MSXML（Visual BasicやVisual C++など、Java以外のMicrosoft社の開発環境に対応）は外部に存在する文書型宣言を無視します。DTDはXML文書の構造や制約条件を示す大変重要なファイルですが、XML文書にとって必須ではありません。あらかじめ外部DTDを必要としないことがわかっている場合、standalone属性をyesにしておくこ

ヒント

Unicode（ユニコード）は Unicode Consortiumで定められた国際的な文字コード体系です。WindowsやJavaの内部コードとして採用されるなど、デファクトスタンダードとして、急速に普及しつつあります。

とで、読み込みの手間を省くことができます。

　ただし、XML本文内に記述された内部DTDについては、かならず読み込まれるので、注意してください。

COLUMN

処理命令とは？

　<?～?>で囲まれた内容は、一般的にPI（Processing Instruction：処理命令）と呼ばれるもので、要素や属性とは性質が若干異なります。処理命令は、その名のとおり処理アプリケーション（もっとも身近なのは、XMLを処理するXMLパーサ、ブラウザです）に対して、XML文書からの命令を示すものです。

　自分の構築したオリジナルのアプリケーションにも、この処理命令を介して、固有のデータを渡すことはできます。しかし、要素や属性を使用してもデータは渡せますし、あえて形式の異なる処理命令を使う意味はほとんどありません。通常、ここで紹介しているXML宣言や、スタイルシートと関連づけるための<?xml-stylesheet ?>（後述）など、非常に限られた（定型的な）範囲でのみ使われることになるでしょう。

③ 唯一の第1要素（ルート要素）をもつ

　XML文書中では、一番外側にある要素は1つでなければなりません。この1つだけの一番外側にある要素を特別に「ルート要素」と呼びます。

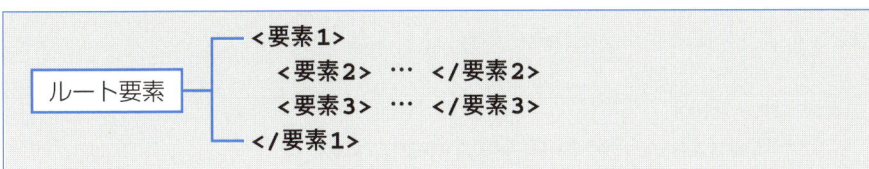

　HTML文書にも、ルート要素は存在します。そう、htmlファイル全体を囲む<html>タグです。ただし、HTMLでは<html>タグが省略されても、大部分のブラウザでは正しく内容を認識してくれます。

　しかし、XML文書の最上位には、かならずルート要素がなければなりません。ルート要素は「第1要素」「最上位要素」と呼ばれることもあり、すべての要素はこのルート要素のなかに記述されます。

　たとえば、サンプルの「books.xml」のソースでは<books>がルート要素であり、その直下に複数の<book>要素が、さらに配下に個々の<name>要素や<author>要素などが含まれている、そんなイメージです。

　このような包含関係にある外側の要素を「親要素」、内側の要素を「子要素」と呼びます。親要素、子要素の概念はあくまである要素を基点としたとき、その外側にあるか内側にあるかという、相対的な関係で決まるものですので、当然、ある要素に対しては「親要素」である要素が、ある要素に対しては「子要素」になることもあります。

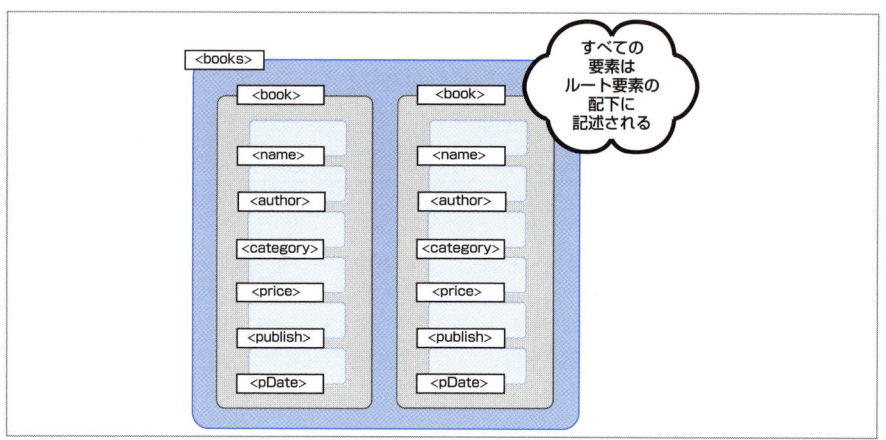

 かならず開始タグで始まり、終了タグで終わらなければならない

HTML文書では、以下のような構文が暗黙のうちに許されていました。

```
<dt>XML
<dd>eXtensible Markup Language
```

つまり、開始タグのみがあって終了タグがないというケースです。
　XML文書ではタグの省略は許されません。つまり、上の例でいくならば、XMLでは以下のように記述する必要があります。

```
<dt>XML</dt>
<dd>eXtensible Markup Language</dd>
```

ワンポイント・アドバイス

ただ、中身のデータがない、たとえば、

```
<img src="webware.jpg">
```

のような要素もあります。このような、配下にノードをもたない要素のことを「空要素」と呼びます。「空要素」は、通常の要素と同様、

```
<img src="webware.jpg"></img>
```

のように記述することもできますが、省略形として、

```
<img src="webware.jpg" />
```

のようにすることもできます。

XMLはなぜHTMLより厳密なのか?

「タグの省略を許さない」ことをはじめ、XMLにおけるルールの厳密化はシステム的な負荷を極力減らすことを目的としています。現在、HTMLを処理するエンジンの8割方は、タグの省略などあいまいな記述を自動的に解釈するためのロジックで占められていると言われます。これらがすべてカットされることで、エンジンは簡素化され、結果として高度なパフォーマンスを得ることができます。「2割の注意で、8割の効率化を図る」とは、言い得て妙と言えましょう。

全要素は正しくネスト(入れ子)構造になっていなければならない

```
<h1><font color="#FF0000">XML基本講座</h1></font>
```

たとえば、上のようなタグどうしがオーバーラップした記述があります。このような記述はHTMLにおいては許されていました(というよりも、ブラウザが親切に自動でそれなりに解釈してくれていただけなのですが)。

しかし、XML文書では許されません。かならずタグどうしが入れ子になった形、

```
<h1><font color="#FF0000">XML基本講座</font></h1>
```

このような形になっている必要があります。算数でも、

```
{(X+Y)*2}/10
```

のような記述はしません。これとまったく同じイメージです。

各要素名の大文字/小文字は区別される

HTMLにおいては、たとえば、次のような記述が許されていました。

```
<b>XML基本講座</B>
```

開始タグと終了タグとの大文字/小文字がたとえ食い違っていたとしても、ブラウザはその対応関係をきちんと認識してくれていました。これは、HTMLが大文字/小文字の区別をもたない言語であったためです。

しかし、XMLは要素名、属性名の大文字/小文字を区別します。つまり、<b>と<B>という2つのタグは異なる種類のものとなります。

したがって、XML文書において先のような記述をした場合は、開始タグの終了タグが存在しないこととなり、エラーとなってしまいます。

`<b>XML基本講座</b>`

このように、XML文書では大文字/小文字まで正しく区別して記述する必要があります。

 属性値はダブルクォーテーションで囲まれなければならない

HTMLでは、次のような記述が許されていました。

`<img src=smp.jpg alt=xml />`

しかし、XML文書においては、かならず属性値をダブルクォーテーション（"）で囲む必要があります。

上の例をXML構文にのっとって記述するならば、以下のようになります。

`<img src="smp.jpg" alt="xml" />`

なお、属性は、要素の開始タグのなかに例外なく「属性名="属性値"」の形式で記述されます。よくHTMLでは

`<td nowrap>`

のような記述がされることがありますが、これもXMLでは許されません。

実は、この記述は、<td>タグのnowrap属性がかならず値として"nowrap"をとるために省略が許されていただけで、実際には

`<td nowrap="nowrap">`

が正式な記述となります。そしてXMLにおいては、この省略なしの正式な形式で記述されることが要求されています。

まとめ

- XML文書は、主に要素と属性で構成されます。
- 先頭には<?xml ?>宣言がかならず必要です。
- 唯一のルート要素が存在しなければなりません。
- 要素どうしは正しく入れ子にします。
- 終了タグは省略できません。
- タグの大文字と小文字は正しく対応させます。
- 属性値はかならずダブルクォーテーションで囲みます。
- 属性値の省略形は使えません。

練習問題

Q 以下のXML文書には文法的な誤りの箇所が6箇所あります。
間違いの箇所を抜き出し、正しく修正してみましょう。

```
<books>
<book id=00001>
    <title>今日からつかえるXMLサンプル集</title>
    <author>Yoshihiro Yamada</author>
    <page>420</page>
    <published>昭和システム</Published>
    <memo><b><i>XML</b></i>技術を活用した実用的
サンプルを徹底紹介</memo>
</book>
<book id="00002">
    <title></title>
    <author></author>
    <page>
    <published></published>
    <memo></memo>
</book>
</books>
<owner>Yoshihiro Yamada</owner>
```

解答は巻末に

第1日 2時限目

【XMLの基本❷】
同じ内容でもいろいろな書き方がある
──XMLの多様な表現

1時限目で作成したXML文書を別形式で書き換えてみます。

今回作成する例題の実行画面

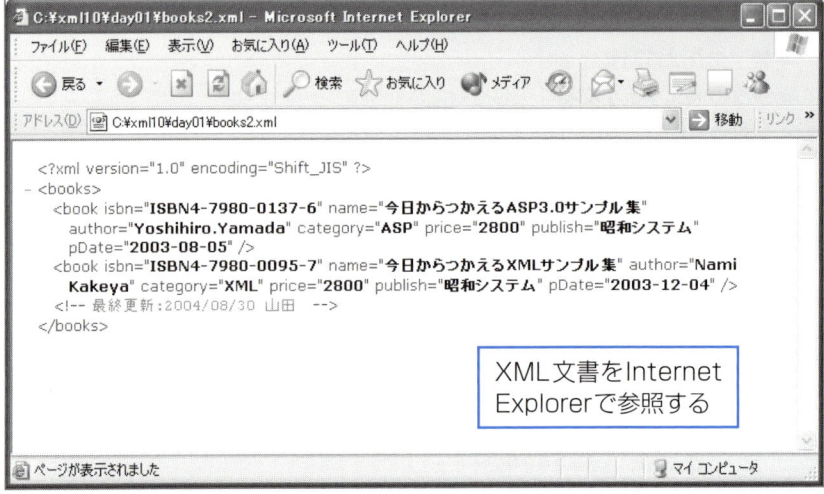

XML文書をInternet
Explorerで参照する

サンプルファイルは
こちら  xml10  day01-2  books2.xml

●このレッスンのねらい

　XMLは自由な言語です。ですから、同じ内容を表現するにも1つだけでなく、さまざまな書き方があります。ここでは、そのような表現方法の代表的なものを見ていくと同時に、それぞれの長所、短所を理解することで、今後、より効率的なXML文書を記述する手がかりとします。

操作手順

1 テキストエディタで新規文書を作成し、「リスト」のコードを入力する

2 入力できたら、「day01」フォルダに「books2.xml」という名前で保存する

① 名前を入力
② ここをクリック

3 エクスプローラなどから「day01」フォルダを開き、「books2.xml」を開く

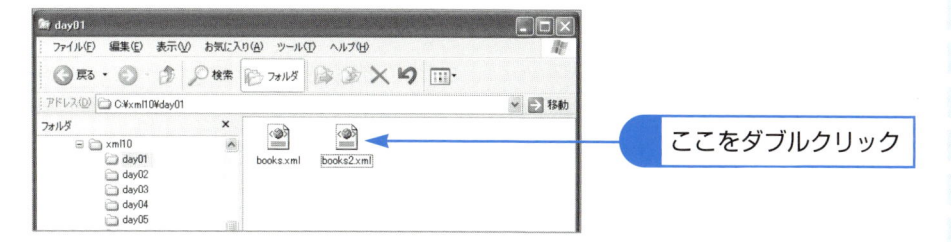

ここをダブルクリック

記述するコード

【リスト：books2.xml】

```
1  <?xml version="1.0" encoding="Shift_JIS" ?>   ─ XML宣言
2  <books>
3    <book isbn="ISBN4-7980-0137-6"
       name="今日からつかえるASP3.0サンプル集"
4      author="Yoshihiro.Yamada" category="ASP"
5      price="2800" publish="昭和システム"
       pDate="2003-08-05" />
```

書籍1冊分の情報

```
 6   <book isbn="ISBN4-7980-0095-7"→
     name="今日からつかえるXMLサンプル集"
 7     author="Nami Kakeya" category="XML"
 8     price="2800" publish="昭和システム"→
       pDate="2003-12-04" />
 9   <!--最終更新：2004/08/30　山田-->────コメント
10  </books>────────────────────────────ルート要素
```

解説

　データの内容は、1時限目の「books.xml」も2時限目の「books2.xml」もさほど変わりません。が、構造は大きく変更されています。

　すなわち、前者がひとかたまりの書籍情報を<book>要素配下に子要素群として記述していたのに対し、後者は<book>要素の属性群として記述しています。

　いずれがよりよい記述であるか、一概に断ずることはできませんが、ここではそれぞれの記述の長短を整理しておくと同時に、XML文書を記述する際の主な注意についてもまとめてみます。

① 要素主体のXML

　p.3の「books.xml」とp.13の「books2.xml」とを比べてみてすぐに感じられるのは、「books2.xml」のほうがコンパクトであるという点でしょう。逆に言うと、要素主体で構成されたXML文書はきわめて冗長になりがちでもあります。それは、属性が「属性名="属性値"」で表現されるのに対し、要素が「<要素名>データ</要素名>」で表現されている、構文上のつくりからも容易に納得できるでしょう。

　しかし、要素は配下に子要素をもたせることができるため、要素内のデータをより細かく分割したいという場合など、柔軟に対応することができます。

　たとえば、以下のような例を考えてみましょう。

```
<author>Hidehiro Sakai</author>
```

　これをファーストネームとラストネームに、より細かく分類したいとします。
　その場合、

```
<author>
  <firstName>Hidehiro</firstName>
  <lastName>Sakai</lastName>
</author>
```

のように記述することができます。<firstName>要素と<lastName>要素とが追加されていますが、<author>要素配下のテキストとしては、変更前も変更後も「Hidehiro Sakai」ですし、ファーストネーム（ラストネーム）だけ抽出したいといった場合には、各子要素のみに絞り込んだデータを即座に得ることができるのです。

ワンポイント・アドバイス

要素の配下に子要素を記述する場合、インデント（段落）をつけて記述することが慣例的です。このようにすることで、どの要素が同じ階層に属しており、どの要素とどの要素が親子関係にあるのかを視覚的に把握することが可能となり、コーディングのミスも少なくすることができます。

② 属性主体のXML

一方、属性主体のXML文書では、左記のようなデータの統合、分割は難しいと言えます。

```
<book author="Taro Kaneko" />
```

といったデータを、ファーストネームとラストネームに分割したい場合、属性では子属性などという概念はありませんので、以下のようにならざるを得ません。

```
<book firstName="Taro" lastName="Kaneko" />
```

新たに作成されたfirstName属性もlastName属性も、元のauthor属性とはまったく無関係のものと認識されてしまいますので、当然、読み取る側のプログラムも変更しなければならないことになります。どうしても元のデータとの互換性を残したいというならば、次のように、データを冗長に記述するしかないでしょう。

```
<book author="Taro Kaneko" firstName="Taro" lastName →
="Kaneko" />
```

もっとも、属性主体のXMLの長所とは、そのコンパクトさにありますので、こうした操作は本末転倒でもあります。

繰り返しにはなりますが、とにかく要素主体、属性主体いずれがよいとは限りません。その場その場に応じて、拡張性、容量など複数の観点から構成を考えてみることが大切でしょう。

> **ヒント**
> →の箇所は…
> 紙面の都合により改行してあります（以下同）。

③ XML文書はこんなに自由

これまでに扱ってきたXML文書はどちらかというとリレーショナルデータベースのフィールド、レコードの概念を色濃く感じさせる定型的な形式であったと言えます。

【XML文書とレコードの関係】

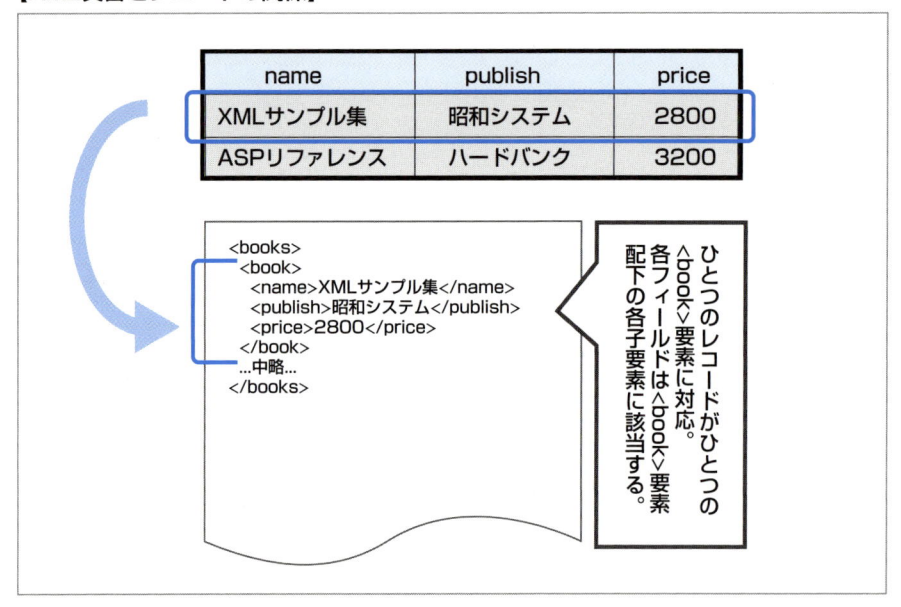

name	publish	price
XMLサンプル集	昭和システム	2800
ASPリファレンス	ハードバンク	3200

```
<books>
    <book>
        <name>XMLサンプル集</name>
        <publish>昭和システム</publish>
        <price>2800</price>
    </book>
    ...中略...
</books>
```

ひとつのレコードがひとつの<book>要素に対応。各フィールドは<book>要素配下の各子要素に該当する。

しかし、XMLの魅力はこのような定型的な文書のみならず、非定型なフリーの文書に対して用いることができる点にあります。たとえば、

```
<本文>
    <キーワード>XML</キーワード>はマークアップ言語です。
</本文>
```

のような文書も、XMLの規則に則したれっきとしたXML文書です。
　要は、マークアップとはあとでデータを取り出す際の目印にすぎないわけですから、データがある意思（目的）をもってマークアップさえされていれば、それが定型であるか非定型であるかはあまり関係ないのです。

④ 深い階層は好まれない

XML文書は「ツリー構造」と呼ばれるように、要素の配下に子要素があり、孫要素がありと、階層構造から成り立っています。そのため、XML文書を書きはじめて間もないころは、必要以上に深い階層構造をとりがちなものですが、多くの場合、それは百害あって一利なしです。

構造をもたせるということは、データになんらかのカテゴリ化とグループ化を施すということであり、逆に言うと、データのかたまりとしてなにか意味があってはじめて階層構造が必要になると言えます。
　深い階層構造はそれだけ読み取りに複雑なロジックとシステムへの負荷を要求します。そのことを忘れないようにしましょう。

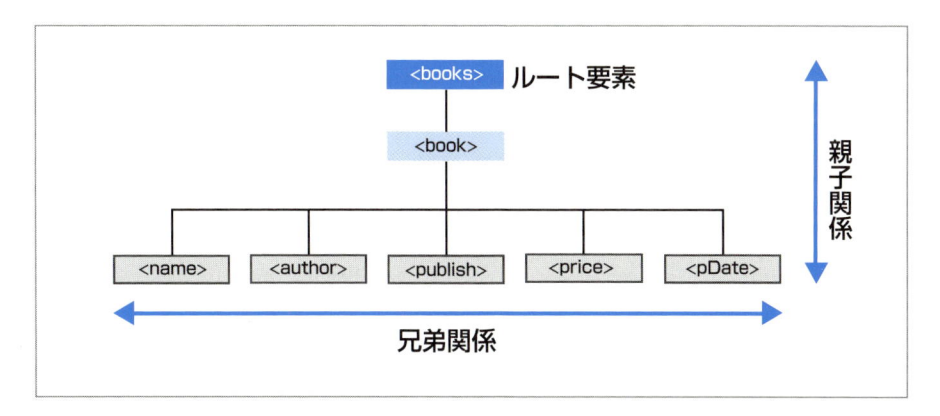

```
                  <books>  ルート要素
                     |
                  <book>
     ┌─────┬──────┼──────┬─────┐
  <name> <author> <publish> <price> <pDate>
            ←――――― 兄弟関係 ―――――→
```
親子関係

⑤ データとして表現できない注釈はコメントで

　書籍情報の更新履歴情報など、人間があとから参照するためのメモのような情報は、通常、コンピュータが読み取るための要素や属性などとは区別して記述されるほうが好ましいでしょう。
　たとえば、以下のようにです。

```
9  <!--最終更新：2004/08/30　山田-->
```

　この記法はHTMLにおいてもおなじみのもので、<!--～-->で囲まれたなかに記述します。コメントを適所にXML文書のなかにちりばめることで、より人間の目にもわかりやすいXMLを記述することができます。

まとめ

- 要素に記述されたデータは、冗長で、データ量が多くなる分、データをより細かく分割したい場合、柔軟に対応ができます。
- 属性に記述されたデータは、データの統合、分割など、構造変化に弱い分、データ量が少量に抑えられ、コンパクトな記述が可能です。
- XML文書は非定型文書を記述するにも適しています。
- 必要以上に深い階層構造をとるのはやめましょう。
- コメントは<!--～-->で囲まれたなかに記述します。

練習問題

Q 以下のような2つの性質をもった文書があるとします。それぞれの内容を要素主体で記述するのがよいか、属性主体で記述するのがよいか、検討してみましょう。

(1) 定型的に整理されたコードが主体のデータで、個々のデータが将来的に細分化されることは考えにくい。データ量が多いので、極力少ない容量で記述したい。

(2) まだきちんとしたデータの分類がされておらず、散文的な内容である。今後、データの統合・再編が頻繁に行われることが予想される。

··· 解答は巻末に

COLUMN

Dr.XMLとナミちゃんのワンポイント講座
日本語タグは使ってもいい？

ナミ「ねぇねぇ、博士。XMLってどんなタグを定義してもいいんでしょ？　だったら、タグを日本語にしてしまってもいいのかしら？」

Dr.XML「確かに<order>なんて書くよりも<注文書>と書いたほうがわかりやすいのぅ」

ナミ「わかりやすいのぅ、って、なんか煮え切らないわね」

Dr.XML「うむ、確かにナミちゃんの言うとおり、要素名や属性名に日本語を使うことはかならずしも禁止されていない。実際に日本語を使っているXMLも少なくはないしの。じゃが、正直、あまりお勧めはできないと、わしは思っとるんじゃ」

ナミ「へぇ、なんでかしら？」

Dr.XML「確かに日本語を使えば、ぱっと見は見やすくなるように思える。じゃが、よくよく考えてみると、いわゆるテキスト部分が日本語の場合、本来の日本語とタグの日本語が交じり合ってしまい、意外と見にくくなってしまう。入力のときを考えてみても、タグを表す「<」や「>」のような記号は半角なので、意外とIMEの切り替えなど入力が面倒じゃし、またそれだけ誤入力も多くなる。それに、なんだかんだ言っても、やはり日本語のXMLよりも英語のXMLのほうが多いからの（HTMLだって全部英語のタグじゃろう？）、それらを流用しようとしたとき、日本語と英語が混在してしまうのは統一感がない。

そして、最後の極めつけは、いかにXMLが規格として日本語に対応しているといっても、実際に日本語を表示できないコンピュータはまだまだいくらでもある」

ナミ「うーん」

Dr.XML「別にわしは日本語タグを絶対使ってはいかんと言ってはおらんよ。ただ、日本語を使うんであれば、これだけのデメリット（あえてデメリットと言っておこう）があるということを、あらかじめきちんと把握だけはしておこう」

ナミ「はーい」

第 **2** 日

XSLTスタイルシートでレイアウト

1時限目：要素・属性の内容をXSLTで表示する
2時限目：一覧表にして出力する
3時限目：データをソートしてリンクを張る

第1日ではまずXML文書を書いてみました。しかし、これだけではまだ実用には耐えません。これを人間が見るのに適したフォーマットに整形する必要があります。
それがXSLT（eXtensible Stylesheet Language Transformations）の役割です。XSLTはマークアップ言語でありながら、同時に通常のプログラミング言語的要素も兼ね備えた、少々特異な雰囲気をもつ言語です。最初はとっつきにくいと感じられるかもしれませんが、基本をきっちりとおさえてしまえば、その柔軟性に富んだ表現力に魅了されるに違いありません。まずは難しく考えず、1個1個のブロックでなにをやっているのか、骨格を大きくつかむつもりで気楽に見ていくことにしましょう。

第2日 1時限目
【XSLTスタイルシートでレイアウト①】
要素・属性の内容をXSLTで表示する

第1日に作成したXML文書は、そのままIEで開いても、画面にはソースコードが表示されるだけなので、実際の用途には向きません。IE上などで見栄えのするフォーマットに整えるためには、XSLT(eXtensible Stylesheet Language Transformations)によって、XMLをHTMLに変換する必要があります。

今回作成する例題の実行画面

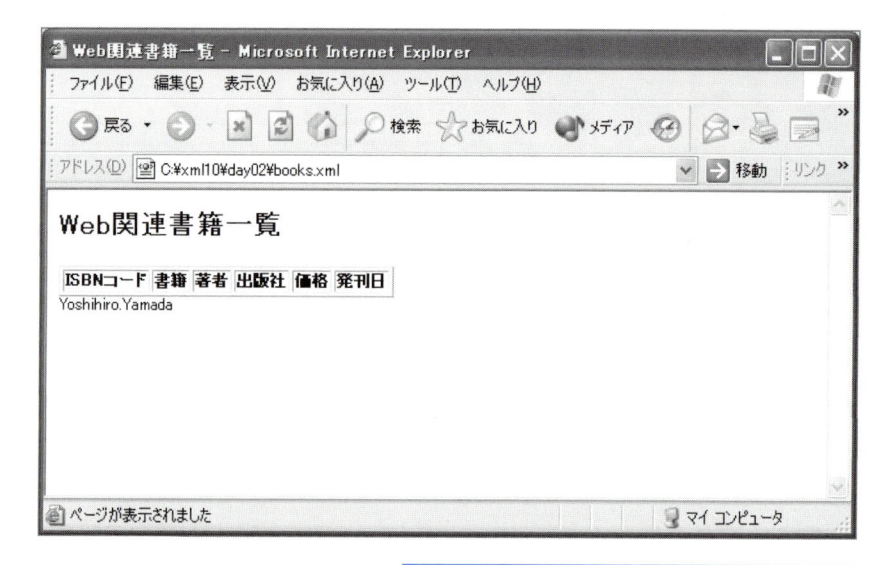

XML文書内に記述された<books>や<owner>要素の内容が表示される

サンプルファイルはこちら　xml10　▶　day02-1　▶　books.xml　books.xsl

●このレッスンのねらい

　XML文書をブラウザで美しく「見せる」XSLTスタイルシートについて学んでみましょう。
　XSLTは、XMLの構文規則にのっとったマークアップ言語ですが、いわゆるBASICやCのような一般のプログラミング言語的要素も兼ね備えた、一種独特な言語です。最初のうちは少々抵抗があるかもしれませんが、実現しようとしていることはきわめて単純です。
　今のうちに、その独特な雰囲気に慣れ親しんでしまいましょう。

操作手順

1 テキストエディタで「day01」フォルダにあるXML文書「books.xml」を開き、「リスト1」のようにコードを変更した上で、「day02」フォルダに新規保存する

→ コードを入力

2 新規文書を作成して、「リスト2」のコードを入力し、「day02」フォルダに「books.xsl」という名前で保存する

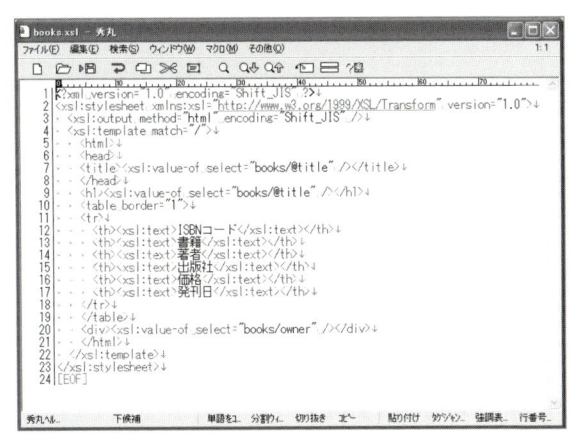

→ コードを入力

3 エクスプローラなどから「day02」フォルダを開き、「books.xml」を開く

ヒント

XSLTの拡張子は…
XSLTスタイルシート文書の場合、拡張子は「.xsl」とし、XML文書の「.xml」と区別します。

注意

データは表示されない
追加したコードも含めて「books.xml」の<book>要素のデータは、今回作成する「books.xsl」では表示されません。「books.xml」のうち表示されるのは、title属性と<owner>要素のデータのみです。

記述するコード

【リスト1：books.xml】　※青字の部分が追加するコードです。

```xml
 1  <?xml version="1.0" encoding="Shift_JIS" ?>
 2  <?xml-stylesheet type="text/xsl" href="books.xsl" ?>
 3  <books title="Web関連書籍一覧">
 4    <owner address="CQW15204@nifty.com">Yoshihiro.Yamada</owner>
 5    <book isbn="ISBN4-7980-0137-6">
 6      <name>今日からつかえるASP3.0サンプル集</name>
 7      <author>Yoshihiro.Yamada</author>
 8      <category>ASP</category>
 9      <url>http://member.nifty.ne.jp/Y-Yamada/asp3/</url>
10      <price>2800</price>
11      <publish>昭和システム</publish>
12      <pDate>2003-08-05</pDate>
13    </book>
14    <book isbn="ISBN4-7980-0095-7">
15      <name>今日からつかえるXMLサンプル集</name>
16      <author>Nami Kakeya</author>
17      <category>XML</category>
18      <url>http://member.nifty.ne.jp/Y-Yamada/xml/</url>
19      <price>2800</price>
20      <publish>昭和システム</publish>
21      <pDate>2003-12-04</pDate>
22    </book>
23    <book isbn="ISBN4-7973-1400-1">
24      <name>標準ASPテクニカルリファレンス</name>
25      <author>Kouichi Usui</author>
26      <category>ASP</category>
27      <price>4000</price>
28      <publish>ハードバンク</publish>
29      <pDate>2003-10-27</pDate>
30    </book>
31    <book isbn="ISBN4-87966-936-9">
32      <name>Webアプリケーション構築技法</name>
33      <author>Akiko Yamamoto</author>
34      <category>ASP</category>
35      <url>http://member.nifty.ne.jp/Y-Yamada/webware/</url>
```

XSLTとの紐づけ

```
36      <price>3200</price>
37      <publish>頌栄社</publish>
38      <pDate>2004-02-27</pDate>
39    </book>
40  </books>
```

【リスト2：books.xsl】

```
 1  <?xml version="1.0" encoding="Shift_JIS" ?> ── XML宣言
 2  <xsl:stylesheet xmlns:xsl="http://www.w3.org/1999/
    XSL/Transform" version="1.0">
 3    <xsl:output method="html" encoding="Shift_JIS" />
 4    <xsl:template match="/">
 5      <html>
 6      <head>
 7      <title><xsl:value-of select="books/@title" />
        </title>
 8      </head>
 9      <h1><xsl:value-of select="books/@title" /></h1>
10      <table border="1">
11      <tr>
12        <th><xsl:text>ISBNコード</xsl:text></th>
13        <th><xsl:text>書籍</xsl:text></th>
14        <th><xsl:text>著者</xsl:text></th>
15        <th><xsl:text>出版社</xsl:text></th>
16        <th><xsl:text>価格</xsl:text></th>
17        <th><xsl:text>発刊日</xsl:text></th>
18      </tr>
19      </table>
20      <div><xsl:value-of select="books/owner" />
        </div>
21      </html>
22    </xsl:template> ── XML文書全体に適用されるテンプレート
23  </xsl:stylesheet> ──────── XSLTのルート要素
```

解説

　エクスプローラなどから「books.xml」を起動すると、関連づけられたXSLTスタイルシート「books.xsl」によって変換された内容がIE上に表示されます。

　今回作成したXSLTスタイルシート「books.xsl」は、「books.xml」から<books>要素のtitle属性、<owner>要素のデータだけを抽出して表示します。

1 XML文書とXSLTスタイルシートを関連づける

XSLTを使うにも、ただ単にXML文書とXSLTスタイルシートを用意すればよいというわけではありません。まずは元のXMLに対して、どのXSLTを関連づけるかを指定する必要があります。その関連づけを行うのが、「books.xml」の2行目に追加した、次の一文です。

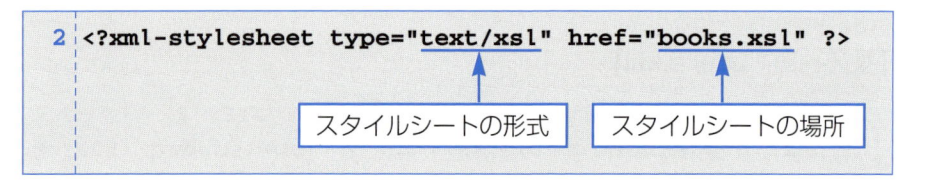

```
2  <?xml-stylesheet type="text/xsl" href="books.xsl" ?>
```
　　　　　　　　　　　　　　　↑　　　　　　　　　↑
　　　　　　　　　　　スタイルシートの形式　　スタイルシートの場所

<?xml-stylesheet ?>処理命令は、これまでのようにXML文書をそのままツリー構造で表示するのではなく、指定されたXSLTスタイルシートで整形処理し、その結果をブラウザに返します。通常、<?xml ?>処理命令の直後に記述します。

(1) type属性

スタイルシートの形式を指定します。必須です。

今回のようにXSLTスタイルシートを使う場合は、固定的に"text/xsl"とします。ほかにCSS（Cascading StyleSheet）を用いる場合は、"text/css"などとすることもできます。

(2) href属性

スタイルシートを格納した場所を指定します。必須です。

今回のように、XML文書と同じフォルダに格納されている場合はファイル名だけを記述します。

これによって、XML文書「books.xml」を表示する際に、XSLTスタイルシート「books.xsl」が適用されることになります。

たとえば今後、「books.xml」を別なスタイルシートを使って表示したいという場合には、この2行目のhref属性さえ変更すればよいわけで、XML文書本体はまったく変更する必要はありません。

データとスタイルとを分離した利点の1つが、ここにあります。

> **ヒント**
> **XSLTスタイルシートが…**
> XML文書とは異なるフォルダに格納されている場合には、「./sub/books.xsl」のように相対パスで記述します。

ワンポイント・アドバイス

XML文書とXSLTスタイルシートを関連づける方法は、これ1つばかりではありません。今後DOM（Document Object Model）という仕組みを用いることで、よりダイナミックに両者を結び付けるという操作も可能になります。DOMについては、第5日、第6日のレッスンで説明します。

② XSLTスタイルシートを宣言する

「books.xsl」の1～2、23行目を見てみましょう。

```
 1 <?xml version="1.0" encoding="Shift_JIS" ?>
 2 <xsl:stylesheet xmlns:xsl="http://www.w3.org/1999/→
   XSL/Transform" version="1.0">
              ⋮
23 </xsl:stylesheet>
```

　1行目は、1日目でもご紹介した<?xml ?>宣言です。XSLTもまたXML構文にのっとって記述されたXML文書です。文頭でバージョンや文字コードを宣言します。
　<xsl:stylesheet>要素は、XSLTスタイルシートのいわゆるルート（最上位）要素になります（XML文書にはルート要素は必須でしたね）。すべてのスタイル定義は、この<xsl:stylesheet>要素配下に記述されます。「xmlns:xsl属性」は、「<xsl:～」ではじまる要素がどういった規則に従うかを指定するためのオプションです。XSLT1.0の場合は、かならず次のように指定します。

```
http://www.w3.org/1999/XSL/Transform
```

　とりあえずこの3行はXSLTスタイルシート内に固定的に記述するものですので、あまり難しく考えることなく、記述時の「決まりごと」とでも思っておいていただければよいでしょう。

ワンポイント・アドバイス

　xmlns:xxx属性は、正確には名前空間を指定するものです。名前空間とは要素の頭に接頭辞<xxx:～のように表される名前づけ規則の1つです。同一の文書内に異なる意味の同じ要素名があったときに、XMLは名前空間を使うことでこれを区別します。
　たとえば、同一文書内に異なる意味をもった<name>要素があったとしても、名前空間として<xyz:name>、<abc:name>のように指定することで、2つを区別することができます。

③ XSLTはテンプレートのかたまり

　ルート要素である<xsl:stylesheet>要素の直下には、<xsl:template>要素が記述されています。
　<xsl:template>要素は、XML文書に対して適用される一連のスタイル規則を定義します。この一連のスタイル規則のことを「テンプレート」と呼びます。
　「books.xml」からXSLTが呼び出されたとき、まず最初に、

```
 4    <xsl:template match="/">
          ⋮
22    </xsl:template>
```

と記述されたテンプレートが呼び出されます。match属性は「そのテンプレートがXML文書のどの要素に対して適用されるのか」を指定するもので、「/」は文書全体を示します。

　XSLTスタイルシートにおいては、かならず一番最初に「ルート要素に適用されるテンプレート」が呼び出されます。XSLTスタイルシート内部には最低でもテンプレートが1つ存在し、また、XML文書のルート要素に適用されるテンプレートは省略することができません。

　今後、複数のテンプレートが存在するXSLTスタイルシートを扱っていくことになりますが、その場合でも、基点は常にこのルート要素に対するテンプレートであり、ここから複数のテンプレートが順次呼び出されていくことになります。

　XSLTスタイルシートは、こうした「テンプレート」の集合体なのです。

【XSLTはテンプレートの集合体】

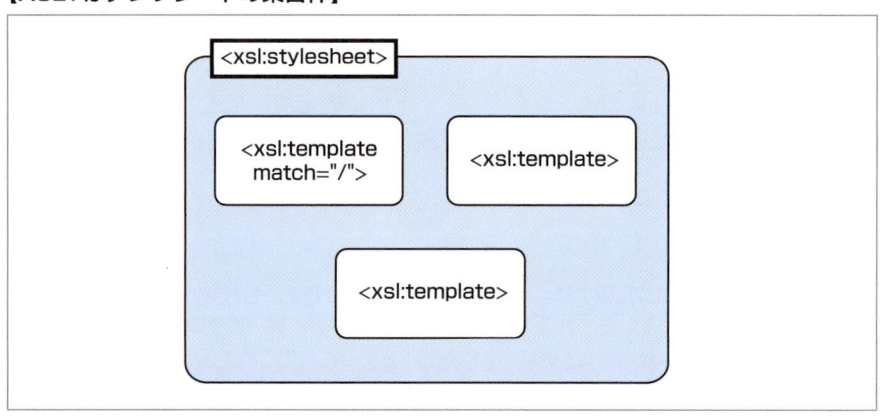

```
┌─────────────────────────────────────┐
│         <xsl:stylesheet>            │
│                                     │
│  ┌──────────────┐  ┌─────────────┐  │
│  │ <xsl:template│  │<xsl:template>│ │
│  │  match="/">  │  │             │  │
│  └──────────────┘  └─────────────┘  │
│         ┌──────────────┐            │
│         │<xsl:template>│            │
│         └──────────────┘            │
└─────────────────────────────────────┘
```

④ XSLTの出力方法を宣言する

　今回のサンプルスクリプトでは、XML文書をHTMLに変換させましたが、XSLTはかならずしもXML文書をHTMLに変換するためだけに使われるものではありません。XSLTは「Transformations」というその名のとおり、もともとはXML文書を「その他の形式に変換」するためのものです。

　ですから、ときにはXML文書をHTMLではなく「異なる形式のXML文書」に変換するケースもあれば、平文のテキストやその他の形式に変換するようなケースもあるわけです。XSLTの多彩な用途において、HTMLへの変換はむしろごく特殊な1パターンと考えるべきでしょう。

　3行目の<xsl:output>要素は、そんなXSLTの出力後の形式を明示的に宣言するためのものです。

```
3   <xsl:output method="html" encoding="Shift_JIS" />
```

　これによって、XSLTスタイルシートの出力を受けたクライアント（ブラウザ）側は、出力がHTML形式で、文字コードがShift-JISコードであることを認識できるわけです。XML文書やXSLTスタイルシート本体を記述する文字コードとはまた異なりますので、注意してください。

ワンポイント・アドバイス

> <xsl:output>要素はかならず記述しなければならないわけではありません。しかし、ブラウザによる誤認識、また自分自身への確認という意味でも、明記する癖をつけておいたほうがよいでしょう。

【<xsl:output>要素の書式】

```
<xsl:output method="出力形式（xml｜html｜text）。デフォルトはhtml"
    [version="バージョン"]
    [encoding="文字コード"]
    [indent="インデントを付けるかどうか（yes｜no）"]
    [media-type="MIMEタイプ（text/htmlなど）"] />
```

※ [〜]で囲まれた属性は省略可能であることを示しています。

---

indent属性は、モバイル機器など受信容量に制約がある端末の場合、インデントを省略することで出力サイズを圧縮します。

⑤ 固定的なテキストを表示する

　元のXML文書にはないテキストを表示させたいときには、<xsl:text>要素を使います。たとえば今回のサンプルのように、データを表組みで出力するときの見出しを付けたい場合などです。

```
12   <th><xsl:text>ISBNコード</xsl:text></th>
```

　<xsl:text>要素は、固定的に出力するテキスト部を囲みます。<xsl:text>要素で囲まれた部分は、そのまま静的なテキストとして出力されます。ただし、<xsl:text>要素は特殊なケースを除いては、省略が可能です。

　上の12行目の場合も、次のように、記述してなんら問題はありません。

```
12   <th>ISBNコード</th>
```

本書においては、今後特殊な場合を除いては、<xsl:text>要素は省略して記述することにします。

【<xsl:text>要素の書式】

```
<xsl:text disable-output-escaping="エスケープ文字を展開するかどうか(yes|no)">
  表示するテキスト
</xsl:text>
```

※ <xsl:text>要素は省略可能です。

内部のテキストに「<」「>」のようにエスケープ文字が含まれている時に、これを解釈させたいような場合、<xsl:text>要素を用います。たとえば、以下の例では「<」が出力されます。

```
<xsl:text disable-output-escaping="yes">&lt;</xsl:text>
```

disable-output-escaping属性のデフォルトは"no"で与えられた値がそのまま出力されます。

6 要素の内容を表示する

XSLTでもっとも頻出する要素が、この<xsl:value-of>要素であると言えます。<xsl:value-of>要素は、select属性で指定された要素（または属性）の内容を取得し、出力します。

select属性で要素を指定する方法は、ちょうどHTML文書でフォルダの相対パスを指定する方法に似ています。

```
<img src="sample/webware.jpg" />
```

このHTMLタグが、現在のファイルが置かれているフォルダ（カレントフォルダ）を基点として、直下のsampleフォルダに格納されている「webware.jpg」を示すのと同じイメージです。ただし、XSLTで基点となるのは、カレントフォルダではなく、カレント要素（ノード）です。

現在のテンプレートが示しているのはXML文書のルート要素（「/」）なので、これを基点として<owner>要素を指定してみます。

```
20  <div><xsl:value-of select="books/owner" /></div>
```

つまり、20行目のselect属性「books/owner」は、ルート要素を基点として、<books>要素配下の<owner>要素を示しています。もしも<books>要素配下の

<book>要素の、さらにその配下にある<name>要素を示すならば、select属性の値は「books/book/name」のようになります。

このように、要素、または属性までの経路（パス）を示すルールは、xPathという規格で定められています。xPathで定められたさまざまな規則については、一朝一夕にご紹介できるものではありませんので、今後、新しいルールが登場するごとに紹介することにしましょう。

【xPathで使える記号群】

特殊記号	概要	例
/	直下の要素	book/author <book>要素直下の<author>要素
//	すべての子孫	books//name <books>要素配下のすべての<name>要素
.	現在の要素	./category 現在のノード直下にある<category>要素
*	すべての子要素	book/*　<book>要素直下の全要素
@	属性名の接頭辞	book/@isbn　<book>要素のisbn属性
:	名前空間セパレータ	<ym:books xmlns:ym="urn:books">

【<xsl:value-of>要素の書式】

```
<xsl:value-of
    select="抽出する要素への経路（xPath式）"
    "disable-output-escaping="エスケープ文字を
    展開するかどうか（yes｜no）" />
```

※ もっとも頻出する要素の1つです。

7　属性の内容を表示する

XML文書のなかの属性値を表示する場合も、基本的に考え方は同じです。7行目を見てみることにしましょう。

```
7    <title><xsl:value-of select="books/@title" /> →
     </title>
```

カレントノードであるルート要素を基点として、<books>要素配下のtitle属性を示します。要素の場合と唯一異なるのは、属性であることを示すために属性名の頭にかならず「@」を付けるということだけです。

もしも<books>要素配下の<book>要素の、さらにその配下にあるisbn属性を示すならば、select属性の値は「books/book/@isbn」のようになります。

【ノードを特定する方法は、相対パスを指定する方法と似ている】

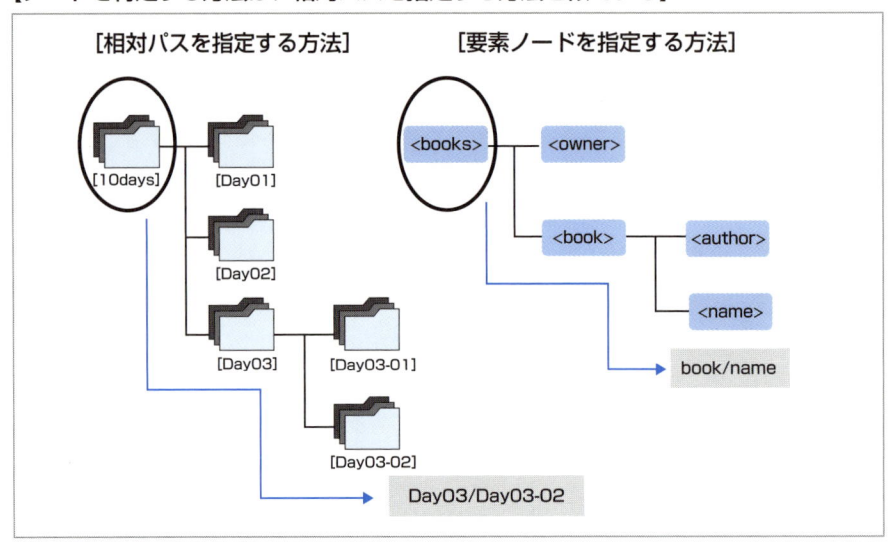

[相対パスを指定する方法]

- [10days]
  - [Day01]
  - [Day02]
  - [Day03]
    - [Day03-01]
    - [Day03-02]

Day03/Day03-02

[要素ノードを指定する方法]

- <books>
  - <owner>
  - <book>
    - <author>
    - <name>

book/name

まとめ

- XSLTスタイルシートのルート（最上位）要素は、<xsl:stylesheet>要素です。
- xmlns属性として、"http://www.w3.org/1999/XSL/Transform"を指定します。
- XSLTの出力形式を宣言するには、<xsl:output>要素を使います。
- 静的なテキストを表示するには、<xsl:text>要素を使います。
- 要素や属性の値を取得するには、<xsl:value-of>要素を使います。
- 属性名を指定する場合は、属性名の頭に「@」を付けます。

練習問題

Q XML文書「diary.xml」を、以下の図のように表示してみます。「diary.xml」と「diary.xsl」の①〜⑤の空白を埋め、正しいXML文書とXSLTスタイルシートを完成させてください。

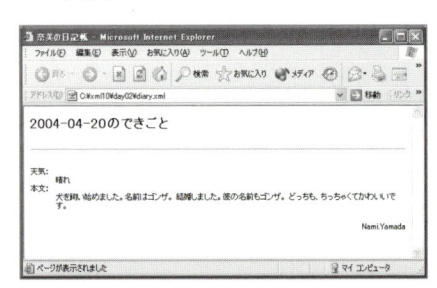

【diary.xml】

```xml
<?xml version="1.0" encoding="Shift_JIS" ?>
[①]
<diary owner="Nami.Yamada">
  <day date="2004-04-20">
    <title>ゴンザ</title>
    <weather>晴れ</weather>
    <body>
    犬を飼い始めました。名前はゴンザ。
    結婚しました。彼の名前もゴンザ。
    どっちも、ちっちゃくてかわいいです。
    </body>
  </day>
</diary>
```

【diary.xsl】

```xml
<?xml version="1.0" encoding="Shift_JIS" ?>
[②]
  <xsl:output method="html" encoding="Shift_JIS" />
    <xsl:template match="/">
    <html>
    <head>
    <title>奈美の日記帳</title>
    </head>
    <body>
    <h1>[③]のできごと</h1>
    <hr />
    <dl>
    <dt>[④]</dt>
    <dd><xsl:value-of select="diary/day/weather" />
    </dd>
    <dt><xsl:text>本文：</xsl:text></dt>
    <dd><xsl:value-of select="diary/day/body" /></dd>
    </dl>
    <div align="right">[⑤]</div>
    </body>
    </html>
    </xsl:template>
</xsl:stylesheet>
```

解答は巻末に

第2日 2時限目 【XSLTスタイルシートでレイアウト❷】一覧表にして出力する

前のレッスンでは、まず導入篇ということで、ある特定の単発的な値を出力しました。
しかし、実際にはXML文書内にはデータベースのテーブルのように、あるひとかたまりのデータが繰り返し記述されるケースが多くあります。ここまで扱ってきた書籍一覧XMLもまた然りで、<book>要素で表される書籍情報が繰り返し記述されたXML文書です。
ここでは、書籍情報の内容をHTMLの表として出力してみることにしましょう。

今回作成する例題の実行画面

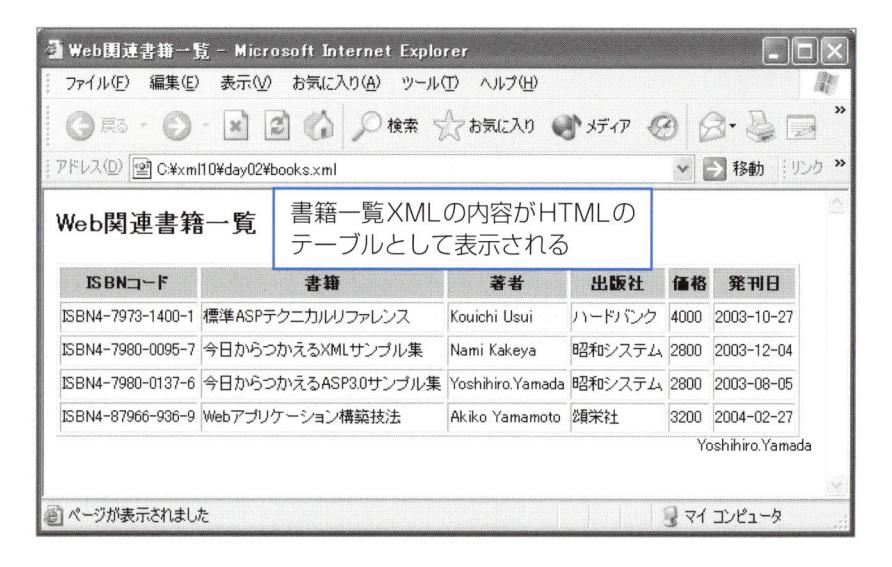

書籍一覧XMLの内容がHTMLのテーブルとして表示される

サンプルファイルはこちら　xml10　▶　day02-2　▶　books.xsl　books.css

●このレッスンのねらい

いよいよ、XSLTの<xsl:for-each>要素が登場します。XSLTが、HTMLやXMLとは少々一線を画するプログラミング言語としての部分です。
プログラミングに慣れていない方は、一見とまどうかもしれませんが、どういう流れで処理が行われているのか、基本的な考え方を最初のうちにきちんと理解しておけば、今後多少複雑な処理をするようになっても、それほど迷うことはないでしょう。

第2日／2時限目●一覧表にして出力する

操作手順

1 1時限目で作成した「books.xsl」をテキストエディタで開いて「リスト1」のようにコードを変更し、そのまま上書き保存する

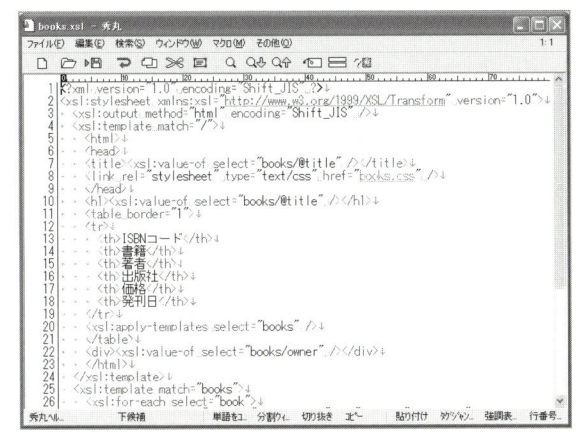

→ コードを入力

2 新規文書を作成して、「リスト2」のコードを入力し、「day02」フォルダに「books.css」という名前で保存する

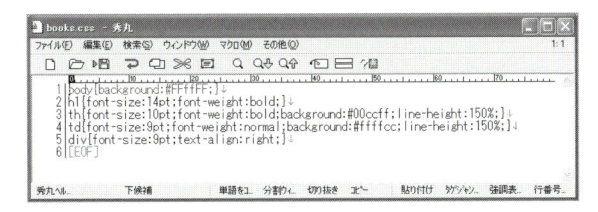

→ コードを入力

3 エクスプローラなどから「day02」フォルダを開き、「books.xml」を開く

ヒント

CSSとは…
CSSはカスケーディングスタイルシート(Cascading Style Sheet)の意味で、HTMLに対してより細かなレイアウトを指定したい場合に用います。CSS文書の場合、拡張子は「.css」とします。

記述するコード

【リスト1：books.xsl】 ※青字の部分が追加するコードです。

```
 1  <?xml version="1.0" encoding="Shift_JIS" ?> ← XML宣言
 2  <xsl:stylesheet xmlns:xsl="http://www.w3.org/1999/→
    XSL/Transform" version="1.0">
 3    <xsl:output method="html" encoding="Shift_JIS" />
 4    <xsl:template match="/">
 5    <html>
 6    <head>
 7    <title><xsl:value-of select="books/@title" />→
    </title>
 8    <link rel="stylesheet" type="text/css" →
    href="books.css" />
 9    </head>
10    <h1><xsl:value-of select="books/@title" />→
    </h1>
11    <table border="1">
12    <tr>
13      <th>ISBNコード</th>
14      <th>書籍</th>
15      <th>著者</th>
16      <th>出版社</th>
17      <th>価格</th>
18      <th>発刊日</th>
19    </tr>
20    <xsl:apply-templates select="books" />
21    </table>
22    <div><xsl:value-of select="books/owner" />→
    </div>
23    </html>
24  </xsl:template> ── XML文書全体に適用されるテンプレート
25  <xsl:template match="books">
26    <xsl:for-each select="book">
27      <xsl:sort select="publish" data-type=→
      "text" order="ascending" />
28      <xsl:sort select="pDate" data-type=→
      "text" order="descending" />
29      <tr>
30        <td><xsl:value-of select="@isbn" /></td>
31        <td><xsl:value-of select="name" /></td>
32        <td><xsl:value-of select="author" /></td>
```

```
33            <td><xsl:value-of select="publish" /></td>
34            <td><xsl:value-of select="price" /></td>
35            <td><xsl:value-of select="pDate" /></td>
36        </tr>
37     </xsl:for-each> ─── 複数の<book>要素を繰り返し処理
38  </xsl:template> ─── <books>要素に適用されるテンプレート
39 </xsl:stylesheet> ─────────── XSLTのルート要素
```

【リスト2：books.css】

```
1 body{background:#FFffFF;}
2 h1{font-size:14pt;font-weight:bold;}
3 th{font-size:10pt;font-weight:bold;background:→
  #00ccff;line-height:150%;}
4 td{font-size:9pt;font-weight:normal;background:→
  #ffffcc;line-height:150%;}
5 div{font-size:9pt;text-align:right;}
```

解説

　エクスプローラなどから「books.xml」を起動すると、XML文書が読み込まれ、関連づけられたXSLTスタイルシートとCSSスタイルシートによって整形された内容がIE上に表示されます。今回のスクリプトでは、前のレッスンで空になっていたテーブルの内容を表示します。

1 テンプレートからテンプレートを呼ぶ

　先のレッスンでも説明したように、つまるところ、XSLTはテンプレートの集合体です。単純なスタイルシートならば、ルート要素に適用されるテンプレート（4～24行目）ひとつでも十分用は足りるのですが、ちょっと複雑なスタイルを表す場合は、ある表示規則を別のテンプレート（<xsl:template>）としてしまったほうが簡潔に記述できる場合が多々あります。たとえば、今回の場合は、出力するテーブルの繰り返し部分を別個のテンプレートとして外出ししています。

　テンプレートを呼び出すには、以下のようにします。

```
20  <xsl:apply-templates select="books" />
```

　これは、「books.xml」の<books>要素に対して、対応するテンプレートを適用しなさいという意味です。

<xsl:apply-templates>要素のselect属性で示す"books"は、25行目<xsl:template>要素のmatch属性で示す"books"に対応し、25〜38行目に定義された一連のテンプレートを参照します。

```
25    <xsl:template match="books">
 ⋮           ⋮
38    </xsl:template>
```

　なお、テンプレートはXSLTスタイルシート内部にいくつでも記述することが可能です。また、テンプレート内部に入れ子にしてテンプレートを記述することはできませんが、テンプレートからテンプレートを何重にも呼び出すことは可能です。

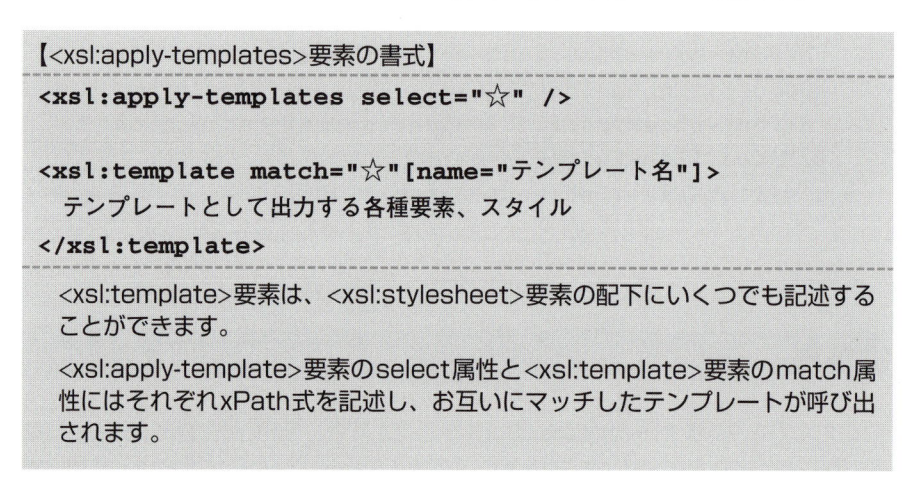

【<xsl:apply-templates>要素の書式】

`<xsl:apply-templates select="☆" />`

`<xsl:template match="☆"[name="テンプレート名"]>`
　テンプレートとして出力する各種要素、スタイル
`</xsl:template>`

　<xsl:template>要素は、<xsl:stylesheet>要素の配下にいくつでも記述することができます。

　<xsl:apply-template>要素のselect属性と<xsl:template>要素のmatch属性にはそれぞれxPath式を記述し、お互いにマッチしたテンプレートが呼び出されます。

【テンプレートはテンプレートを呼ぶ】

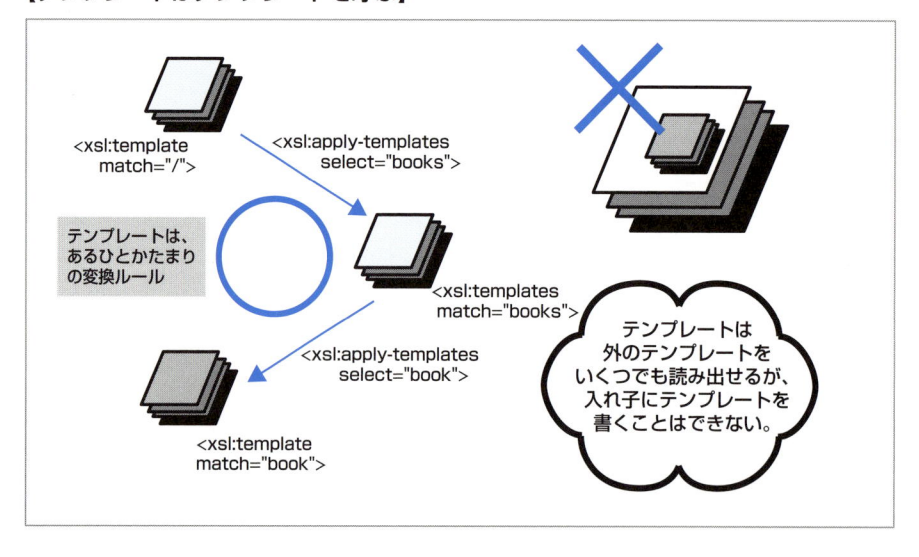

<xsl:template match="/">
<xsl:apply-templates select="books">
テンプレートは、あるひとかたまりの変換ルール
<xsl:templates match="books">
<xsl:apply-templates select="book">
<xsl:template match="book">

テンプレートは外のテンプレートをいくつでも読み出せるが、入れ子にテンプレートを書くことはできない。

② カレントノードは移動する

<xsl:apply-templates>要素で別のテンプレートを呼び出す場合、注意しなければならない点がひとつあります。

これまでカレント（現在の）ノードが常に「ルート要素（最上位要素）」の場合を扱ってきました。が、<xsl:apply-templates>要素によって呼び出された<xsl:template>要素配下では、カレントノードは現在テンプレートが処理を行っている対象の要素に移ります。つまり、<xsl:template match="books">テンプレートの場合はmatch属性として指定されている<books>要素がカレントノードになります。

COLUMN

カレントノードは移動する

XSLTスタイルシートは処理中にかならず現在位置を示す基点となるカレントノードをもちます。xPath式で要素や属性を指定する場合も、かならずこのカレントノードを基点としてパスを指定する必要があります

したがって、<xsl:template match="/">テンプレート内で<book>要素のisbn属性を表示する場合

```
<xsl:value-of select="books/book/@isbn" />
```

のようになるxPath式も、<xsl:template match="books">のなかでは

```
<xsl:value-of select="book/@isbn" />
```

のようになります。このように、対象のノードまでの経路（パス）指定が簡素化されることも、テンプレート化することのひとつの目的でもあります。

【カレントノードは移動する】

```
<xsl:template match="/">
  <xsl:apply-templates select="books"/>
</xsl:template>

<xsl:template match="books">
  <xsl:for-each select="book">
  </xsl:for-each>
</xsl:template>
```

<xsl:apply-templates>要素や<xsl:for-each>要素などの配下では、基点となるカレントノードが移動する。

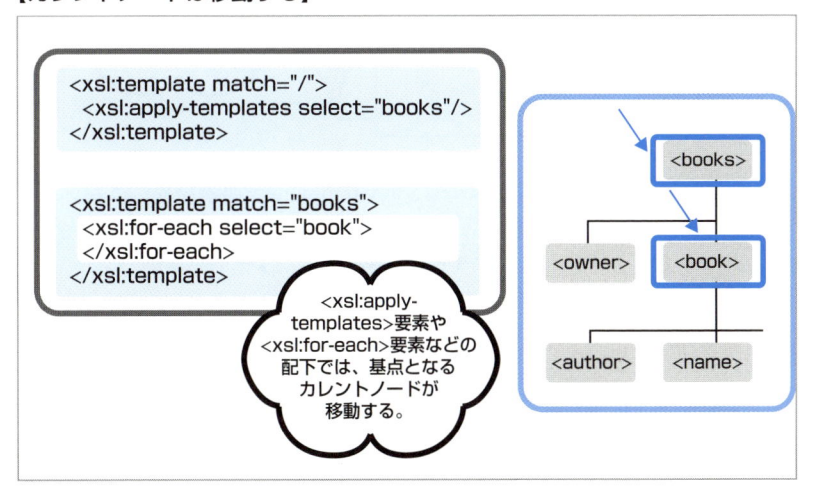

③ テーブルを表示したい

<xsl:for-each>要素は、select属性で指定した要素の内容について繰り返し出力します。

```
26  <xsl:for-each select="book">
        ⋮
37  </xsl:for-each>
```

26～37行目ならば、<books>要素（カレントノード）配下に記述されたすべての<book>要素について、上から順番に繰り返し処理を行います。

ここでは、<xsl:for-each>要素1回のループで、ひとかたまりの<book>要素をテーブルの1行（<tr>タグ）として出力していますので、繰り返し処理全体としては、1つのテーブルを構成することになります。

【<xsl:for-each>要素は繰り返す】

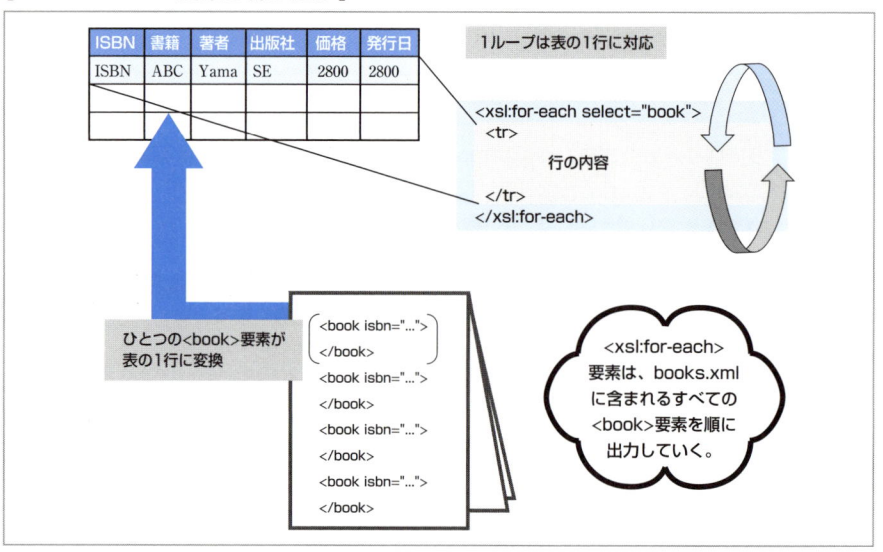

なお、<xsl:for-each>要素は、先の<xsl:apply-templates>要素同様、カレントノードを移動させます。つまり、現在のテンプレートの基点は<books>要素でしたが、<xsl:for-each>要素によって、基点はさらに下層の<book>要素に移動します。

したがって、<xsl:for-each>要素内で<book>要素のisbn属性を表示する場合も、<book>要素を基点としているので、次のようになります。

```
30  <td><xsl:value-of select="@isbn" /></td>
```

また、<book>要素配下の<name>要素を表示する場合も、次のようになります。

```
31  <td><xsl:value-of select="name" /></td>
```

【<xsl:for-each>要素の書式】

```
<xsl:for-each
  select="xPath式。マッチした要素や属性について繰り返し処理">
  ループ1回で出力される内容
</xsl:for-each>
```

❹ 表の内容を文字列でソートしたい

　上の<xsl:for-each>要素の記述だけでは、ただ単にXML文書に書かれた内容を記述の順番にひとつひとつ出力するだけです。これはこれで非常に便利な機能ではありますが、これだけでは芸がありません。

　そこでこれにほんの一文を加えることで、出力する表をあるキーについてソート（並べ替え）してみることにします。「books.xsl」の27～28行目に注目してみてください。

```
27  <xsl:sort select="publish" data-type="text" →
      order="ascending" />
28  <xsl:sort select="pDate" data-type="text" →
      order="descending" />
```

　<xsl:sort>要素は、<xsl:for-each>要素による出力順を制御します。
　data-type属性はデータが文字列であることを、order属性はデータを昇順（ascending）・降順（descending）のいずれで出力するかを指定します。つまりこの場合ならば、XSLTは第1キーを<publish>要素（昇順）、第2キーを<pDate>要素（降順）として並べ替えを行います。
　<xsl:sort>要素を複数記述した場合には、それぞれ記述順に第1キー、第2キーとなり、ソートが実行されます。

❺ XSLTからCSSを呼び出す

　前のレッスンでも説明したように、XSLTはあくまで今あるXML文書を別形式の文書（たとえばHTML）に「変換」するための機能であるにすぎません。よりきめ細かなレイアウトを実現したい場合には、従来のCSS（Cascading StyleSheet）などを利用する必要があります。この場合、通常HTMLからCSSを呼び出すのとまったく同様に、XSLT内部にCSSの呼び出しを記述します。たとえば、次のようにです。

```
8    <link rel="stylesheet" type="text/css" →
     href="books.css" />
```

<link>はHTMLのタグで、現在のファイルと外部ファイルの関係を示します。それぞれrelオプションはhref属性で示されたファイルがスタイルシートであることを、type属性はそのスタイルシートがCSSスタイルシートであることを示します。

この一文によって、XSLTによるXML文書の変換後、ブラウザは重ねてCSSスタイルシート「books.css」を適用し、より詳細なレイアウトを整形します。

【XSLTは加工し、CSSは整える】

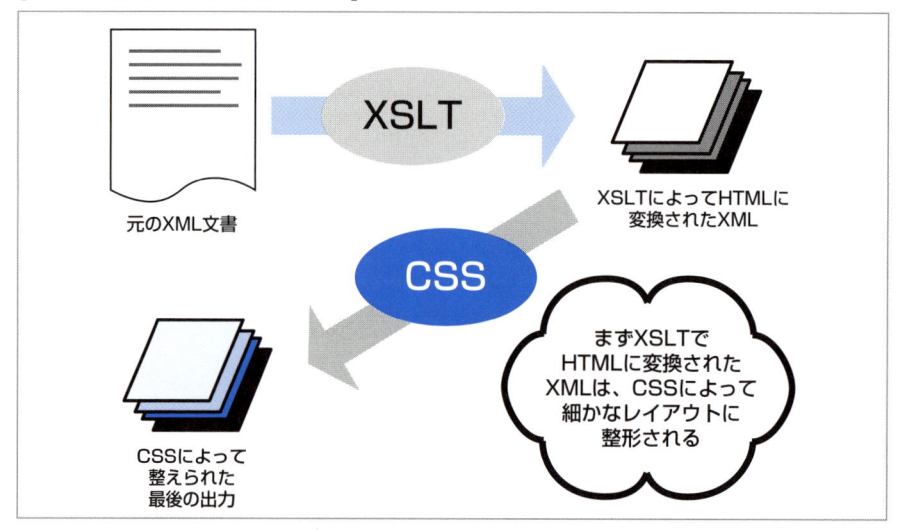

元のXML文書

XSLT

XSLTによってHTMLに変換されたXML

CSS

まずXSLTでHTMLに変換されたXMLは、CSSによって細かなレイアウトに整形される

CSSによって整えられた最後の出力

ワンポイント・アドバイス

XML文書に対するスタイルの適用は、CSSではなく、FO（Formatting Objects）と呼ばれる仕組みでも行うことができます。しかしFOは非常に膨大な規格でもあり、W3Cでもまだ勧告前段階にあるため、本書では取り上げません。

XSLTとFOを併せて、XSL（eXtensible Stylesheet Language）と言います。

まとめ

- XSLTスタイルシート内にはいくつでもテンプレートを含めることができます。
- テンプレート内にテンプレートを記述することはできませんが、あるテンプレートからほかのテンプレートを呼び出すことは可能です（<xsl:apply-templates>要素）。
- 表やリストのような繰り返し項目を出力する場合は<xsl:for-each>要素を使います。
- <xsl:template>要素、<xsl:for-each>要素などの配下では、カレント（現在）ノードが移動します（ノードを指定する際に注意しましょう）。

第2日／2時限目●一覧表にして出力する

- <xsl:for-each>要素による出力順を制御するには、<xsl:sort>要素を使います。
- XSLTはXML文書をHTMLに変換するだけです。より細かいレイアウトを指定したい場合には、CSS（カスケーディングスタイルシート）を併せて使うこともできます。

練習問題

Q 以下のXML文書「music.xml」を、以下図のように表示してみます。
リスト内の空白①〜⑥を埋め、正しいXML文書とXSLTスタイルシートを完成させてください。

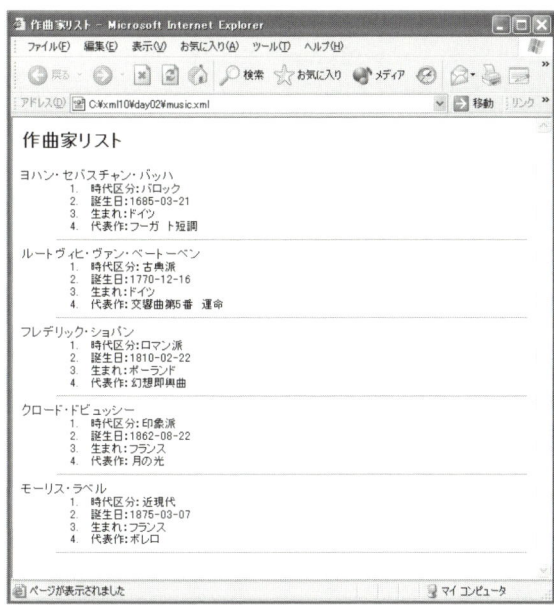

（作曲家リスト画面イメージ）

作曲家リスト
ヨハン・セバスチャン・バッハ
  1. 時代区分:バロック
  2. 誕生日:1685-03-21
  3. 生まれ:ドイツ
  4. 代表作:フーガ ト短調
ルートヴィヒ・ヴァン・ベートーベン
  1. 時代区分:古典派
  2. 誕生日:1770-12-16
  3. 生まれ:ドイツ
  4. 代表作:交響曲第5番 運命
フレデリック・ショパン
  1. 時代区分:ロマン派
  2. 誕生日:1810-02-22
  3. 生まれ:ポーランド
  4. 代表作:幻想即興曲
クロード・ドビュッシー
  1. 時代区分:印象派
  2. 誕生日:1862-08-22
  3. 生まれ:フランス
  4. 代表作:月の光
モーリス・ラベル
  1. 時代区分:近現代
  2. 誕生日:1875-03-07
  3. 生まれ:フランス
  4. 代表作:ボレロ

【music.xml】

```
<?xml version="1.0" encoding="Shift_JIS" ?>
<?xml-stylesheet type="text/xsl" href="music.xsl" ?>
<music>
  <musician name="クロード・ドビュッシー" category="印象派"
    birth="1862-08-22" country="フランス"
    imp_work="月の光" />
  <musician name="ヨハン・セバスチャン・バッハ"
    category="バロック" birth="1685-03-21" country="ドイツ"
    imp_work="フーガ ト短調" />
```

41

```
  <musician name="ルートヴィヒ・ヴァン・ベートーベン"
    category="古典派" birth="1770-12-16"
    country="ドイツ" imp_work="交響曲第5番 運命" />
  <musician name="フレデリック・ショパン" category="ロマン派"
    birth="1810-02-22" country="ポーランド"
    imp_work="幻想即興曲" />
  <musician name="モーリス・ラベル" category="近現代"
    birth="1875-03-07" country="フランス"
    imp_work="ボレロ" />
</music>
```

【music.xsl】

```
<?xml version="1.0" encoding="Shift_JIS" ?>
<xsl:stylesheet xmlns:xsl="http://www.w3.org/1999/
XSL/Transform" version="1.0">
  <xsl:output 　[①]　 encoding="Shift_JIS" />
  <xsl:template match="/">
    <html>
    <head>
    <title>作曲家リスト</title>
    </head>
    <body>
    <h1>作曲家リスト</h1>
    <dl>
      [②]
    </dl>
    </body>
    </html>
  </xsl:template>
  <xsl:template 　[③]　 >
    [④]
      [⑤]
      <dt style="font-size:11pt;">
        [⑥]
      </dt>
      <dd style="font-size:10pt;">
        <ol>
          <li>時代区分：<xsl:value-of select
          ="@category" /></li>
          <li>誕生日：<xsl:value-of select
          ="@birth" /></li>
```

```
      <li>生まれ：<xsl:value-of select→
      ="@country" /></li>
      <li>代表作：<xsl:value-of select→
      ="@imp_work" /></li>
     </ol>
    </dd>
    <hr />
   </xsl:for-each>
  </xsl:template>
</xsl:stylesheet>
```

解答は巻末に

第2日 3時限目 【XSLTスタイルシートでレイアウト❸】データをソートしてリンクを張る

前のレッスンで作成した一覧表に改良を加えてみます。ソート順を変えたり、各種情報へのリンクを生成します。

今回作成する例題の実行画面

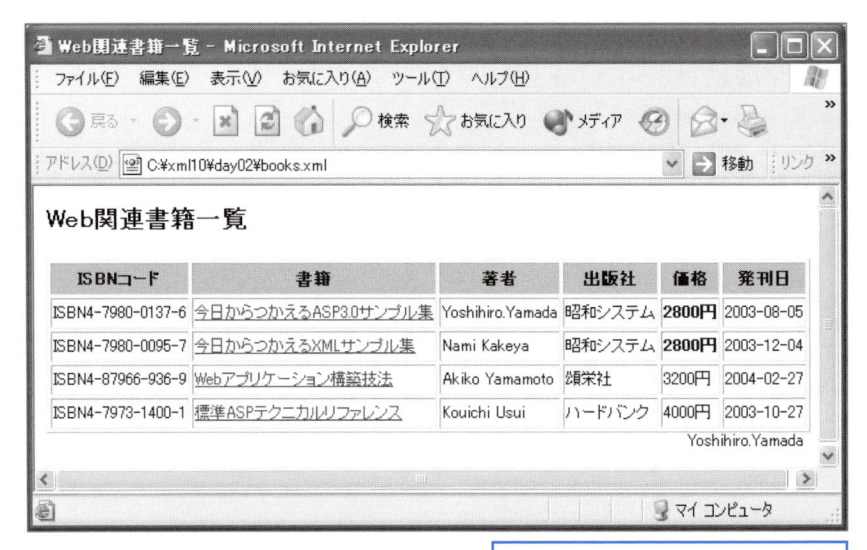

書籍名からリンクが張られ、価格でソートされた

サンプルファイルはこちら　xml10 ▶ day02-3 ▶ books.xsl

● このレッスンのねらい

前のレッスンの復習も兼ねつつ、書籍一覧を改良してみます。
まだXSLTの一種独特な雰囲気に振り回されている方は、今一度、基本構文を再確認するもよし、だんだん理解してきたという方は、本レッスンの内容をベースにさまざまな箇所を自分なりに変更してみることで、より理解を深めてみるのもよいでしょう。

操作手順

1 2時限目で作成したXSLTスタイルシートをテキストエディタで開き、「リスト」のようにコードを追加/変更し、そのまま上書き保存する

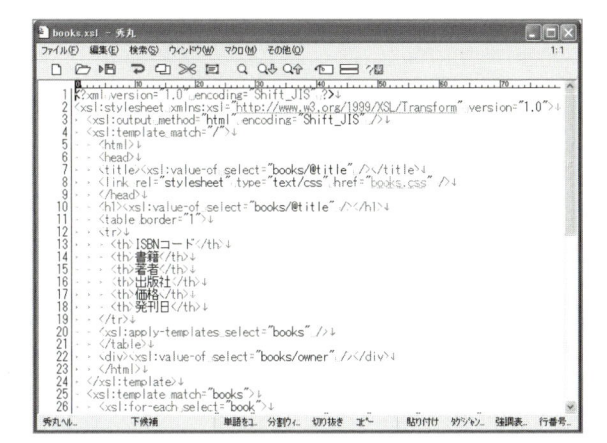

コードを入力

2 エクスプローラなどから「day02」フォルダを開き、「books.xml」を開く

記述するコード

【リスト：books.xsl】 ※青字の部分が追加/変更するコードです。

```
 1  <?xml version="1.0" encoding="Shift_JIS" ?>      ── XML宣言
 2  <xsl:stylesheet xmlns:xsl="http://www.w3.org/1999/
    XSL/Transform" version="1.0">
 3    <xsl:output method="html" encoding="Shift_JIS" />
 4    <xsl:template match="/">
 5      <html>
 6      <head>
 7      <title><xsl:value-of select="books/@title" />
    </title>
 8      <link rel="stylesheet" type="text/css"
    href="books.css" />
 9      </head>
10      <h1><xsl:value-of select="books/@title" />
    </h1>
11      <table border="1">
```

```
12      <tr>
13        <th>ISBNコード</th>
14        <th>書籍</th>
15        <th>著者</th>
16        <th>出版社</th>
17        <th>価格</th>
18        <th>発刊日</th>
19      </tr>
20      <xsl:apply-templates select="books" />
21    </table>
22    <div><xsl:value-of select="books/owner" />
    </div>
23    </html>
24  </xsl:template>           ——— XML文書全体に適用されるテンプレート
25  <xsl:template match="books">
26    <xsl:for-each select="book">
27      <xsl:sort select="price" data-type=
        "number" order="ascending" />
28      <tr>
29        <td nowrap="nowrap"><xsl:value-of
          select="@isbn" /></td>
30        <td nowrap="nowrap">
31          <xsl:element name="a">
32            <xsl:attribute name="href">
33              <xsl:value-of select="url" />
34            </xsl:attribute>
35            <xsl:value-of select="name" />
36          </xsl:element>            ——— リンクを生成
37        </td>
38        <td nowrap="nowrap"><xsl:value-of select
          ="author" /></td>
39        <td nowrap="nowrap"><xsl:value-of select
          ="publish" /></td>
40        <td nowrap="nowrap">
41          <xsl:choose>
42            <xsl:when test="price[number(.) &lt;
              = 3000]">
43              <span style="font-weight:bold;">
44                <xsl:value-of select="price" />円
45              </span>
46            </xsl:when>
47            <xsl:otherwise>
```

```
48             <xsl:value-of select="price" />円
49           </xsl:otherwise>
50         </xsl:choose> ──── 値段によってフォントを変更
51       </td>
52       <td nowrap="nowrap"><xsl:value-of select→
         ="pDate" /></td>
53     </tr>
54   </xsl:for-each> ──── 複数の<book>要素を繰り返し処理
55 </xsl:template> ──── <books>要素に適用されるテンプレート
56 </xsl:stylesheet> ──────── XSLTのルート要素
```

解説

　エクスプローラなどから「books.xml」を起動すると、XML文書が読み込まれ、関連づけられたXSLTとCSSとによって整形された内容がIE上に表示されます。

　このサンプルでは、ソート順が変化する、書籍名にリンクが張られる、価格の一部が太字で表示されるなどの変化を確認することができるはずです。

1 XSLTはソート機能を備える──数値ソート

　前のレッスンで取り上げた<xsl:sort>要素のソート機能は文字列にしか使えないわけではありません。先ほどはなんの気なしに使っていたdata-type属性ですが、この属性値をnumberと指定することで要素内のデータは数値として見なされ、ソート処理も数値順に処理されます。たとえば、27行目のようにです。

```
27 <xsl:sort select="price" data-type=→
   "number" order="ascending" />
```

　data-type属性が前のレッスンで指定したようにtextのままであった場合、「1000と500」のような数値は正しくソートされず、「1000」が「500」より小さい値として並べられます。なぜなら、「1000と500」を文字列としてとらえた場合、まずは1文字目の1と5とが比較され、昇順の場合は1のほうを小さいものと認識して先に出力してしまうためです。

【<xsl:sort>要素の書式】

```
<xsl:sort select="ソートする対象の要素、属性を示すxPath式"
       [data-type="データ型（text｜number）"]
       [order="並べ替えの種類（ascending：昇順｜
       descending：降順）"] />
```

② リンクを生成する

出力結果に対してリンクを張る場合は、まずは<xsl:element>要素でHTMLの<a>タグを生成する必要があります。実際のリンク先URLは<xsl:element>要素配下の<xsl:attribute>要素で、リンク文字列はおなじみの<xsl:value-of>要素で、それぞれ出力します。

31～36行目を見てみましょう。

```
31  <xsl:element name="a">
32    <xsl:attribute name="href">
33      <xsl:value-of select="url" />
34    </xsl:attribute>
35    <xsl:value-of select="name" />
36  </xsl:element>
```

これによって、たとえば次のようなHTMLが出力されます。

```
<a href="http://member.nifty.ne.jp/Y-Yamada/">
今日からつかえるASP3.0サンプル集</a>
```

なお、<xsl:element>要素については省略可能で、その場合は次のように記述します。

```
<a>
  <xsl:attribute name="href">
    <xsl:value-of select="url" />
  </xsl:attribute>
  <xsl:value-of select="name" />
</a>
```

【<xsl:element>要素の書式】

```
<xsl:element name="要素名">
  要素配下に出力する内容
</xsl:element>
```

【<xsl:attribute>要素の書式】

```
<xsl:attribute name="属性名">
  属性値となるテキスト
</xsl:attribute>
```

❸ 条件によって表示を変更したい──多岐分岐

ここでは、3000円以下の書籍についてボールド体で価格を表示してみましょう。書籍データが「3000円以上」か「3000円以下」かによって、価格をボールド体にするかしないか処理を振り分けるということになります。このような条件分岐を行いたい場合、XSLTではふたつの手段を提供していますが、ここではそのひとつ、<xsl:choose>要素による分岐を見ていくことにします。

<xsl:choose>要素は、<xsl:when>要素、<xsl:otherwise>要素とセットで使います。<xsl:when>要素のtest属性で指定した条件に合致したときに、配下の内容を出力します。<xsl:when>要素は複数個指定することができ、そのどれにも合致しない場合には<xsl:otherwise>要素配下の内容が出力されます。

```
41   <xsl:choose>
42     <xsl:when test="price[number(.) &lt;= 3000]">
43       <span style="font-weight:bold;">
44         <xsl:value-of select="price" />円
45       </span>
46     </xsl:when>
47     <xsl:otherwise>
48       <xsl:value-of select="price" />円
49     </xsl:otherwise>
50   </xsl:choose>
```

test属性に記述された [ ] は「フィルタパターン」と呼ばれ、中に比較式、論理式などを記述することができます。

「number()」はxPath関数と呼ばれるもののひとつで、カッコ内の引数の内容を数値化します。この場合は現在要素(.)、つまり直前の<price>要素の値を数値化し、これを3000と比較しているわけです。普通に考えれば[number(.) <= 3000]としたいところですが、XSLT内では「<=（Less Than Equal）」という記述はできないため、「<」をエスケープして「<=」と記述しています。

ワンポイント・アドバイス

「<」や「>」などはXML、XSLTなどでは共通してタグの区切り文字として採用されている予約文字です。これをXMLでは<、>といった別表現で記述することで、「<」や「>」をそのまま表示させることができます。これを「エスケープ」と言います。

【フィルタパターンの構文】

price [number(.) <= 3000]

- price → 基点となる要素
- number(.) → 比較の対象（現在要素：<price>の内容を数値化したもの）
- <= → 演算子（〜以下）
- 3000

【<xsl:choose>要素の書式】

```
<xsl:choose>
  <xsl:when test="条件式">
    条件式に合致したときに出力する内容
  </xsl:when>...
  [<xsl:otherwise>
    どの条件式にも合致しなかったときに出力する内容
  </xsl:otherwise>]
</xsl:choose>
```

<xsl:when>要素は<xsl:choose>要素配下にいくつでも記述することができます。

【xPathで使える演算子】

演算子	概要	例
[ ]	フィルタパターン	book[category='ASP'] 配下の<category>要素が'ASP'である<book>要素
( )	グルーピング	book[(author='Yamamoto' or author='Mochiduki') and category='XML'] 配下の<author>要素が'Yamamoto'または'Mochiduki'で、かつ<category>要素が'XML'であるbook要素
+	加算	number(price)+number(send) <price>要素と<send>要素の値を加算
-	減算	number(price)-number(send) <price>要素から<send>要素の値を減算
div	除算	number(total) div number(number) <total>要素を<number>要素で除算
*	積算	number(price)*number(number) <price>要素を<number>要素で積算
mod	剰余	number(total) mod number(number) <total>要素を<number>要素で除算した余り
and	論理積	book[url and logo] 配下に<url>要素と<logo>要素を含む<book>要素

演算子	概要	例
or	論理和	book[url or logo] 配下に\<url\>要素または\<logo\>要素を含む\<book\>要素
not	否定	book[not(category='XML')] 配下の\<category\>要素が'XML'でない\<book\>要素
=	等しい	book[@isbn='ISBN9-999'] isbn属性が'ISBN9-999'である\<book\>要素
!=	等しくない	book[@isbn!='ISBN9-999'] isbn属性が'ISBN9-999'でない\<book\>要素
<	より小さい	book[number(price)<3000] 配下の\<price\>要素が3000未満の\<book\>要素
<=	以下	book[number(price)<=3000] 配下の\<price\>要素が3000以下の\<book\>要素
>	より大きい	book[number(price)>10000] 配下の\<price\>要素が10000より大きい\<book\>要素
>=	以上	book[number(price)>=10000] 配下の\<price\>要素が10000以上の\<book\>要素
|	結合	book/(chapter|section) \<book\>要素配下の\<chapter\>要素と\<section\>要素

ワンポイント・アドバイス

xPathの用途は、ただ単にノードへの経路（パス）を記述するばかりではありません。演算子や関数などを併用することで、ノードに関するさまざまな情報を取得することが可能です。

④ 属性値の簡略形は使えない

XSLTスタイルシートを書きはじめると意外と忘れがちなのが、XSLTもまた「XML構文にのっとって記述されたXML文書」の一種だということです。

ですから、29行目のような記述においても、かならず完全な（省略のない）形で記述する必要があります。

```
29  <td nowrap="nowrap"><xsl:value-of →
    select="@isbn" /></td>
```

この部分をいつもHTMLで書いているように、

```
<td nowrap><xsl:value-of select="@isbn" /></td>
```

のように記述してしまうと、エラーとなってしまいます。

XMLを記述する際には注意していたもろもろの規則も、意外とXSLTとなると忘れがちなものです。その他の規則も含め、今一度思い返してみましょう。

まとめ

- <xsl:sort>要素のdata-type属性をnumberと指定することで、数値データのソート処理を行うことができます。
- リンクを生成したい場合には、<xsl:element>要素、<xsl:attribute>要素によってHTMLの<a>タグを出力します。
- XSLTは繰り返し処理のほかに条件分岐の機能をもちます。多岐の条件分岐には<xsl:choose>要素を使います。
- XSLTスタイルシートもまたXML文書です。XSLTスタイルシートを作ったときは、XML構文に従った記述かどうかもう一度見直しましょう。

練習問題

Q 以下のXML文書「address.xml」を、図のように表示してみます。リストの空白①〜⑤を埋め、正しいXML文書とXSLTスタイルシートを完成させてください。

※ ただし、それぞれの名前からは各人のメールアドレスへリンクを張ることにします

【address.xml】

```
<?xml version="1.0" encoding="Shift_JIS" ?>
[①]
<addressBook>
  <member id="A00003">
    <name>金子貴郎</name>
    <email>takao@xxx.yama.co.ym</email>
    <address>新潟市某町3-3-33</address>
    <old>109</old>
  </member>
  <member id="A00002">
    <name>川村智美</name>
    <email>tomomi@xxx.yama.co.ym</email>
    <address>横浜市緑区何処町1-1-11</address>
    <old>29</old>
  </member>
  <member id="A00001">
    <name>本多こずえ</name>
    <email>kozue@xxx.yama.co.ym</email>
    <address>千葉県千葉市何某町9-9-99</address>
    <old>28</old>
  </member>
  <member id="A00003">
    <name>川端真一</name>
    <email>shinichi@xxx.yama.co.ym</email>
    <address>旭川市奈辺町5-5-45</address>
    <old>33</old>
  </member>
  <member id="A00004">
    <name>山田祥寛</name>
    <email>yoshihiro@xxx.yama.co.ym</email>
    <address>静岡市静岡町2-9-00</address>
    <old>18</old>
  </member>
</addressBook>
```

【address.xsl】

```
<?xml version="1.0" encoding="Shift_JIS" ?>
  <xsl:stylesheet xmlns:xsl="http://www.w3.org/1999/→
  XSL/Transform" version="1.0">
  <xsl:output method="html" encoding="Shift_JIS" />
  <xsl:template match="/">
    <html>
    <head>
    <title>アドレス帳</title>
    </head>
    <body>
    <table border="1">
    <tr><th>名前</th><th>住所</th><th>年齢</th></tr>
    <xsl:for-each  [②] >
       [③]
      <tr>
        <td nowrap [④] >
          <a>
            <xsl:attribute name="href">
               [⑤]
            </xsl:attribute>
            <xsl:value-of select="name" />
          </a>
        </td>
        <td><xsl:value-of select="address" /></td>
        <td><xsl:value-of select="old" />歳</td>
      </tr>
    </xsl:for-each>
    </table>
    </body>
    </html>
  </xsl:template>
</xsl:stylesheet>
```

解答は巻末に

第3日

XSLTでの詳細情報表示

1時限目：画像表示や文章の装飾をする
2時限目：条件分岐・数値整形で表示をより美しく

引き続きXSLTです。
書籍情報詳細画面を作成していくなかで、より多様なXSLTの表現方法を学んでいきます。
XSLTとは切っても切り離せないxPath技術についても、少しずつ使える表現の幅を広げていきましょう。

第3日 1時限目 【XSLTでの詳細情報表示①】画像表示や文章の装飾をする

引き続きXSLTで、書籍一覧XMLの詳細情報を表示してみます。

今回作成する例題の実行画面

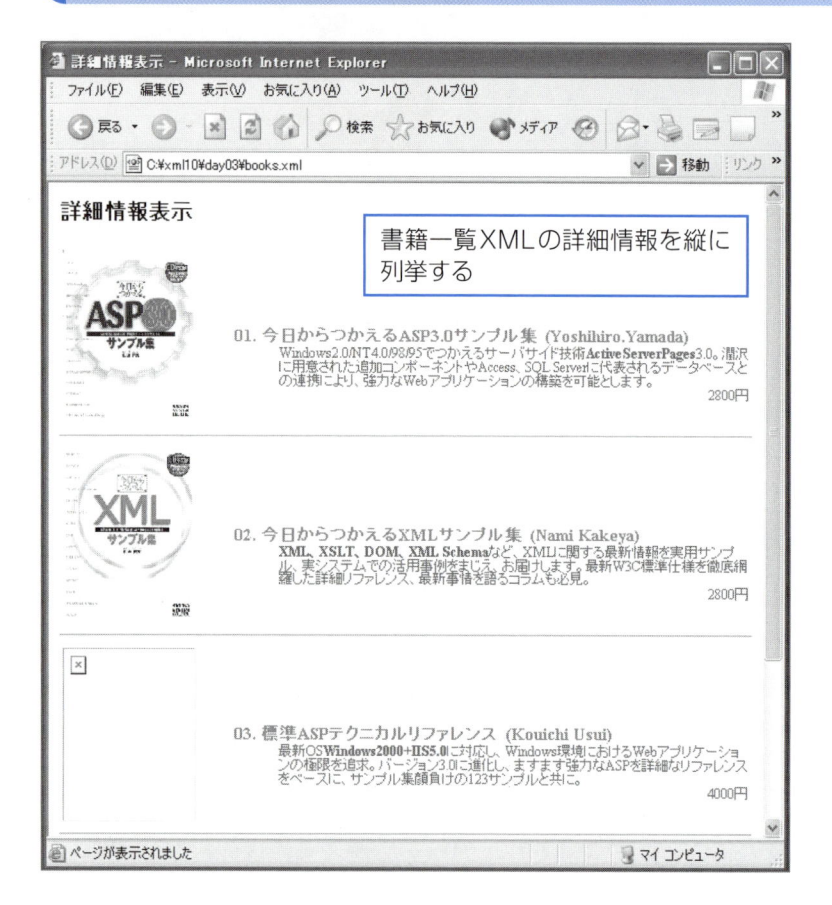

書籍一覧XMLの詳細情報を縦に列挙する

サンプルファイルはこちら　xml10 ▶ day03-1　books.xml　book2.css　description.xsl

●このレッスンのねらい

第2日とはまったく雰囲気の異なる詳細情報の表示に挑戦してみます。
　スタイルシートを入れ替えるだけで、簡単に表示フォーマットを切り替えられる便利さは、文書構造の記述と文書修飾の記述を分離したXML-XSLTならではのものです。これまで文字の上でだけ理解してきたXMLのすばらしさを、自分の目で確かめてみましょう。

操作手順

● ダウンロードしたサンプルの「day03-1」フォルダにある「asp3.jpg」「webware.jpg」「xml.jpg」を「day03」フォルダにコピーしてください。

① 第2日に使用した「books.xml」をテキストエディタで開き、「リスト1」のようにコードを追加/変更し、「day03」フォルダに新規保存する

コードを入力

② テキストエディタで新規文書を作成し、「リスト2」のコードを入力して、「day03」フォルダに「description.xsl」という名前で保存する

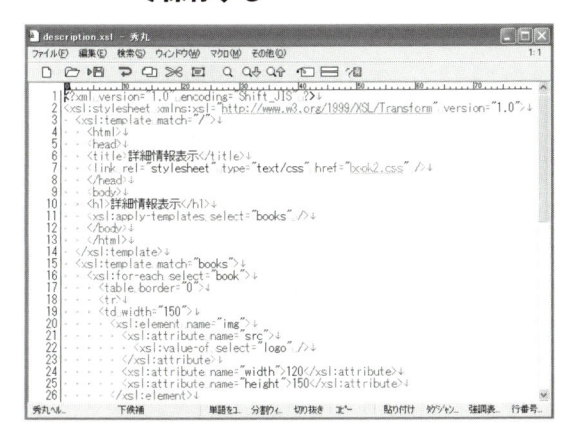

コードを入力

3 テキストエディタで新規文書を作成し、「リスト3」のコードを入力し、「day03」フォルダに「book2.css」という名前で保存する

コードを入力

4 エクスプローラなどから「day03」フォルダを開き、「books.xml」を開く

記述するコード

【リスト1：books.xml】

```
 1  <?xml version="1.0" encoding="Shift_JIS" ?>
 2  <?xml-stylesheet type="text/xsl"
    href="description.xsl" ?>
 3  <books title="Web関連書籍一覧">
 4    <owner address="CQW15204@nifty.com">Yoshihiro
      .Yamada</owner>
 5    <book isbn="ISBN4-7980-0137-6">
 6      <name>今日からつかえるASP3.0サンプル集</name>
 7      <author>Yoshihiro.Yamada</author>
 8      <logo>asp3.jpg</logo>
 9      <category>ASP</category>
10      <url>http://member.nifty.ne.jp/Y-Yamada/asp3/
        </url>
11      <price>2800</price>
12      <publish>昭和システム</publish>
13      <pDate>2003-08-05</pDate>
14      <memo>Windows2.0/NT4.0/98/95でつかえるサーバサイド
        技術<keyword>ActiveServerPages</keyword>3.0。潤沢
        に用意された追加コンポーネントやAccess、SQL Serverに代表
        されるデータベースとの連携により、強力なWebアプリケーション
        の構築を可能とします。</memo>
15    </book>
16    <book isbn="ISBN4-7980-0095-7">
17      <name>今日からつかえるXMLサンプル集</name>
```

```
18      <author>Nami Kakeya</author>
19      <logo>xml.jpg</logo>
20      <category>XML</category>
21      <url>http://member.nifty.ne.jp/Y-Yamada/xml/→
        </url>
22      <price>2800</price>
23      <publish>昭和システム</publish>
24      <pDate>2003-12-04</pDate>
25      <memo><keyword>XML、XSLT、DOM、XML Schema→
        </keyword>など、XMLに関する最新情報を実用サンプル、実→
        システムでの活用事例をまじえ、お届けします。最新W3C標準→
        仕様を徹底網羅した詳細リファレンス、最新事情を語るコラム→
        も必見。</memo>
26      </book>
27      <book isbn="ISBN4-7973-1400-1">
28        <name>標準ASPテクニカルリファレンス</name>
29        <author>Kouichi Usui</author>
30        <logo />
31        <category>ASP</category>
32        <price>4000</price>
33        <publish>ハードバンク</publish>
34        <pDate>2003-10-27</pDate>
35        <memo>最新OS<keyword>Windows2000+IIS5.0→
        </keyword>に対応し、Windows環境におけるWebアプリケー→
        ションの極限を追求。バージョン3.0に進化し、ますます強力な→
        ASPを詳細なリファレンスをベースに、サンプル集顔負けの123→
        サンプルと共に。</memo>
36      </book>
37      <book isbn="ISBN4-87966-936-9">
38        <name>Webアプリケーション構築技法</name>
39        <author>Akiko Yamamoto</author>
40        <logo>webware.jpg</logo>
41        <category>ASP</category>
42        <url>http://member.nifty.ne.jp/Y-Yamada/→
        webware/</url>
43        <price>3200</price>
44        <publish>頌栄社</publish>
45        <pDate>2004-02-27</pDate>
46        <memo>IE5.x+IIS4/5で動作するWebベースのグループウェアを→
        <ref addr="http://member.nifty.ne.jp/Y-Yamada→
        /webware/dl.html">無償ダウンロード提供中</ref>。→
        スケジュール管理、施設予約、ファイル共有、メール送受信、電子→
```

```
            会議室、検索エンジン、不在ボードなど、豊富な機能が簡単な設定→
            だけで動作します。</memo>
47      </book>
48 </books>
```

【リスト2：description.xsl】

```
 1 <?xml version="1.0" encoding="Shift_JIS" ?>
 2 <xsl:stylesheet xmlns:xsl="http://www.w3.org/1999/→
   XSL/Transform" version="1.0">
 3   <xsl:template match="/">
 4     <html>
 5     <head>
 6     <title>詳細情報表示</title>
 7     <link rel="stylesheet" type="text/css" →
     href="book2.css" />
 8     </head>
 9     <body>
10     <h1>詳細情報表示</h1>
11     <xsl:apply-templates select="books" />
12     </body>
13     </html>
14   </xsl:template>  ── XML文書全体に適用されるテンプレート
15   <xsl:template match="books">
16     <xsl:for-each select="book">
17       <table border="0">
18       <tr>
19       <td width="150">
20         <xsl:element name="img">
21           <xsl:attribute name="src">
22             <xsl:value-of select="logo" />
23           </xsl:attribute>
24           <xsl:attribute name="width">120→
           </xsl:attribute>
25           <xsl:attribute name="height">150→
           </xsl:attribute>
26         </xsl:element>  ──────── <img>タグを生成
27       </td>
28       <td valign="bottom">
29         <dl>
30           <dt>
```

```
31          <xsl:number format="01" />.
32          <xsl:value-of select="name" />
33          (<xsl:value-of select="author" />)
34        </dt>
35        <dd>
36          <xsl:apply-templates select="memo" />
37          <br />
38          <div style="text-align:right;">
39            <xsl:value-of select="price" />円
40          </div>
41        </dd>
42      </dl>
43    </td>
44    </tr>
45    </table>
46    <hr />
47   </xsl:for-each>
48 </xsl:template>         ──<books>要素に適用されるテンプレート
49 <xsl:template match="keyword">
50   <span style="font-weight:bold;">
51     <xsl:value-of select="." />
52   </span>
53 </xsl:template>          ──<keyword>要素に適用されるテンプレート
54 <xsl:template match="text()">
55   <xsl:value-of select="." />
56 </xsl:template>          ──平のテキストに適用されるテンプレート
57 </xsl:stylesheet>
```

【リスト3：book2.css】

```
1 body{background:#FFfFFF;}
2 h1{font-size:14pt;}
3 dt{font-size:11pt;font-weight:bold;color:#0080FF;
   line-height:14pt;}
4 dd{font-size:9pt;color:#556B2F;line-height:9pt;}
```

解説

「books.xml」に対して、XSLTスタイルシート「description.xsl」とCSSスタイルシート「book2.css」が適用され、詳細情報一覧を表示します。この時点ではひとつ画像がつぶれているはずですが、現時点では気にしないでください。この部分については、次のレッスンで処理方法を考えてみます。

① 「description.xsl」の全体の構成

ちょっと長いコードになってきました。

個々の細かい命令を見ていく前に、まずは全体像を把握してみることにしましょう。「description.xsl」は、以下の4つのテンプレートからできています。

場所	説明
3〜14行目	ルート要素に適用されるテンプレート 出力されるHTMLの骨格を生成します。
15〜48行目	<books>要素に適用されるテンプレート 詳細情報の繰り返し部分を出力します。
49〜53行目	<memo>要素配下の<keyword>要素に適用されるテンプレート 配下のテキストをボールド体に変更します。
54〜56行目	<memo>要素配下の平のテキストに適用されるテンプレート テキストをそのまま表示するだけです。

ここで示したのは、それぞれのテンプレートの役割だけですが、ソースを見る際にまず概要を理解することは大変重要です。今後もまた複雑なソースが出てくると思いますが、そんなとき、最初から1行1行の命令にのめりこんでしまうのではなく、全体をブロック単位、意味単位に把握しておくことで、より理解がしやすくなるはずです。

② 画像を表示したい

「books.xml」の要素をHTMLに加工して、画像を表示させてみます。たとえば、次のようなHTMLを出力します。

```
<img src="..." width="120" height="150" />
```

「description.xsl」の20〜26行目を見てみましょう。

「画像を表示する」といっても、何も目新しいことはなく、考え方は前のレッスンでも学んだリンクの生成とほとんど変わりありません。

```
20  <xsl:element name="img">
21    <xsl:attribute name="src">
22      <xsl:value-of select="logo" />
```

```
23    </xsl:attribute>
24    <xsl:attribute name="width">120</xsl:attribute>
25    <xsl:attribute name="height">150</xsl:attribute>
26 </xsl:element>
```

　<xsl:attribute>要素でsrc属性を定義し、「books.xml」における<logo>要素の内容を動的に埋め込みます。「books.xml」内には<logo>要素が空のものもあるため、今は一部でつぶれた画像が表示されますが、この場合の処理方法についてはあとのレッスンに譲ります。

　今回の例のように要素の含まれる属性が複数存在する場合には、<xsl:attribute>要素を複数個記述することも可能です。

③ 文書の一部を強調表示したい

　これまでは、構造的なXML文書を扱ってきましたが、XML文書の醍醐味のひとつは非定型的な文書に対しても柔軟なアクセスが許されている点です。たとえば、非定型文書内のある一部分のみをイタリック表示してみたり、リンクを張ってみたりといった制御がXSLTでは可能になっているのです。

　ここでは、その一例として、テキスト内の<keyword>要素で囲まれた部分のみボールド体で表示してみます。

　これまでは1つの<apply-templates>要素が1つの<xsl:template>要素を呼び出すというケースがほとんどでした（呼び出し側と呼び出される側が1対1）。今回は1つの呼び出し側に対して、2つのテンプレートが呼び出されます。慣れない方にはいささかわかりにくい記述方法ですので、注意してみてみましょう。

　まず、2番目のテンプレート内36行目で、「books.xml」の<memo>要素に対して対応するテンプレートを適用しなさい、と命令を下しています。

```
36 <xsl:apply-templates select="memo" />
```

　これまでの例からすると、<xsl:templates match="memo">ではじまるテンプレートが用意されていなければなりませんが、今回はそれが存在しません。直接<memo>要素にマッチするテンプレートがないため、次点として、XSLTは<memo>要素のデータである平のテキストと、<memo>要素の下位要素である<keyword>要素それぞれにマッチするテンプレートを探し出します。

　これによって、これまでのように特定の要素を処理するのではなく、テキストと要素が入り交じった文脈であっても、適宜マッチして整形するというようなことができるようになるのです。

(1) <keyword>要素の箇所

```
49  <xsl:template match="keyword">
50    <span style="font-weight:bold;">
51      <xsl:value-of select="." />
52    </span>
53  </xsl:template>
```

　<keyword>要素にマッチし、<keyword>要素に囲まれた部分をボールド体指定で出力します。

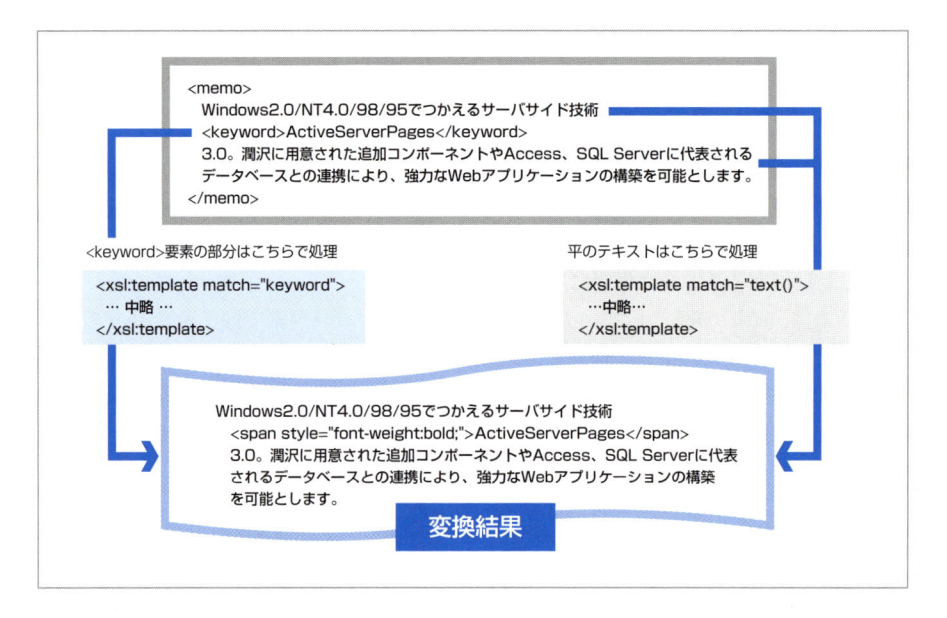

```
<memo>
    Windows2.0/NT4.0/98/95でつかえるサーバサイド技術
    <keyword>ActiveServerPages</keyword>
    3.0。潤沢に用意された追加コンポーネントやAccess、SQL Serverに代表される
    データベースとの連携により、強力なWebアプリケーションの構築を可能とします。
</memo>
```

<keyword>要素の部分はこちらで処理　　　　　　　平のテキストはこちらで処理

```
<xsl:template match="keyword">          <xsl:template match="text()">
  … 中略 …                                 …中略…
</xsl:template>                         </xsl:template>
```

```
Windows2.0/NT4.0/98/95でつかえるサーバサイド技術
    <span style="font-weight:bold;">ActiveServerPages</span>
    3.0。潤沢に用意された追加コンポーネントやAccess、SQL Serverに代表
    されるデータベースとの連携により、強力なWebアプリケーションの構築
    を可能とします。
```
変換結果

(2) 平のテキストの箇所

```
54  <xsl:template match="text()">
55    <xsl:value-of select="." />
56  </xsl:template>
```

　"text()"はxPathの特殊な表現のひとつで、match属性の値として使うと、平のテキストにマッチします。平のテキストは<xsl:value-of>要素を用いて、なんの加工もせずにそのまま出力します。
　「.」は現在要素を表すことは前にも触れました。ここでは<memo>要素の平のテキストを指します。
　そのほか、次のようなノード表現が用意されています。

ノード表現	説明
comment()	コメントノードにマッチ
node()	全種類のノードにマッチ
processing-instruction()	処理命令ノードにマッチ

④ 表に連番を付加したい

XSLTにおいては、繰り返し処理のループのなかで連番を振ることができます。たとえば、31行目を見てみましょう。

```
31  <xsl:number format="01" />.
```

format属性は出力する連番の種類（i、I、a、01など）を指定します。

【<xsl:number>要素の書式】

```
<xsl:number [level="ナンバリングのレベル"]
  [count="カウントする対象の要素や属性を特定するためのxPath式"]
  [from="XML文書上は兄弟関係にあるものの、ナンバリングに際しては
  親子関係をもつノードについて、どこからカウントをはじめるかを指定"]
  [format="ナンバリングの出力形式"] />
```

level属性の設定値は以下のとおりです。

設定値	概要
single	兄弟関係にあるノード単位にナンバリングを行う（デフォルト）
multiple	single指定によって出力されるナンバーの頭に親ノード単位のナンバリングを付加したもの
any	count属性で指定された式にマッチした順にナンバリングを行う

まとめ

- 属性を複数個もつ要素を生成する場合は、<xsl:attribute>要素を複数個記述することができます。
- テンプレートの呼び出し元と呼び出し先はかならずしも1対1であるとは限りません。
- XSLTで連番を振るためには<xsl:number>要素を使います。

練習問題

Q 以下のXML文書「article.xml」とXSLTスタイルシート「table.xsl」を元にして、図のようなレイアウトを出力してみましょう。正しいXSLTスタイルシートになるよう、穴空きの部分を適切な値で埋めてください。

【注意】
name( )はxPath関数のひとつで、カレント(現在の)要素の要素名を返します。

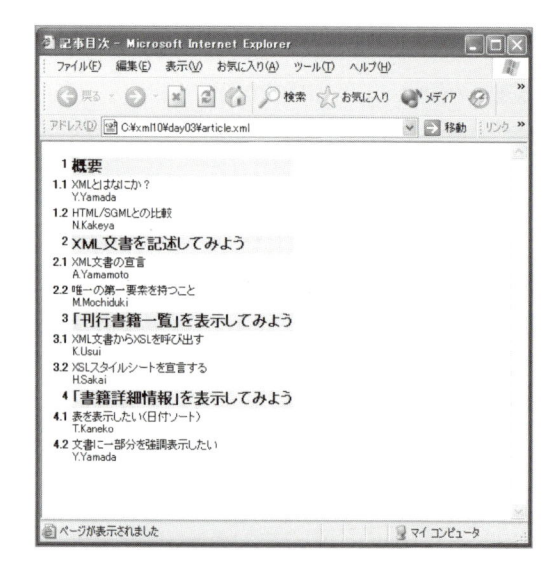

【article.xml】

```
<?xml version="1.0" encoding="Shift_JIS" standalone
="yes" ?>
<?xml-stylesheet type="text/xsl" href="table.xsl" ?>
<article>
  <chapter title="概要">
    <section title="XMLとはなにか？" author="Y.Yamada"
    chr="4500">
      <p>一言で言ってしまうならば、XMLとは「情報記述言語」です。
      (後略)</p>
    </section>
    <section title="HTML/SGMLとの比較" author="N.Kakeya"
    chr="9000">
      <p>ここでは、XMLの特性を既存のSGML(Standard
```

```xml
      Generalized Markup Language)/HTMLと比較しながら、さ→
      らに明確にXMLの長所を概観してみましょう。(後略)</p>
    </section>
  </chapter>
  <chapter title="XML文書を記述してみよう">
    <section title="XML文書の宣言" author="A.Yamamoto" →
    chr="950">
      <p>XML文書の1行目には、必ず&lt;?xml ?&gt;宣言を記述→
      しなければなりません。(後略)</p>
    </section>
    <section title="唯一の第一要素を持つこと" →
    author="M.Mochiduki">
      <p>XML文書の最上位には、必ずルート要素がなければなりません。→
      ルート要素は第一要素、最上位要素と呼ばれることもあり、(後略)→
      </p>
    </section>
  </chapter>
  <chapter title="「刊行書籍一覧」を表示してみよう">
    <section title="XML文書からXSLを呼び出す" →
    author="K.Usui" chr="1035">
      <p>XSLを使うにも、まず元のXML文書とXSLスタイルシートを関連→
      づけてやらなければなりません。(後略)</p>
    </section>
    <section title="XSLスタイルシートを宣言する" →
    author="H.Sakai" chr="890">
      <p>ルート要素&lt;xsl:stylesheet&gt;のxmlns:xsl属性→
      はxsl:~で始まる各要素がどのDTD(文書規則)に従うかを定義した→
      ものです。(後略)</p>
    </section>
  </chapter>
  <chapter title="「書籍詳細情報」を表示してみよう">
    <section title="表を表示したい(日付ソート)" author→
    ="T.Kaneko" chr="650">
      <p>表など繰り返し部分を出力するのに、&lt;xsl:for-each&gt;→
      要素を使用するのは、TIPS12でもご紹介したとおりです。(後略)→
      </p>
    </section>
    <section title="文書に一部分を強調表示したい" →
    author="Y.Yamada" chr="500">
      <p>考え方としては、先ほどのリンク表示とまったく同様です。(後略)→
      </p>
    </section>
```

```
        </chapter>
</article>
```

【table.xsl】

```
<?xml version="1.0" encoding="Shift_JIS" →
standalone="yes" ?>
<xsl:stylesheet xmlns:xsl="http://www.w3.org/1999→
/XSL/Transform" version="1.0">
  <xsl:output method="html" encoding="Shift_JIS" />
  <xsl:template [①] >
    <html>
    <head>
    <title>記事目次</title>
    </head>
    <body>
    <xsl:element name="table">
      <xsl:apply-templates select="article" />
    </xsl:element>
    </body>
    </html>
  </xsl:template>
  <xsl:template [②] >
    <xsl:for-each select=" [③] ">
      <tr>
        <th align="right" valign="top">
          <xsl:number level=" [④] " format="1 " →
          count=" [⑤] " />
        </th>
        <xsl:choose>
          <xsl:when test="name()='chapter'">
            <td colspan="2" style="font-size:12pt;→
            background:#ffeeaa;font-weight:bold;">
              <xsl:value-of select="@title" />
            </td>
          </xsl:when>
          <xsl:otherwise>
            <td>
              <xsl:value-of select="@title" />
              <br />
              <xsl:value-of select="@author" />
            </td>
```

```
            </xsl:otherwise>
          </xsl:choose>
        </tr>
      </xsl:for-each>
    </xsl:template>
</xsl:stylesheet>
```

··· **解答は巻末に**

C O L U M N

Dr.XMLとナミちゃんのワンポイント講座
XMLはHTMLが進化したもの？

ナミ「こうしてみていくと、やっぱりXMLはHTMLの規則をもっと厳密にしただけのように見えるわよね？」

Dr.XML「おそらく、文法的にはナミちゃんの言うとおりじゃろう。だが、ナミちゃんはオリエンテーションで話したXMLの一番の特徴を忘れてやしないかね？」

ナミ「ええと、、、確かXMLは自由にタグを決められるって、、、」

Dr.XML「まだ居眠りはしていなかったみたいじゃな。そのとおり、XMLでは自由に自分が使うタグを定義することができる。逆に言うと、HTMLではあんなにたくさんあったタグが、XMLではなにひとつとして存在しない。ただ、タグを記述するための規則だけが決められている。これだけ騒がれているXMLであるのに、実はW3C（World Wide Web Consortium）から提示されている仕様書というのは、A4用紙にして、わずかに20数ページにすぎんのじゃよ」

ナミ「ふーん。じゃあ、XMLってHTMLの簡易版なのかしら？」

Dr.XML「まだ、ナミちゃんはHTML対XMLの図式にとらわれてしまっておるみたいじゃな。まあ、あえて言うならば、XMLはHTMLをもっと汎用化した言語だと言えるかもしれん。XMLが自由にタグを決められるということは、XMLでHTMLを記述してもいいわけじゃ。ちなみに、XMLの規則にのっとって従来のHTMLを見直そうというのは決して目新しい試みではなくて、すでにXHTMLという形でそれが実現しておる」

ナミ「XHTML？」

Dr.XML「そう、XHTML。HTMLのタグセットをそのままに、ただ、XMLの厳密な構文規則を適用したものでな、HTMLの次世代言語と言うならば、むしろこのXHTMLというのが正しいのかもしれんの。しつこいようじゃが、XMLはもっと一般的なデータを記述できるもので、かならずしもそれがHTMLというWebに表示するためだけに使われるとは限らんのだよ」

ナミ「なるほどね。今まではXMLがHTMLに重なって聞こえていたけれど、そんな話を聞いていると、なんだかデータベースみたいに聞こえるわね」

Dr.XML「確かにデータを入れる器を提供するという意味では、XMLの概念はデータベースにつながると言っても、それほどおかしくないのかもしれん。
ナミちゃんもようやくわかってきたようじゃな。
おぉ、次の授業のチャイムが鳴っておる。遅れちゃいかん。いくぞ、ナミちゃん」

第3日 2時限目 【XSLTでの詳細情報表示❷】条件分岐・数値整形で表示をより美しく

前レッスンに引き続き、詳細画面の表示をもう少し見栄えよく、改良してみましょう。

今回作成する例題の実行画面

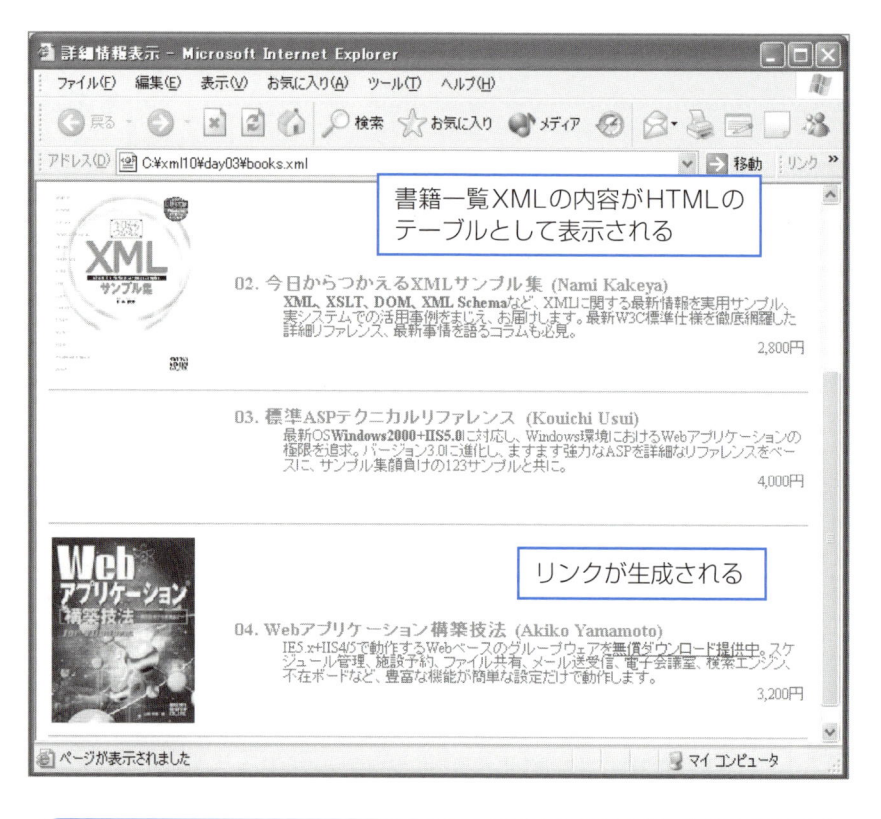

書籍一覧XMLの内容がHTMLのテーブルとして表示される

リンクが生成される

サンプルファイルはこちら　xml10 ▶ day03-2 ▶ description.xsl

●このレッスンのねらい

　もうひとつの分岐手段の<xsl:if>要素、数値データを表示用に加工するformat-number関数など、いくつか新しい命令は出てきますが、コンセプトとしてはこれまでの延長線にすぎません。余裕のある方は、これら新出のキーワードをリファレンスなどで確認しつつ、自分の力でコードを記述してみましょう。

　最初は時間がかかるかもしれませんが、自分の力で一から組み立てることは、また別な視点での発見にもつながります。がんばってみましょう。

操作手順

1 1時限目で作成し「day03」フォルダに保存したXSLTスタイルシート「description.xsl」をテキストエディタで開き、「リスト」のようにコードを追加して、そのまま上書き保存する

コードを入力

2 エクスプローラなどから「day03」フォルダを開き、「books.xml」を開く

記述するコード

【リスト：description.xsl】

```
 1  <?xml version="1.0" encoding="Shift_JIS" ?>
 2  <xsl:stylesheet xmlns:xsl="http://www.w3.org/1999/
    XSL/Transform" version="1.0">
 3    <xsl:template match="/">
 4      <html>
 5      <head>
 6      <title>詳細情報表示</title>
 7      <link rel="stylesheet" type="text/css"
    href="book2.css" />
 8      </head>
 9      <body>
10      <h1>詳細情報表示</h1>
11      <xsl:apply-templates select="books" />
12      </body>
```

```
13      </html>
14    </xsl:template>  ── XML文書全体に適用されるテンプレート
15    <xsl:template match="books">
16      <xsl:for-each select="book">
17        <table border="0">
18        <tr>
19        <td width="150">
20          <xsl:if test="logo[.!='']">
21            <xsl:element name="img">
22              <xsl:attribute name="src">
23                <xsl:value-of select="logo" />
24              </xsl:attribute>
25              <xsl:attribute name="width">120
              </xsl:attribute>
26              <xsl:attribute name="height">150
              </xsl:attribute>
27            </xsl:element>
28          </xsl:if>  ── <logo>要素の有無によって処理を分岐
29        </td>
30        <td valign="bottom">
31          <dl>
32            <dt>
33              <xsl:number format="01" />.
34              <xsl:value-of select="name" />
35              (<xsl:value-of select="author" />)
36            </dt>
37            <dd>
38              <xsl:apply-templates select="memo" />
39              <br />
40              <div style="text-align:right;">
41                <xsl:value-of select="format-number
                (price,'#,###')" />円
42              </div>     ── 数値データを加工
43            </dd>
44          </dl>
45        </td>
46        </tr>
47        </table>
48        <hr />
49      </xsl:for-each>
50    </xsl:template>  ── <books>要素に適用されるテンプレート
51    <xsl:template match="keyword">
```

```
52      <span style="font-weight:bold;">
53        <xsl:value-of select="." />
54      </span>
55    </xsl:template>      ── <keyword>要素に適用されるテンプレート
56    <xsl:template match="ref">
57      <a>
58        <xsl:attribute name="href">
59          <xsl:value-of select="@addr" />
60        </xsl:attribute>
61        <xsl:value-of select="." />
62      </a>      ────────────────── リンクを生成
63    </xsl:template>      ── <ref>要素に適用されるテンプレート
64    <xsl:template match="text()">
65      <xsl:value-of select="." />
66    </xsl:template>      ── 平のテキストに適用されるテンプレート
67  </xsl:stylesheet>
```

解説

更新した「description.xsl」を上書き保存して、「books.xml」を開くと、つぶれた画像が削除されたり、文中の一部にリンクが張られたりするなど、IEの画面上にいくつかの変化が見られたはずです。前レッスンの内容をベースに、変更した箇所を重点的に見ていきましょう。

① 条件によって表示を変更したい──単純分岐

<xsl:if>要素はtest属性で指定されたxPath式（比較式）を評価して、結果がtrue（真）の場合に配下の内容を出力します。

たとえば、今回の例の場合は、<logo>要素の内容が空でない場合のみ、<img>タグの出力を行うこととしています。

具体的に20〜28行目を見てみることにしましょう。

```
20  <xsl:if test="logo[.!='']">
21    <xsl:element name="img">
22      <xsl:attribute name="src">
23        <xsl:value-of select="logo" />
24      </xsl:attribute>
25      <xsl:attribute name="width">120</xsl:attribute>
26      <xsl:attribute name="height">150</xsl:attribute>
27    </xsl:element>
28  </xsl:if>
```

ポイントは、<xsl:if>要素のtest属性です。

属性値である「logo[.!='']」はxPathにのっとって記述された比較式です。前のレッスンで構造を紹介していますが、今一度復習してみることにします。

まず「logo」は比較の基点となる要素を表します。つまり、ここでは「books.xml」のコンテキスト上の<logo>要素です。

[~]で囲まれた部分は「フィルタパターン」と呼ばれ、実際の条件式を記述した箇所です。「.」は現在のノード（要素）、すなわち<logo>要素を表しています。「<logo>要素と空文字列（''）が等しくない（!=）」場合、つまり「<logo>要素の中が空でない」場合、条件式はtrueを返します。

このように、「○○の場合は■■する」といった単純分岐の場合は、<xsl:if>要素が便利です。

もちろん、同じ内容をもうひとつの条件分岐である<xsl:choose>要素を使って記述することもできます。

```
<xsl:choose>
  <xsl:when test="logo[.!='']">
    <xsl:element name="img">
      <xsl:attribute name="src">
        <xsl:value-of select="logo" />
      </xsl:attribute>
      <xsl:attribute name="width">120</xsl:attribute>
      <xsl:attribute name="height">150</xsl:attribute>
    </xsl:element>
  </xsl:when>
  <xsl:otherwise />
</xsl:choose>
```

ただし、<xsl:choose>要素はこのような単純分岐を表すにはあまりふさわしいものではありません。上の例でも、<xsl:choose>要素と<xsl:when>要素が入れ子になっている分、いささか冗長になった感があるのがおわかりになるでしょう（条件が1つの

場合、階層構造はあまり意味がないのです。条件が2つ以上ある場合にはじめて、条件全体を<xsl:choose>要素でまとめる意味があります）。

また、逆に多岐分岐を表わす場合にも、<xsl:if>要素を用いることは可能ですが、分岐が多くなった場合、相互の階層関係が見えにくくなるという欠点があります（ためしに前のレッスン (p.49) の<xsl:choose>要素を<xsl:if>要素で書き換えてみましょう）。

もちろん、「この場合はこちらを使わなければならない」という絶対のルールがあるわけではありません。しかし、ソースの見やすさ、簡素化という2つの観点から、条件が1つしかない単純分岐では<xsl:if>要素を、条件がいくつにも分かれている多岐分岐では<xsl:choose>要素をというような採用基準を設けておくことは大変重要なことです。

```
【<xsl:if>要素の書式】
<xsl:if test="条件式">
  条件式がtrueの場合に出力される内容
</xsl:if>
```

② 数値を整形した上で表示したい

一口に「データを表示させたい」といった場合、コンピュータが扱いやすい形態から人間の目に優しい形態に変換するために、実はきわめて多くの付加情報が生データに追加されることになります。

たとえば、<table>タグで表わされるHTMLテーブルへの整形はその代表的なものでしょうし、ある特定箇所の文字色やフォントを変えたりというのも、ひとつの付加情報です。

そして、数値データを扱う際にも（数値はもっとも端的な事実を表すことが多いので）、人間の目に誤解を招かないように、表示に際してさまざまな加工が求められることがあります。そのなかでも、もっとも多いのは桁区切り、桁揃えの加工でしょう。

XSLTでは頻出する数値の加工機能を、標準で実装しています。それが「format-number関数」です。

たとえば、今回の例では、<price>要素に3桁区切りの加工を施して出力するようにしてみます。

```
41 <xsl:value-of select="format-number(price,'#,###')" />円
```

41行目は、<price>要素の値を千の位で桁区切りする (#,###) ことを意味します。その他、小数点以下の桁数を揃えたい場合などは、次のように記述します。

```
<xsl:value-of select="format-number(price,'#,###.00')" />円
```

この例の場合は、小数点以下2桁で数値データを揃えます。

③ 文書の一部にリンクを張りたい

考え方は、前のレッスンでご紹介した「文書の一部を強調表示」するケースとまったく変わりありません。38行目で<memo>要素に適用するテンプレートを呼び出す箇所も共通です。

```
38  <xsl:apply-templates select="memo" />
```

今回あらたに追加されるのは、56～63行目の<ref>要素に適用されるテンプレートです。

56～63行目は<ref>要素とaddr属性の内容を元に、次のようなリンク文字列を生成します。

```
<a href="...">....</a>
```

リンク生成の詳細について再確認したい場合はp.48を参照してみてください。

```
56  <xsl:template match="ref">
57    <a>
58      <xsl:attribute name="href">
59        <xsl:value-of select="@addr" />
60      </xsl:attribute>
61      <xsl:value-of select="." />
62    </a>
63  </xsl:template>
```

61行目の<xsl:value-of>要素はカレント（現在の）要素である<ref>要素配下のテキストをそのまま表示します。

なお、平のテキスト部分については、前回のレッスンですでにご紹介した64～66行目のテンプレートが適用されます。

```
64  <xsl:template match="text()">
65    <xsl:value-of select="." />
66  </xsl:template>
```

まとめ

- 単純な分岐を実現する場合は、<xsl:if>要素を使います。
- 桁区切り文字の付加など、数値データを加工する場合にはformat-number関数を使います。format-number関数はxPath関数のひとつです。
- 文中にリンク文字列を生成する場合、<a>タグを生成するテンプレートと平のテキストをそのまま出力するテンプレートと、2つのテンプレートを記述します。

練習問題

Q 1時限目の練習問題に登場したXSLTスタイルシートを、以下のキャプチャ画像にならって改良してみましょう。穴空きの箇所を埋めて、正しいXSLTを作成してください。

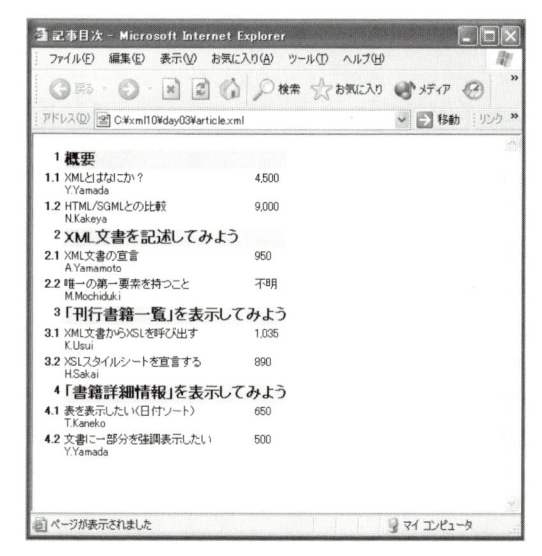

【table.xsl】

```
<?xml version="1.0" encoding="Shift_JIS" standalone→
="yes" ?>
<xsl:stylesheet xmlns:xsl="http://www.w3.org/1999/→
XSL/Transform" version="1.0">
[①]
<xsl:decimal-format NaN="不明"/>
<xsl:template match="/">
  <html>
  <head>
```

```
      <title>記事目次</title>
    </head>
    <body>
    <xsl:element name="table">
      <xsl:apply-templates select="article" />
    </xsl:element>
    </body>
    </html>
</xsl:template>
<xsl:template match="article">
  <xsl:for-each select="//chapter|//section">
    <tr>
      <th align="right" valign="top">
        <xsl:number level="multiple" format="1 " count
        ="chapter|section" />
      </th>
      <xsl:choose>
        <xsl:when test="name()='chapter'">
          <td colspan="2" style="font-size:12pt;
          background:#ffeeaa;font-weight:bold;">
            <xsl:value-of select="@title" />
          </td>
        </xsl:when>
        <xsl:otherwise>
          <td>
            <xsl:value-of select="@title" />
            <br />
            <xsl:value-of select="@author" />
          </td>
        </xsl:otherwise>
      </xsl:choose>
      < [②]  test=" [③] ">
        <td valign="top">
          <xsl:value-of select=" [④] " />
        </td>
      </ [②] >
    </tr>
  </xsl:for-each>
</xsl:template>
</xsl:stylesheet>
```

解答は巻末に

第4日

高度なXSLT
＋αテクニック

1時限目：xPath関数を使ってみる
2時限目：メンテナンス性の向上とより細かな表示の制御

3日間にわたったXSLTの最後の1日です。
表現の幅を広げるのみならず、これまでのサンプルではカバーしきれなかった表示上の不具合や甘さなどをより完成度の高いものにしていきます。
これでXSLT単体の学習は終わりですが、このあと、DOMやそのほかの技術と連携していく過程での確かな基盤作りをしていきましょう。

第4日 1時限目 【高度なXSLT+αテクニック①】 xPath関数を使ってみる

今日は、XSLT最後のまとめです。
これまでには扱えなかった+αのテクニックを、2日目に扱った書籍情報一覧のバージョンアップを通じて学んでみることにしましょう。

今回作成する例題の実行画面

<url>要素のない情報についてはリンクを張らない。また、価格の平均値を求めてみる

サンプルファイルはこちら　xml10 ▶ day04-1 ▶ books.xsl

●このレッスンのねらい

　<xsl:message>要素やsum関数など、新しい要素、関数が登場します。
　しかし、前回までのレッスンで学んだXSLTの基本的な考え方がしっかりとおさえられていれば、あとは記憶だけの問題で、概念として目新しいことはほとんどありません。
　前回までの内容を今一度ここで復習するとともに、新出の構文を把握することで、XSLTはこんな機能ももっているんだ、といったところを感じとってみてください。

操作手順

● 「day02」フォルダにある「books.xml」「books.css」を「day04」フォルダにコピーしてください。

1 第2日の3時限目で作成したXSLTスタイルシート「books.xsl」をテキストエディタで開き、「リスト」のようにコードを追加して、「day04」フォルダに新規保存する

コードを入力

2 エクスプローラなどから「day04」フォルダを開き、「books.xml」を開く

記述するコード

【リスト：books.xsl】

```
1  <?xml version="1.0" encoding="Shift_JIS" ?>
2  <xsl:stylesheet xmlns:xsl="http://www.w3.org/1999/XSL/Transform" version="1.0">
3    <xsl:output method="html" encoding="Shift_JIS" />
4    <xsl:template match="/">
5      <html>
6      <head>
7      <title><xsl:value-of select="books/@title" /></title>
8      <link rel="stylesheet" type="text/css" href="books.css" />
```

```
 9      </head>
10      <h1><xsl:value-of select="books/@title" />→
      </h1>
11      <table border="1">
12      <tr>
13        <th>ISBNコード</th>
14        <th>書籍</th>
15        <th>著者</th>
16        <th>出版社</th>
17        <th>価格</th>
18        <th>発刊日</th>
19      </tr>
20      <xsl:apply-templates select="books" />
21      <tr>
22        <td colspan="3"></td>
23        <th align="right">平均</th>
24        <td>
25          <xsl:value-of select="sum(books//price)→
          divcount(books//price)" />円 ── 値段の平均値を算出
26        </td>
27        <td></td>
28      </tr>
29      </table>
30      <div><xsl:value-of select="books/owner" />→
      </div>
31      </html>
32  </xsl:template> ──── XML文書全体に適用されるテンプレート
33  <xsl:template match="books">
34    <xsl:for-each select="book">
35      <xsl:sort select="price" data-type="number"→
        order="ascending" />
36      <tr>
37        <td nowrap="nowrap"><xsl:value-of select→
        ="@isbn" /></td>
38        <td nowrap="nowrap">
39          <xsl:choose>
40            <xsl:when test="url">
41              <xsl:element name="a">
42                <xsl:attribute name="href">
43                  <xsl:value-of select="url" />
44                </xsl:attribute>
45                <xsl:value-of select="name" />
```

```
46         </xsl:element>
47       </xsl:when>
48       <xsl:otherwise>
49         <xsl:value-of select="name" />
50       </xsl:otherwise>
51     </xsl:choose>         ──── <url>要素の有無によって
52   </td>                         処理を分岐
53   <td nowrap="nowrap"><xsl:value-of select→
     ="author" /></td>       <publish>要素の有無に
54   <td nowrap="nowrap">          よって処理を分岐
55     <xsl:if test="publish[.='']"> ─┐
56       <xsl:message terminate="yes" />
57     </xsl:if>  ──────────────────┘
58     <xsl:value-of select="publish" />
59   </td>
60   <td nowrap="nowrap">
61     <xsl:choose>  ──────────┐
62       <xsl:when test="price[number(.) &lt;→
       = 3000]">
63         <span style="font-weight:bold;">
64           <xsl:value-of select="format-number→
           (price,'#,###')" />円
65         </span>
66       </xsl:when>
67       <xsl:otherwise>
68         <xsl:value-of select="format-number→
           (price,'#,###')" />円
69       </xsl:otherwise>
70     </xsl:choose>  ──────── 値段によってフォントを変更 ─┘
71   </td>
72   <td nowrap="nowrap"><xsl:value-of select→
     ="pDate" /></td>
73   </tr>
74   </xsl:for-each>
75 </xsl:template>  ──── <books>要素に適用されるテンプレート ─┐
76 </xsl:stylesheet>
```

解説

前のレッスンで紹介した一覧表に、価格の平均値を付け加えてみました。

また、以前は<url>要素が存在しているいないにかかわらず、書名にリンクを張っていました。そのため、リンクが不通となっていた箇所があったはずです。しかし、今回は<url>要素の有無に従って、リンクを張る張らないを分岐することにします。

> **注意**
> 「books.xml」の…
> <?xml-stylesheet ?>処理命令の呼び出し先が「books.xsl」になっているかどうかを実行前に再確認しましょう。

① 空要素の処理──分岐条件の応用

<xsl:choose>要素、<xsl:if>要素による条件分岐については、すでに学びました。

39～51行目は「books.xml」の<book>要素中に<url>要素が存在するかどうかで、リンクを生成するかどうかを決める条件分岐をします。<url>要素が存在しない場合は、リンクを張らないただの文字列を出力します（リンクを張る方法について、もう一度見直しておきたい場合はp.48を参照してください）。

```
39 <xsl:choose>
40   <xsl:when test="url">
41     <xsl:element name="a">
42       <xsl:attribute name="href">
43         <xsl:value-of select="url" />
44       </xsl:attribute>
45       <xsl:value-of select="name" />
46     </xsl:element>
47   </xsl:when>
48   <xsl:otherwise>
49     <xsl:value-of select="name" />
50   </xsl:otherwise>
51 </xsl:choose>
```

ここでポイントとなるのは、「<url>要素が存在する場合」という条件式をどのように記述するかということです。

これまでの条件式（xPath式）は、「price <= 3000」のように「要素+比較演算子+値」の構造で成り立っていました。しかし、今回、<xsl:when>要素のtest属性には、ただそっけなく「url」という一文が記述してあるのみです。一見して「あれっ？」と思った方も決して少なくはないでしょう。XSLTではこのような省略形の記述がなされることがよくあるので要注意です。

条件式としてノードが記述された場合には、現在の文脈（コンテキスト）上にそのノードがあるかどうかを検索し、存在すれば式全体をtrue（真）、存在しなければfalse（偽）と見なします。

慣れないとちょっととまどう記述ですが、逆に慣れれば慣れるほど、簡潔な記述ができるようになっていくのも、XSLTの大きな魅力のひとつです。

② 平均値を求めたい

従来のHTMLにおいて、ファイルのなかに埋め込まれた各種データを集計するのは至難の業でした。もしもあえてやろうとするならば、たとえ簡単な平均値計算であろうとも、JavaScriptなどでプログラムを組む必要がありました。

しかし、XMLはまさにデータを扱うことを主体においた言語です。このような単純な計算機能は標準的にあらかじめ実装され、プログラミングを簡略化してくれます。

25行目では、<books>要素中にある<price>要素の値の平均値を計算させ、表示させています。

```
25  <xsl:value-of select="sum(books//price) div count→
    (books//price)" />円
```

「sum(books//price)」は、<books>要素配下の全<price>要素の値の合計（sum）を算出し、「count(books//price)」は、<books>要素配下の<price>要素の個数（count）を、それぞれ算出します。

「/」が直下の要素を表すのに対し、「//」は配下の全要素を表すしるし、divは割り算の意味を表します。

算出された結果が、最終的に戻り値として出力されることになります。

いかがですか？　とても便利な機能でしょう。

以下、このほかXSLT内で使えるxPath関数で、主なものを簡単にまとめてみることにしましょう。xPath関数は、その機能的な分類上、ノードセット関数、文字列関数、ブーリアン関数、数値関数、XSLT関数に区分されます。

それぞれの詳しい使い方はここでは省略しています。どんなものがあるのかを知るぐらいの気持ちで、参考までにご覧ください（[　]内の引数は省略可能です）。

【ノードセット関数】

関数	戻り値	説明
document(ノード名[,ノード名,…])	ノードセット	ノードの値が示す外部のXML文書を返す 例．document(@url)/books//book
last()	数値	現在のノードセットのノード数を返す
local-name([ノード名,…])	文字列	ノード名（名前空間プレフィックス（<xxx:〜）を除く）
name([ノード名,…])	文字列	ノード名（名前空間プレフィックスを含む）
namespace-uri([ノード名,…])	文字列	ノードセットが属する名前空間のURI
position()	数値	何番目の子ノードか

> **ヒント**
> url属性の値が"book1.xml"の場合
> 「document(@url)/books"book"」は、book1.xmlの<books>要素配下にある全ての<book>要素を意味します。

【文字列関数】

関数	戻り値	説明
concat(文字列[,文字列 ,…])	文字列	文字列を連結 例．concat(title,subTitle) →<title>要素と<subTitle>要素を連結
contains(文字列1,文字列2)	true¦false	文字列1が文字列2を含んでいる場合true 例．contains(keyword,'ASP')　→<keyword>要素に文字列ASPが含まれていればtrue
normalize-space([文字列 ,…])	文字列	文字列の前後からスペースを除去 例．normalize-space(author)　→<author>要素の前後から空白を取り除く
start-with(str1,str2)	true¦false	str1がstr2ではじまっていた場合true 例．start-with(title,'XML')　→<title>要素が文字列XMLではじまっていればtrue
string([ノード名,…])	文字列	ノードを文字列に変換 例．string(price) →<price>要素の中身を文字列に変換
string-length([文字列 ,…])	数値	文字列長 例．string-length(title) →<title>要素の文字列長を返す
substring(文字列,開始位置,抽出する文字数)	文字列	文字列の指定された位置から任意の文字数分を抽出 例．substring(@isbn,5,20) →isbn属性の5文字目から20文字分を抽出
substring-after(文字列1,文字列2)	文字列	文字列1を文字列2で区切ったとき、その後半部の文字列 例．substring-after(url,'://')　→<url>要素を「://」で区切ったとき、その後半部を返す
substring-before(文字列1,文字列2)	文字列	文字列1を文字列2で区切ったとき、その前半部の文字列 例．substring-before(url,'://')　→<url>要素を「://」で区切ったとき、その前半部を返す

【ブーリアン(真偽)関数】

関数	戻り値	説明
boolean(ノード名)	true¦false	ノードをブール値(true/false)に変換
false()	false	false
lang(文字列)	true¦false	xml:lang属性が指定された文字列を含む場合true
not()	true¦false	trueであればfalse、falseであればtrue
true()	true	true

【数値関数】

関数	戻り値	説明
ceiling(数値)	数値	指定された数値より小さくない最小の整数 例．ceiling(height) →<height>要素の値を整数化
floor(数値)	数値	指定された数値より大きくない最大の整数 例．floor(weight) →<weight>要素の値を整数化
number(ノード名)	数値	与えられたノードの値を数値に変換 例．number(price) →<price>要素の値を数値に変換
round(数値)	数値	指定された数値を四捨五入した値 例．round(height) →<height>要素の値を四捨五入
sum(数値)	数値	与えられた数値の合計 例．sum(point) →<point>要素の値を合計

【XSLT関数】

関数	戻り値	説明
current()	ノードセット	コンテキスト（現在の）ノードを返す
element-available(文字列)	true;false	指定された要素名が現在のXSLTプロセッサで使えるかどうか 例．element-available('xsl:template') → <xsl:template>要素が使えればtrue
format-number(数値,文字列)	文字列	数値を指定された書式で変換 例．format-number(price,'#,###.00') → <price>要素の値を千の位で桁区切りし、小数点以下第二位まで表示する
function-available(文字列)	true;false	指定された関数が使用できるかどうか 例．function-available('format-number') → format-number関数が使えればtrue
system-property(string)	文字列	指定された文字列（xsl:version、xsl:vendor、xsl:vendor-urlなど）で表されるシステムプロパティ 例．system-property('msxml:version') → MSXMLのバージョンを返す

3 虫取り作業のテクニック

ある程度大量のデータを扱うようになってくると、XML文書に不正なデータが入っていないかどうか、出力の過程で自動的にチェックしたいというケースが出てくると思います。そんなとき、この<xsl:message>要素を用いて、不正なデータに対して強制的にエラーを発生させることができます。

```
54  <td nowrap="nowrap">
55    <xsl:if test="publish[.='']">
56      <xsl:message terminate="yes" />
57    </xsl:if>
58    <xsl:value-of select="publish" />
59  </td>
```

55行目の<xsl:if>要素では<publish>要素の中身が空かどうかを判定しています。

もしも空である場合（つまり、現在要素「.」である<publish>要素が空「"」である場合）には、<xsl:message>要素を出力します。terminate属性はその時点でXSLTによる変換処理を停止するかどうかを決めるフラグで、yesの場合、<publish>要素が空の要素が発生した時点で処理が停止します。

【<xsl:message>要素の書式】

```
<xsl:message terminate="処理を中止するかどうか（yes｜no）">
  出力する内容
</xsl:message>
```

<xsl:message>要素はその性質上、<xsl:if>や<xsl:choose>要素など条件分岐の命令と共に使います。

まとめ

- <xsl:if>や<xsl:when>要素のtest属性のなかで、ただ単にノードが指定された場合にはノードの有無を判定します。
- XSLTの中では、さまざまなxPath関数を使うことができます。
- XSLTによる変換の途中で強制的にエラーを発生させるには、<xsl:message>要素を使います。

練習問題

「day04」フォルダの「books.xml」を元にして、以下図のような表を出力するXSLTスタイルシートを書いてみましょう。その際、次の点に気をつけてください。

・ISBNコードは「ISBN」を除く5桁目から出力する。
・書名は7桁で揃える。
・書名に「ASP」を含む書籍情報だけを表示する。
・発刊日が新しい順にソートする。
・抽出された書籍の価格合計を表示する。

ISBNコード	書籍	著者	出版社	価格	発刊日
4-7973-1400-1	標準ASPテク	Kouichi Usui	ハードバンク	4,000円	2003-10-27
4-7980-0137-6	今日からつかえ	Yoshihiro.Yamada	昭和システム	2,800円	2003-08-05
				6800円	

Yoshihiro.Yamada

【books.xsl】

```
<?xml version="1.0" encoding="Shift_JIS" ?>
<xsl:stylesheet xmlns:xsl="http://www.w3.org/1999/XSL/Transform" version="1.0">
  <xsl:output method="html" encoding="Shift_JIS" />
  <xsl:template match="/">
    <html>
    <head>
    <title><xsl:value-of select="books/@title" />
    </title>
    <link rel="stylesheet" type="text/css" href="books.css" />
    </head>
```

```
<h1><xsl:value-of select="books/@title" /></h1>
<table border="1">
<tr>
  <th>ISBNコード</th>
  <th>書籍</th>
  <th>著者</th>
  <th>出版社</th>
  <th>価格</th>
  <th>発刊日</th>
</tr>
<xsl:for-each select=" [①] ">
  [②]
  <tr>
    <td nowrap="nowrap"><xsl:value-of select
    =" [③] " /></td>
    <td nowrap="nowrap">
      <xsl:choose>
        <xsl:when test="url">
          <xsl:element name="a">
            <xsl:attribute name="href">
              <xsl:value-of select="url" />
            </xsl:attribute>
            <xsl:value-of select=" [④] " />
          </xsl:element>
        </xsl:when>
        <xsl:otherwise>
          <xsl:value-of select=" [④] " />
        </xsl:otherwise>
      </xsl:choose>
    </td>
    <td nowrap="nowrap"><xsl:value-of select
    ="author" /></td>
    <td nowrap="nowrap">
      <xsl:value-of select="publish" />
    </td>
    <td nowrap="nowrap">
      <xsl:value-of select="format-number
      (price,'#,###')" />円
    </td>
    <td nowrap="nowrap"><xsl:value-of select
    ="pDate" /></td>
  </tr>
```

```
      </xsl:for-each>
      <tr>
      <td colspan="4" />
      <td>
        <xsl:value-of select=" [⑤] " />円
      </td>
      <td />
      </tr>
      </table>
      <div><xsl:value-of select="books/owner" /></div>
      </html>
    </xsl:template>
</xsl:stylesheet>
```

……………………………………………………………… **解答は巻末に**

第4日 2時限目

【高度なXSLT+αテクニック❷】
メンテナンス性の向上とより細かな表示の制御

今度は、第3日に作成した詳細情報表示を改良してみます。

今回作成する例題の実行画面

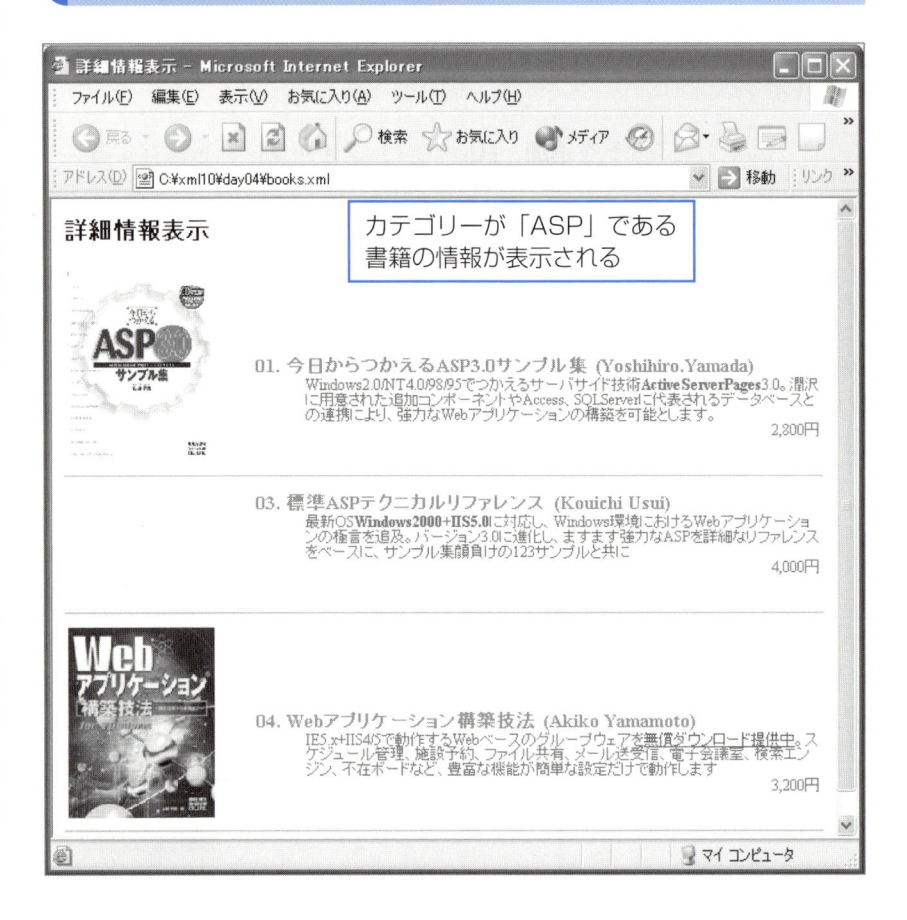

カテゴリーが「ASP」である書籍の情報が表示される

サンプルファイルはこちら　xml10 ▶ day04-2 ▶ description.xsl　inc.xsl

●このレッスンのねらい

これまでの内容で、XSLTの基本的な部分はおおよそおさえました。
　ここでは、冗長になりがちなXSLTをいかに簡潔に記述するか、メンテナンスをいかに楽にするか、表示上のちょっとした工夫など、最後のまとめにふさわしい記述上の+αテクニックを紹介します。

操作手順

● 「day03」フォルダにある「asp3.jpg」「webware.jpg」「xml.jpg」「books.xml」「book2.css」を「day04」フォルダにコピーしてください。

1 第3日の2時限目で作成したXSLTスタイルシート「description.xsl」をテキストエディタで開き、「リスト1」のようにコードを追加、「day04」フォルダに新規保存する

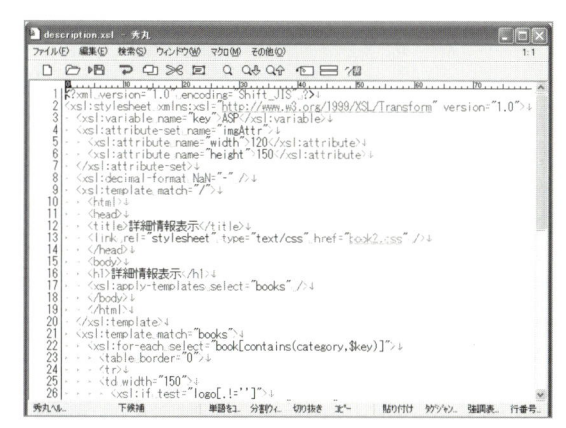

コードを入力

2 新規文書を作成して、「リスト2」のコードを入力し、「day04」フォルダに「inc.xsl」という名前で保存する

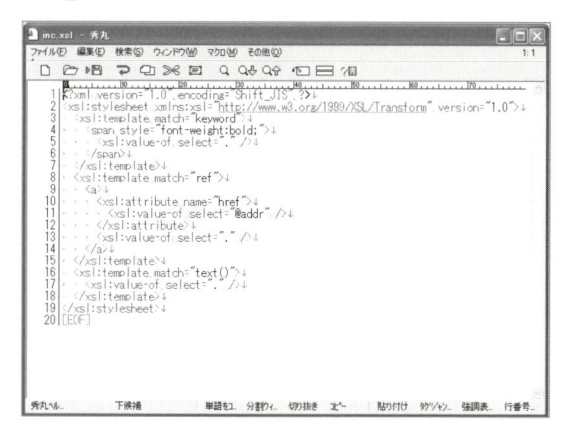

コードを入力

3 エクスプローラなどから「day04」フォルダを開き、「books.xml」を開く

記述するコード

【リスト1：description.xsl】

```xml
1  <?xml version="1.0" encoding="Shift_JIS" ?>
2  <xsl:stylesheet xmlns:xsl="http://www.w3.org/1999/XSL/Transform" version="1.0">
3    <xsl:variable name="key">ASP</xsl:variable>           ── 変数keyの宣言
4    <xsl:attribute-set name="imgAttr">
5      <xsl:attribute name="width">120</xsl:attribute>
6      <xsl:attribute name="height">150</xsl:attribute>
7    </xsl:attribute-set>                                  ── 属性リストの定義
8    <xsl:decimal-format NaN="-" />                        ── 数値データの書式定義
9    <xsl:template match="/">
10     <html>
11     <head>
12     <title>詳細情報表示</title>
13     <link rel="stylesheet" type="text/css" href="book2.css" />
14     </head>
15     <body>
16     <h1>詳細情報表示</h1>
17     <xsl:apply-templates select="books" />
18     </body>
19     </html>
20   </xsl:template>
21   <xsl:template match="books">
22     <xsl:for-each select="book[contains(category,$key)]">
23       <table border="0">
24       <tr>
25       <td width="150">
26         <xsl:if test="logo[.!='']">
27           <img xsl:use-attribute-sets="imgAttr">
28             <xsl:attribute name="src">
29               <xsl:value-of select="logo" />
30             </xsl:attribute>
31           </img>
32         </xsl:if>                                        ── <logo>要素の有無によって処理を分岐
33       </td>
34       <td valign="bottom">
35         <dl>
```

```
36          <dt>
37            <xsl:number format="01" />.
38            <xsl:value-of select="name" />
39            (<xsl:value-of select="author" />)
40          </dt>
41          <dd>
42            <xsl:apply-templates select="memo" />
43            <br />
44            <div style="text-align:right;">
45              <xsl:value-of select="format-number→
                 (price,'#,###')" />円
46            </div>
47          </dd>
48        </dl>
49      </td>
50    </tr>
51    </table>
52    <hr />
53    </xsl:for-each> ─── 特定条件を満たす<book>要素に
                         ついてのみ繰り返し処理
54  </xsl:template> ─── XML文書全体に適用されるテンプレート
55  <xsl:include href="inc.xsl" /> ── inc.xslをインクルード
56 </xsl:stylesheet>
```

【リスト2：inc.xsl】

```
1 <?xml version="1.0" encoding="Shift_JIS" ?>
2 <xsl:stylesheet xmlns:xsl="http://www.w3.org/1999/→
  XSL/Transform" version="1.0">
3   <xsl:template match="keyword">
4     <span style="font-weight:bold;">
5       <xsl:value-of select="." />
6     </span>
7   </xsl:template> ─── <keyword>要素に適用されるテンプレート
8   <xsl:template match="ref">
9     <a>
10      <xsl:attribute name="href">
11        <xsl:value-of select="@addr" />
12      </xsl:attribute>
13      <xsl:value-of select="." />
14    </a>
15  </xsl:template> ─── <ref>要素に適用されるテンプレート
```

```
16  <xsl:template match="text()">
17    <xsl:value-of select="." />
18  </xsl:template>──── 平のテキストに適用されるテンプレート
19 </xsl:stylesheet>
```

解説

今回はどちらかというと記述の工夫に重点を置いているため、表示上はそれほどの目新しさは感じられなかったかもしれません。ただ、いずれも今後より実用的なXSLTを記述していくにあたっては、重要な考え方ばかりです。

単純に構文規則だけを見るのではなく、なぜこの命令を使うのか、なぜここで使うのかにも注目してみましょう。

① 変数を定義したい

複数箇所から同じ文字列、数値を参照する場合、同様の内容を複数箇所に記述するのはさまざまな意味で不便なことです。XSLT自身を修正する場合はもちろんのこと、今後、外部のプログラムから動的にXSLTを変更したりする場合、プログラムが必要以上に冗長になってしまう一因でもあります。

そこで、XSLTではそのような共通のデータを変数として、別に定義することができます。3行目を見てみましょう。

```
3  <xsl:variable name="key">ASP</xsl:variable>
```

<xsl:variable>要素はname属性で指定された名前の変数を定義します。たとえば、このXSLTコードでは「key」という名前の変数に「ASP」という文字列を格納します。

なお、宣言された変数は「$変数名」で参照することができます。

今回の例では、22行目で、配下の<category>要素に変数keyで定義された文字列（つまり、"ASP"）を含む<book>要素を抽出しようとしています。

```
22  <xsl:for-each select="book[contains(category,→
    $key)]">
```

たとえば、22行目を書き換えて、次のようにしても同じ意味です。

```
<xsl:for-each select="book[contains(category,'ASP')]">
```

配下の<category>要素に「ASP」という文字列を含む<book>要素だけを抽出します。ただし、変数を使っていない場合、「ASP」を別のものに変更しようということになったときに、複数箇所に記述があれば、複数箇所を直さなければなりませんし、当然、修正の漏れが発生することもあります。変数を使うことで、<xsl:variable>要素の内容だけを書き換えればすむことになります。

なにからなにまで変数をということではありませんが、うまく変数をちりばめることでよりメンテナンス性のよいソースの記述を心がけてみてください。

② 属性をまとめて定義したい

たとえば、画像のサイズ、周辺の空白など、要素の属性としてまとめて定義しておきたいことがあるとします。無論、個々の要素に対して個別に属性値をセットしてもいいわけですが、複数箇所で同じ設定を使用している場合などは、記述が冗長にもなり、また修正が発生したときの手間も増えてしまいます。

そこで、XSLTではよく使う属性設定のセットをあらかじめ別出しにして宣言しておくことができます。

```
4  <xsl:attribute-set name="imgAttr">
5    <xsl:attribute name="width">120</xsl:attribute>
6    <xsl:attribute name="height">150</xsl:attribute>
7  </xsl:attribute-set>
```

たとえば、4〜7行目ですが、width属性とheight属性を属性セット「imgAttr」という名前で宣言します。ちなみに、いったんこのように設定された属性セットは、以下のようにすることで、自由に参照して使うことができます。

```
27  <img xsl:use-attribute-sets="imgAttr">
28    <xsl:attribute name="src">
29      <xsl:value-of select="logo" />
30    </xsl:attribute>
31  </img>
```

これは、次のように記述するのとまったく同じ意味です。

```
<img>
  <xsl:attribute name="src">
    <xsl:value-of select="logo" />
  </xsl:attribute>
  <xsl:attribute name="width">120</xsl:attribute>
  <xsl:attribute name="height">150</xsl:attribute>
</img>
```

なお、複数の<xsl:attribute-set>要素で定義された属性セットを併せて参照したいという場合には、次のように、属性セット名を半角スペース区切りで列挙します。

```
<img xsl:use-attribute-sets="imgAttr imgAttr2">
```

【<xsl:attribute-set>要素の書式】
```
<xsl:attribute-set name="属性セット名">
  <xsl:attribute>要素による属性の定義
</xsl:attribute-set>
```
<xsl:attribute-set>要素の定義は、任意の出力要素上で参照できます。
```
<要素名 xsl:use-attribute-sets="属性セット名">〜</要素名>
```

③ 数値でない場合の処理を定義したい

format-number関数で数値を整形しようと思ったとき、XML文書の不備かなにかで数値が抜け落ちていたとしたら、または数値として認識できないデータが入っていたとしたら、どうでしょう。

そのようなとき、XSLTはNaN（Not a Number）という文字列を返します。

もちろん、エラーにならないのだから、それでいいではないかという寛容な考え方もあります。が、それではあまりに芸がないと思われる方も多々おられるでしょう。

そこで、ここではformat-number関数で指定された値が数値でない場合、指定した文字列を表示する方法を紹介します。

```
8  <xsl:decimal-format NaN="-" />
```

この例では、format-number関数の引数が数値でない場合、「-」という文字列を表示します。

【<xsl:decimal-format>要素の書式】
```
<xsl:decimal-format [name="フォーマット名"]
      [decimal-separator="小数点（「.」など）"]
      [grouping-separator="桁区切り文字（「,」など）"]
      [minus-sign="マイナス文字（「-」など）"]
      [NaN="数字でない場合の表記（「NaN」など）"]
      [percent="パーセント文字（「%」など）"]
      [digit="0の場合の表記（「0」など）"] />
```

あくまで<xsl:decimal-format>要素は、format-number関数で整形される際のデフォルトを定義するだけで、それ自体、何か出力を行うわけではありません。

4 外部のXSLTを利用したい

XSLTはテンプレートの集合体です。小さなテンプレートが互いに呼び出しあいながら、1つのスタイルを構築していくというのが、基本的な考え方です。

そのため、構造上、XSLTは部品化しやすく、細かなテンプレートを外出しすることによって、複数のスタイルシート間で使い回しをすることができるようになっています。

たとえば、55行目を見てみましょう。

```
55  <xsl:include href="inc.xsl" />
```

> **ヒント**
> **<xsl:decimal-format>要素は…**
> XSLTのルート要素<xsl:stylesheet>要素の直下に記述します。

このように記述することで、現在のスタイルシートに「inc.xsl」が埋め込まれます。

呼び出された外部スタイルシートは、あたかも現在のスタイルシート内に記述されているかのように動作します。

なお、呼び出されるテンプレートは、部分的なスタイルシートであってはいけません。つまり、かならずルート要素に<xsl:stylesheet>要素を置いた、独立したXSLTの形式にのっとっている必要があります。

【<xsl:include>要素の書式】
```
<xsl:include href="呼び出すスタイルシートのパス" />
```

まとめ

- <xsl:variable>要素を用いることで、繰り返し使うデータを変数として別に定義することができます。
- <xsl:attribute-set>要素を用いることで、繰り返し使う属性定義を別に定義することができます。
- <xsl:decimal-format>要素は、format-number関数における数値の表記パターンを設定します。
- 外部のXSLTスタイルシートを取り込むには、<xsl:include>要素を使います。

練習問題

Q 第2日3時限目の「books.xsl」を改良し、以下のようなXSLTスタイルシートを作成しました。
空白を埋め、XSLTを完成させるとともに、誤りを1つ探してください。

【注意】
ただし、価格情報は図のように桁揃えし、もしも価格情報が存在しない場合は「不明」と表示することにします。

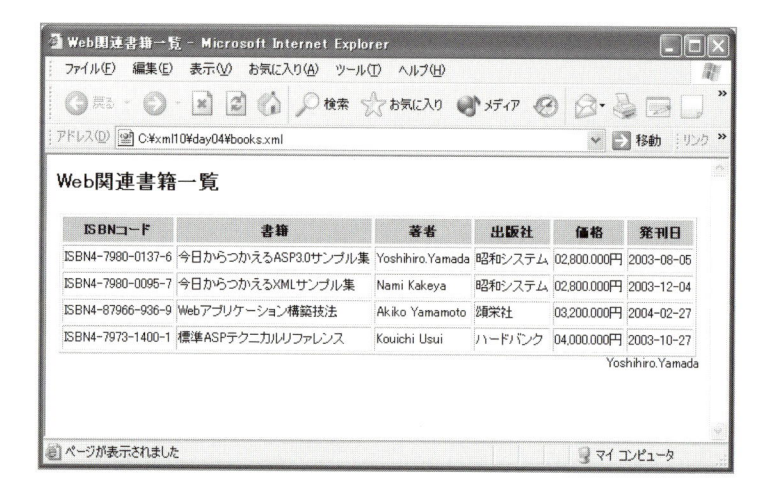

【books.xsl】

```
<?xml version="1.0" encoding="Shift_JIS" ?>
<xsl:stylesheet xmlns:xsl="http://www.w3.org/1999/XSL/Transform" version="1.0">
 <xsl:output method="html" encoding="Shift_JIS" />
 [①]
 <[②]  name="tblAtt">
  <xsl:attribute name="border">1</xsl:attribute>
  <xsl:attribute name="width">500</xsl:attribute>
  <xsl:attribute name="align">center</xsl:attribute>
</[②]>
<xsl:template match="/">
 <html>
 <head>
 <title><xsl:value-of select="books/@title" />
 </title>
```

```
<link rel="stylesheet" type="text/css" href
="books.css" />
</head>
<h1><xsl:value-of select="books/@title" /></h1>
<table [③] >
<tr>
  <th>ISBNコード</th>
  <th>書籍</th>
  <th>著者</th>
  <th>出版社</th>
  <th>価格</th>
  <th>発刊日</th>
</tr>
<xsl:apply-templates select="books" />
</table>
<div><xsl:value-of select="books/owner" /></div>
</html>
</xsl:template>
[④]
</xsl:stylesheet>
```

【inc.xsl】

```
<?xml version="1.0" encoding="Shift_JIS" ?>
<xsl:template match="books">
 <xsl:for-each select="book">
  <xsl:sort select="price" data-type="number" order
  ="ascending" />
  <tr>
    <td nowrap="nowrap"><xsl:value-of select
    ="@isbn" />
    </td>
    <td nowrap="nowrap">
     <xsl:value-of select="name" />
     </td>
      <td nowrap="nowrap"><xsl:value-of select
      ="author" /></td>
      <td nowrap="nowrap">
        <xsl:value-of select="publish" />
      </td>
      <td nowrap="nowrap">
        <xsl:value-of select="format-number(price,
```

```
      '00,000.000')" />円
    </td>
    <td nowrap="nowrap"><xsl:value-of select→
    ="pDate" /></td>
  </tr>
  </xsl:for-each>
</xsl:template>
```

解答は巻末に

第5日
DOMプログラミング①

1時限目：DOMを使ってXML文書を読み込んでみる
2時限目：XML文書から要素を抽出する
3時限目：XML文書から属性値を取り出す

いよいよDOM（Document Object Model）の登場です。
これまではあらかじめ用意されたXML文書とXSLTスタイルシートとをあくまで静的に結び付けていただけでしたが、このDOMを用いることで、ダイナミックにこれらを編集し、より柔軟な操作が実現できます。
まず第5日の今日は、DOMを使ってXML文書を「読み取る」「参照する」ところからはじめましょう。

第5日 1時限目
[DOMプログラミング①]
DOMを使ってXML文書を読み込んでみる

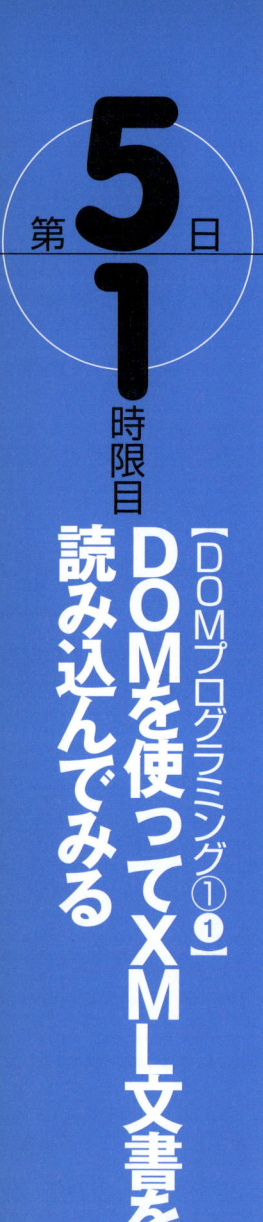

さあ、いよいよDOMの登場です。ここまで扱ってきたXSLTはいわばXML文書に固定的に結び付けられた静的なものにすぎませんでした。これらを動的に組み替え、また生成、操作していくのが、DOMの役割です。まずここでは、XML文書をDOMから読み込み、単純に表示させてみることにします。

今回作成する例題の実行画面

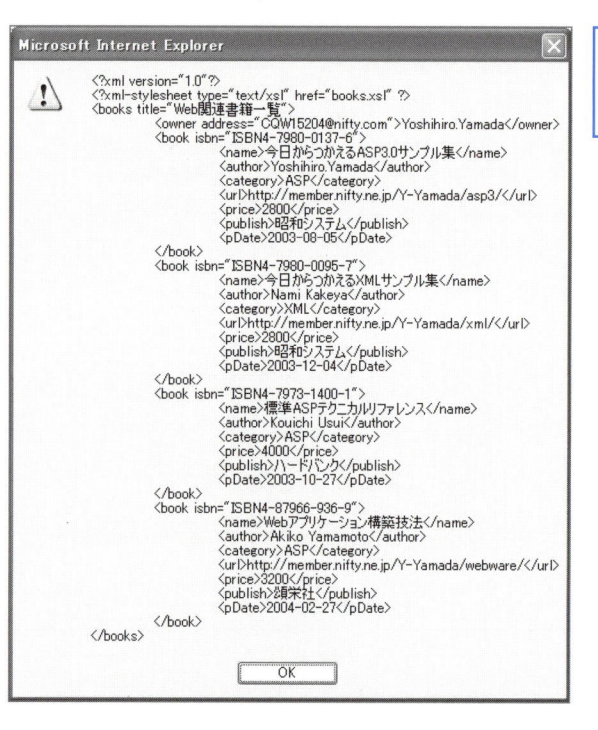

XML文書を読み込み、ダイアログを表示

サンプルファイルはこちら　xml10 ▶ day05-1 ▶ disp.html

●このレッスンのねらい

　今回はDOMプログラミングの導入篇ということで、基本中の基本となるXML文書の呼び出しに挑戦してみます。
　DOMはXML文書へアクセスするための単なる窓口（インターフェイス）にすぎませんので、特定の言語を要求するものではありません。本書では、ブラウザ上の言語としてはもっとも汎用性のあるJavaScriptを採用することにしますが、JavaScriptにあまりなじみのないという方は、併せて関連の書籍等で基本構文を学んでおいてください。

操作手順

● 「day02」フォルダにある「books.xml」を、「day05」フォルダにコピーしておいてください。

1 新規文書を作成し、「リスト」のコードを入力する

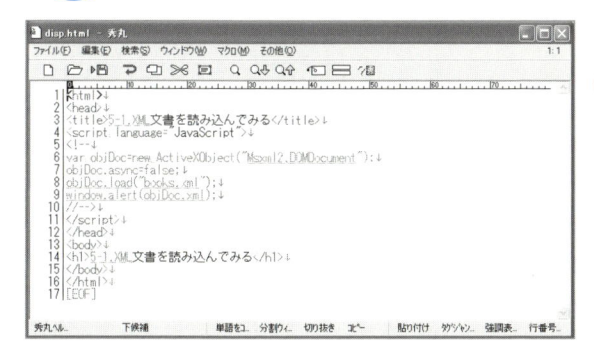

コードを入力

2 入力できたら、「day05」フォルダに「disp.html」という名前で保存する

3 エクスプローラなどから「day05」フォルダを開き、「disp.html」を開く

ヒント
DOMの拡張子は…
DOMは、XML文書やXSLTスタイルシートのように、これと決まった拡張子をもっているわけではありません。ブラウザ上で動かす場合には「.html」としますし、ASPのようなサーバサイド環境で動かす場合には「.asp」とします。

ヒント
パーサのバージョン
MSXML4をメインのXMLパーサとして使っている場合は、6行目のDOMDocumentをDOMDocument.4.0と記述しなければなりません。

記述するコード

【リスト：disp.html】

```
1  <html>
2  <head>
3  <title>5-1.XML文書を読み込んでみる</title>
4  <script language="JavaScript">
5  <!--
6  var objDoc=new ActiveXObject("Msxml2.DOMDocument");
7  objDoc.async=false;
8  objDoc.load("books.xml");         books.xmlの読み込み
```

```
 9  window.alert(objDoc.xml);
10  //-->
11  </script>─────────────────────────── スクリプト部
12  </head>
13  <body>
14  <h1>5-1.XML文書を読み込んでみる</h1>
15  </body>
16  </html>
```

解説

保存したHTML文書「disp.html」をエクスプローラなどから直接起動します。画面上に読み込んだXML文書の内容がダイアログ表示されれば成功です。

① XML文書を操作するDOM

DOM (Document Object Model) とはその名のとおり、XML文書の各要素や属性、テキストなどを汎用的に操作するための道具のようなものです。これまではただ単にあらかじめ用意されていたXMLやXSLTを表示させていただけですが、DOMを介することによってはじめて、文書を動的に変換したり、あるいは文書を更新したりといった行為が可能となるのです。

まずここでは、最初の導入ということでもありますので、ソースが動作するおおまかな流れを概観してみることにしましょう。

【動作の流れ】

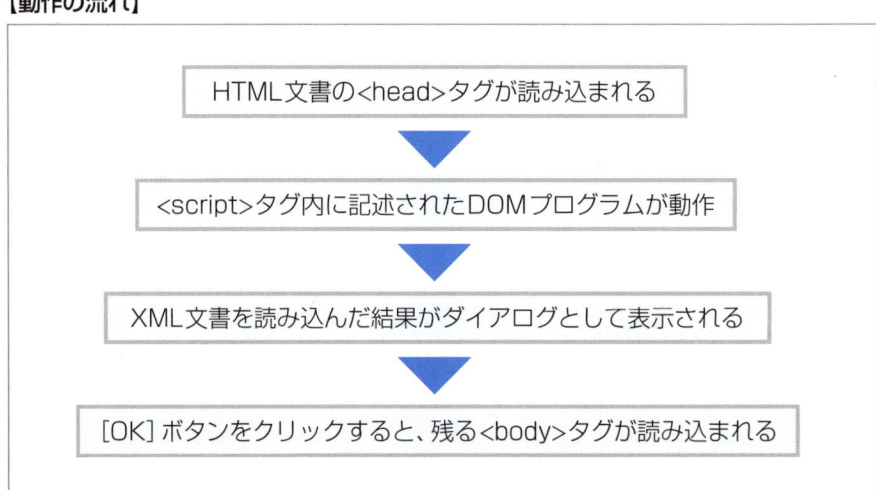

HTML文書の<head>タグが読み込まれる
▼
<script>タグ内に記述されたDOMプログラムが動作
▼
XML文書を読み込んだ結果がダイアログとして表示される
▼
[OK] ボタンをクリックすると、残る<body>タグが読み込まれる

DOMはそれ自体単なる道具にすぎませんので、これを操る言語は何であってもかまいません。本書ではブラウザ上でもっとも一般的に使われていると思われるJavaScriptを採用することにします（JavaScriptの詳細については、関連の書籍等を参照してください）。

　JavaScriptをHTML文書に埋め込むには、次のように記述します。

```
<script language="JavaScript">
```

　この開始タグ<script>から終了タグ</script>までの間に記述したコードはJavaScriptとして解釈されて処理されます。また、<script>タグを解釈できない古いバージョンのブラウザで開く人のことを考慮して、スクリプト部分はコメントアウト（<!-～//->で囲む）することとします。

② XML文書を呼び出す

　JavaScriptによって記述することを宣言したら、まずは、すべての操作に先立って、操作する対象であるXML文書を呼び出す必要があります。

　DOMは、あらかじめXML文書全体をメモリに展開して、内部的にツリー構造（p.17の図で表したような要素どうしの階層関係です）を生成した上で、その後の一連の操作を実行します。

　6、8行目を見てみましょう。

```
6  var objDoc=new ActiveXObject("Msxml2.DOMDocument");
8  objDoc.load("books.xml");
```

　6行目ではXMLDOMDocument2オブジェクトを生成し、これを変数objDocに格納しています。この時点で、生成されたXMLDOMDocument2オブジェクトはいわばXML文書を扱うための器にすぎず、なかに何も入っていない状態です。

【XMLDOMDocument2オブジェクトを新規作成する書式】

```
var 変数名=new ActiveXObject("Msxml2.DOMDocument");
```

| 変数名 | 任意の変数名を記述します。 |

※ ただし、MSXML4からは各オブジェクトをバージョン付加の形式で指定する必要があります。MSXML2.DOMDocumentはMSXML2.DOMDocment.4.0と記述しなければなりません。

　その空の器に実際に盛りつけをしてやる（実際のドキュメントを格納する）のが、8行目のloadメソッドです。loadメソッドは指定されたXML文書をXMLDOMDocument2オブジェクトに解析済みの状態で格納します。

つまり、XMLDOMDocument2オブジェクトはこの時点ではじめて、具体的に操作することのできるXML文書となったわけです。これは非常に簡単ではありますが、DOMがXML文書を扱う上での共通した手続きでもあります。

【loadメソッドの書式】
変数名.load("文書へのパス名");

| 変数名 | XML文書のデータを格納したいXMLDOMDocument2オブジェクトを記述します。 |
| 文書名 | 呼び出したいXML文書へのパス名を、拡張子を付けて記述します。 |

③ XML文書の呼び出しを非同期で行う

　器の生成（6行目）と中身の呼び出し（8行目）との間に入っている、このおまじないのような一文はなんでしょう？

```
7  objDoc.async=false;
```

　実際、ブラウザ上で動作させた場合は、この一文があってもなくても、結果は変わりません。しかし、いったんサーバ上（リモートコンピュータ上）にHTML、XMLファイルを置いてしまうと、7行目の一文が省略された場合、エラーとなってしまいます。

　この摩訶不思議な「async」は、XML文書の非同期呼び出しを可能にするかどうかを決めるためのプロパティです。

　つまり、サーバ上にXML文書を置いてある場合、文書の読み出しに少しのタイムラグが発生します。にもかかわらず、非同期呼び出しを有効にした場合、XML文書自体は読み込まれていないのに、クライアントが非同期に次の動作に入ろうとするため、「まだ処理ができませんよ」と怒られてしまうわけです。

　最初のうちは、動作環境がサーバ側であるとクライアント側であるとにかかわらず、原則的に、asyncプロパティをfalse（非同期でない＝同期である）に設定しておく癖をつけておけばまちがいないでしょう。

④ XML文書をそのまま表示する

　今回は、XML文書が正常に読み込まれたかどうかを確認するために、読み込みが終了したXML文書をそのままダイアログボックスに表示してみることにします。

```
9  window.alert(objDoc.xml);
```

xmlプロパティは、オブジェクトが示すXML文書をそのまま出力するためのプロパティです。今後、DOMを使ってXML文書を操作する場合、その結果、もしくは途中経過を手軽に確認したいという場合があるでしょう。そんなデバッグ作業の局面にも、このxmlプロパティは非常に有効です。

なお、XML文書そのままではなく、配下のテキストだけを取得したいという場合には、textプロパティを用います。

```
window.alert(objDoc.text);
```

！！注意！！

　ここでの「xml」は一見拡張子に見えますが、あくまでプロパティ名です。間違えないように注意しましょう。

まとめ

- DOMはXML文書にアクセスするための機能を備えた道具箱です。
- XMLDOMDocument2オブジェクトは、XML文書を格納するための器のようなものです。生成された時点では、まだ中身のない空の状態です。
- asyncプロパティはXML文書の呼び出し方法を制御します。通常、false（同期呼び出し）設定にしておきます。
- 実際にXML文書を呼び出し、XMLDOMDocument2オブジェクトに格納するのは、loadメソッドの役割です。

練習問題

Q 第3日2時限目の練習問題で作成したXSLTスタイルシート「table.xsl」（p.77）を読み込み、その内容をダイアログ表示するDOMプログラムを「day05」フォルダに作成してみましょう。

解答は巻末に

第5日 2時限目 【DOMプログラミング①②】 XML文書から要素を抽出する

呼び出したXML文書から要素を抽出する方法を学びます。

今回作成する例題の実行画面

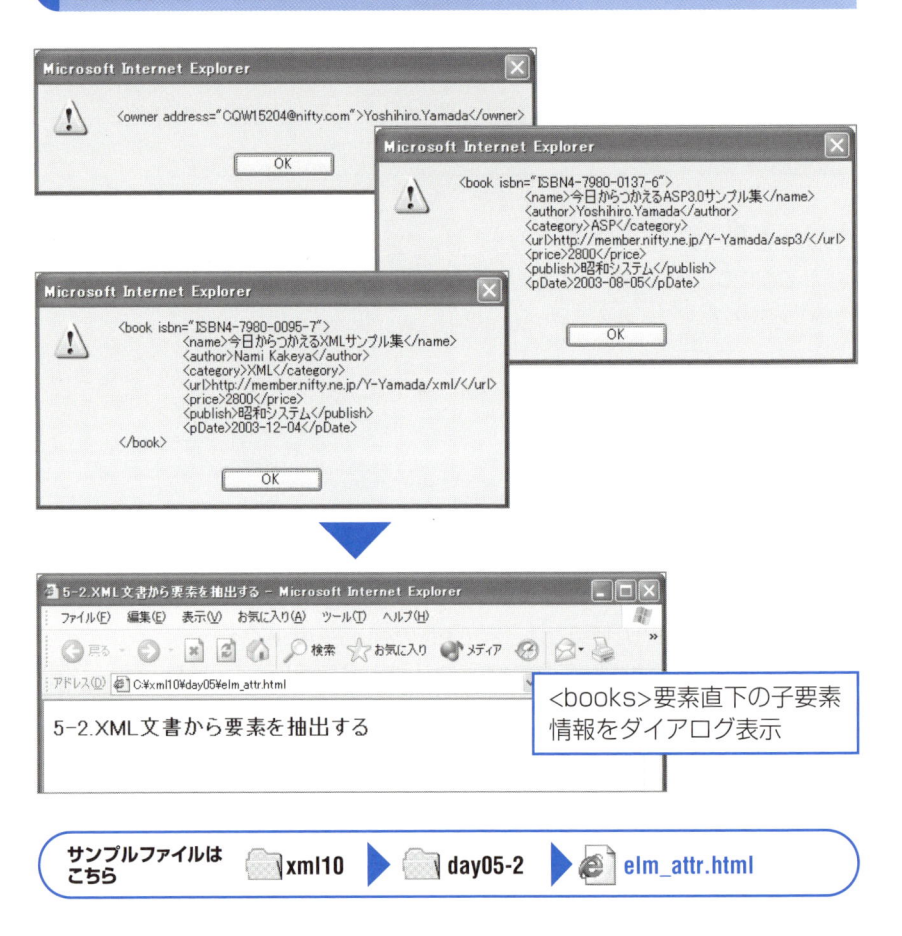

<books>要素直下の子要素情報をダイアログ表示

サンプルファイルはこちら　📁 xml10 ▶ 📁 day05-2 ▶ 📄 **elm_attr.html**

●このレッスンのねらい

　DOMプログラミングと言ってしまうと、なにやら難しい響きにも聞こえますが、要はXMLというフォーマットで記述されたデータを「いかに効率的に読み込むか」、これにつきます。

　そうした意味で、ツリー構造になったXML文書を、ルート要素から子要素、孫要素へとたどっていく「ノードウォーキング（ノードの散歩）」の過程は、DOMプログラミングのすべての基本と言っても過言ではないでしょう。

　本レッスンの考え方は、今後複雑なXML文書を扱っていく場合にも、まったく同様のイメージで適用されるものですので、疑問点や不明な点があれば、ここでしっかりと解決しておきたいところです。

第5日／2時限目●XML文書から要素を抽出する

操作手順

1 新規文書を作成し、「リスト」のコードを入力する

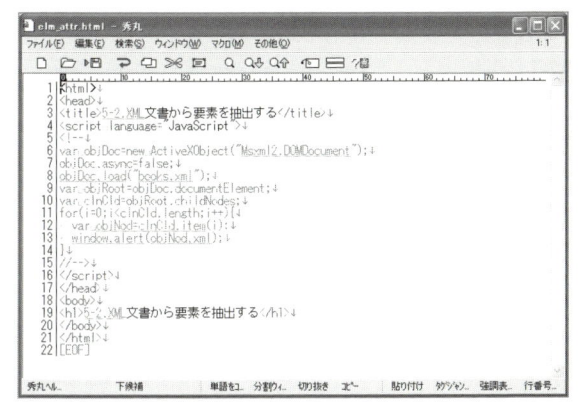

→ コードを入力

2 入力できたら、「day05」フォルダに「elm_attr.html」という名前で保存する

3 エクスプローラなどから「day05」フォルダを開き、「elm_attr.html」を開く

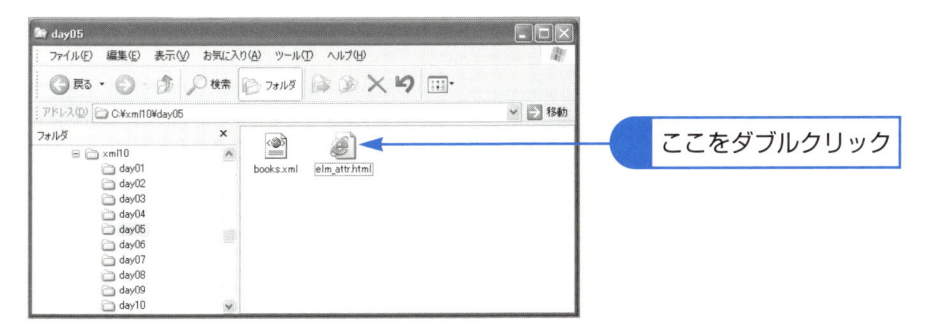

→ ここをダブルクリック

記述するコード

【リスト：elm_attr.html】

```
 1  <html>
 2  <head>
 3  <title>5-2.XML文書から要素を抽出する</title>
 4  <script language="JavaScript">
 5  <!--
 6  var objDoc=new ActiveXObject("Msxml2.DOMDocument");
 7  objDoc.async=false;
 8  objDoc.load("books.xml");
 9  var objRoot=objDoc.documentElement;
10  var clnCld=objRoot.childNodes;
11  for(i=0;i<clnCld.length;i++){
12    var objNod=clnCld.item(i);
13    window.alert(objNod.xml);
14  }
15  //-->
16  </script>
17  </head>
18  <body>
19  <h1>5-2.XML文書から要素を抽出する</h1>
20  </body>
21  </html>
```

- books.xmlの読み込み (6〜8行)
- <book>要素群の取得 (9〜10行)
- 個々の<book>要素を取得 (11〜14行)
- スクリプト部 (4〜16行)

解説

保存したHTML文書「elm_attr.html」をエクスプローラなどから直接起動します。
画面上に、<owner>要素、<book>要素の内容が順番にダイアログ表示されれば成功です。

① XML文書のルート要素を取得する

XML文書読み取りのひとつのアプローチとして、ツリー構造になったXML文書の最上位層の要素ノードから順に、枝をたどって下層ノードにアクセスしていく方法があります。

この方法は、あとで紹介するような、ダイレクトに目的のノードにアクセスする方法と較べると、いささか回りくどいようにも見えますが、すべてのDOM操作の基本でもあり、また、最終的にはきわめて小回りの利く操作でもあるので、しっかりとおさえておきましょう。

```
 9  var objRoot=objDoc.documentElement;
```

　documentElementは、DOMツリーの最上位要素（今回のサンプルだと<books>要素）を取得するためのプロパティです。このプロパティは、要素ノードを表すXMLDOMNodeオブジェクトを返します。
　XMLDOMNodeオブジェクトは、<book>要素や<author>要素など特定の要素、属性ノードを格納するための容器です。ノードに対してなんらかの操作を行いたい場合は、このXMLDOMNodeオブジェクトを介して行います。

❷ 子要素群を取得する

　ルート要素、あるいは第1要素と呼ばれるツリー最上位の要素（<books>要素）は、その配下に全てのノードを含んでいます。下層に降りていく次のステップとして、今度は直下の子要素群を取得してみましょう。

```
10  var clnCld=objRoot.childNodes;
```

　childNodesプロパティは、その戻り値としてXMLDOMNodeListオブジェクトを返します。XMLDOMNodeListオブジェクトはXMLDOMNodeオブジェクトの集合体であり、この場合はルート要素直下の子要素ノード（<owner>要素と複数の<book>要素）すべてを含みます。

❸ 要素リストから特定のノードを取り出す

　10行目で取得されたXMLDOMNodeListオブジェクトは、そのままでは使用することはできません。ノードの集合体としてひとくくりになった状態から、実際に操作するために、個々のノードを取り出す必要があります。

```
11  for(i=0;i<clnCld.length;i++){
12    var objNod=clnCld.item(i);
13    window.alert(objNod.xml);
14  }
```

　lengthプロパティは、XMLDOMNodeListオブジェクトに含まれるノードの数を返します（つまり、今回のサンプルのケースでは、clnCld.lengthの値、すなわち配下の子要素数は5になります）。

ワンポイント・アドバイス

for(i=n;i<N;i++){～}は、処理を繰り返し行わせたいときに使用するJavaScriptの構文です。「初期値iをnとした場合、iがNより小さい間（N-1以下の間）、処理を繰り返します。1回処理を繰り返すごとにiは1ずつ増えていく（i++）ので、処理はN-n回行われることになります。今回のサンプルだと、N=5、n=0なので、処理は5回繰り返されます。

　itemメソッドは、引数として指定されたインデックス数（個々のノードの順番を表す数。インデックス数0は1番目のノードを示します）に基づいて、XMLDOMNodeListオブジェクト内から個々のノードを取り出し、XMLDOMNodeオブジェクトとして返します。
　つまり、上の操作ではインデックス数を0からlength-1（すなわち4）まで1ずつ変化させることで、ノード集合から要素ノードをひとつひとつ、計5回取り出しているわけです。
　ある意味、この10～14行目の操作は、DOMプログラミングのなかでももっとも汎用的な手法のひとつです。取り出した要素ノードの配下に、さらに要素が存在する場合は、この一連の操作を再帰的に繰り返すことによって、どんどん下層のノードに下っていくことが可能になるのです。

ワンポイント・アドバイス

XMLDOMNodeオブジェクトが繰り返し繰り返し出てきますが、個々のXMLDOMNodeオブジェクトは変数名が違えば、それぞれが違うものと考えてください。変数の数だけ異なるXMLDOMNodeオブジェクトという入れ物ができあがっているのです。

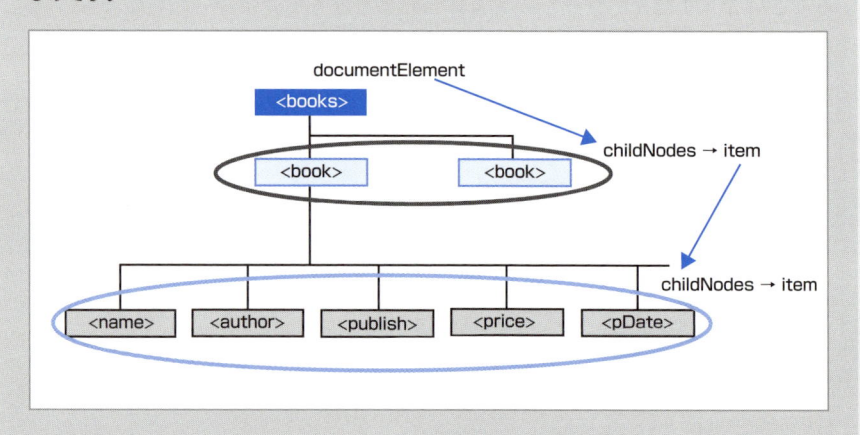

④ 要素を取得するいろいろな方法

操作①～③でご紹介した内容は、要素にアクセスする代表的な手段ですが、唯一の手段ではありません。その他のケースでも多くそうであるように、そのときどきの目的に応じ、またその時点でのコンテキスト（文脈）により、さまざまなアクセス手段がDOMにも用意されています。

たとえば、以下のようなケースを想定してみましょう。

(1) 1番目の子要素にアクセスし、順に次の要素に移動していきたい場合

10～14行目を以下のように書き換えてみます。

```
var objCld=objRoot.firstChild;
while(objCld!=null){
  window.alert(objCld.xml);
  var objCld=objCld.nextSibling;
}
```

firstChildプロパティは、現在の要素の1番目の子要素を返します。

その後、nextSiblingプロパティで次の子要素へ移動しながら、xmlプロパティで順番に要素の中身を表示します。nextSiblingプロパティは、次の子要素が存在しない場合、null（未定義）を返します。

ワンポイント・アドバイス

while(条件A){処理B}という構文は、「条件Aが真の間、処理Bを繰り返す」というJavaScriptの構文です。今回の場合は「変数objCldが存在しない（null）ということがない場合（!=）」、すなわち「変数objCldが存在している場合」に{}内の処理を繰り返すということになります。

(2) 逆に、最後の子要素にアクセスし、順に前の要素に移動していきたい場合

10～14行目を以下のように書き換えてみます。

```
var objCld=objRoot.lastChild;
while(objCld!=null){
  window.alert(objCld.xml);
  var objCld=objCld.previousSibling
}
```

lastChildプロパティは、現在の要素の最後の子要素を返します。

その後、previousSiblingプロパティで前の子要素へ前の子要素へと移動しつつ、要

素の中身を表示します。previousSiblingプロパティは、前の子要素が存在しない場合、null（未定義）を返します。

(3) 現在の要素の親要素を取得したい場合

11～14行目を以下のように書き換えてみます。

```
for(i=0;i<clnCld.length;i++){
  var objNod=clnCld.item(i);
  window.alert(objNod.parentNode.xml);
}
```

parentNodeプロパティは現在の要素の親要素（<books>要素）を返します。つまり、この場合、同じ親要素配下の子要素について繰り返し処理を行っており、その親要素を参照しているので、5回とも常に同じ内容が返されることになります。

5 DOMオブジェクトは関係する

これまで見てきておわかりのように、DOMは相互に密接に関連しあうオブジェクトの集合体です。今後、DOMを扱っていくにあたって、オブジェクト間の関係を意識することが非常に重要になってくるはずです。

以下、DOMの主要なオブジェクトに関して、相互の関係図を示します。

```
                    XMLDOMDocument
                          │ documentElement
                    XMLDOMNode ──── attributes ──── XMLDOM
                          │                          NamedNodeMap
                          │ childNodes                    │ Item(i～n)
                    XMLDOMNodeList                  XMLDOMAttribute
                          │ Item(i～n)
                    XMLDOMNode
         ┌──────┬──────┼──────┬──────┬──────┐
    XMLDOM  XMLDOM  XMLDOM  XMLDOM  XMLDOM   XMLDOM
    Element  Text  EntityReference Comment DocumentType ProcessingInstruction
```

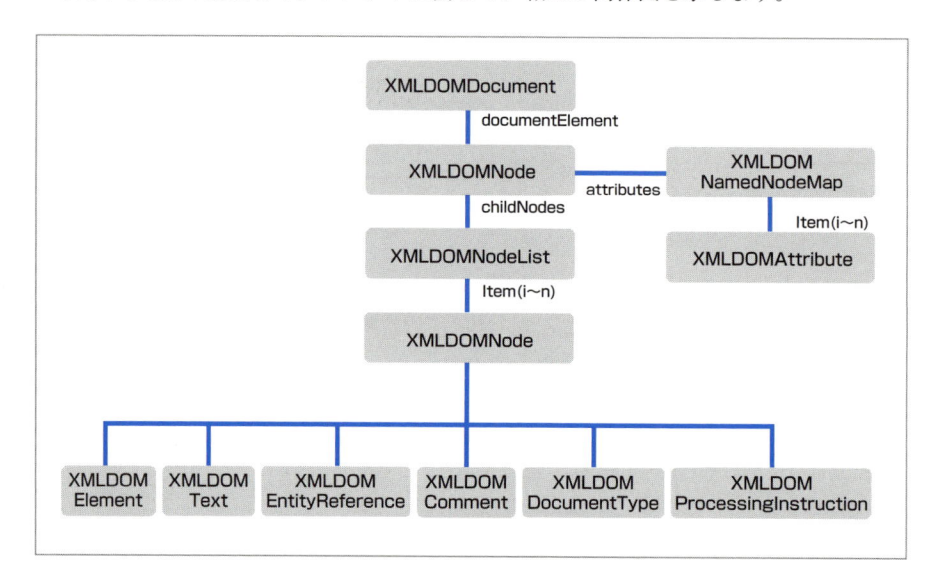

図をご覧になって、XMLDOMNodeはきわめて汎用的なオブジェクトであることがおわかりになるはずです。

つまり、さまざまなアプローチで取得されたノード（XMLDOMNodeオブジェクト）は、その局面、文脈によって、XMLDOMElement（要素ノード）として扱われるこ

ともあれば、XMLDOMText（テキストノード）として扱われることもあるわけです。

ノードの種類は、MSXMLパーサによって内部的に判断され、またその種類によって扱えるメソッドやプロパティも異なることになります。

まとめ

- ルート要素はdocumentElementプロパティによって取得することができます。DOMによってXML文書を読み込む場合も、ルート要素はまず最初の基点となります。
- ある要素の直下に含まれる子要素群は、childNodesメソッドを介して取得できます。ChildNodesメソッドは、1個以上のXMLDOMNodeオブジェクトの集合体であるXMLDOMNodeListオブジェクトを返します。
- XMLDOMNodeListオブジェクトのitemメソッドは、内部に含まれるXMLDOMNodeオブジェクトを返します。インデックス数は0からはじまる点に注意しましょう。
- DOMの各オブジェクトは互いにプロパティやメソッドの戻り値で関連づいています。相互の関係を意識して、プログラミングすることは大変重要です。

練習問題

Q 「slct.html」はXML文書「report.xml」にアクセスし、<creator>要素を抽出・表示するためのDOMプログラムです。リストの空白を埋め、正しいプログラムを完成させてください。

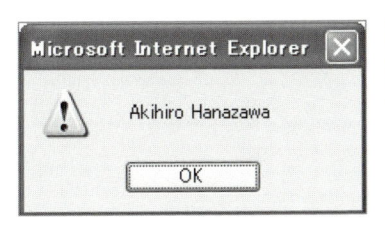

<creator>要素のデータがダイアログに表示される

【report.xml】

```
<?xml version="1.0" encoding="Shift_JIS" ?>
<reports>
  <report day="2003-09-21">
    <header>
      <title>静岡出張報告</title>
```

```
      <creator>Akihiro Hanazawa</creator>
    </header>
    <body>
     …本文省略…
    </body>
  </report>
</reports>
```

【slct.html】

```
<html>
<head>
<title>5-2.練習問題</title>
<script language="JavaScript">
<!--
var objDoc= [①]
objDoc.async= [②] ;
objDoc.load( [③] );
var objRot=objDoc. [④] ;
var objRep=objRot.childNodes.item(0);
var objHdr=objRep.childNodes.item(0);
var objCrt=objHdr.childNodes.item( [⑤] );
window.alert(objCrt. [⑥] );
//-->
</script>
</head>
<body>
<h1>5-2.練習問題</h1>
</body>
</html>
```

解答は巻末に

COLUMN

XSLTとDOMの違い

　先のレッスンで紹介したXSLTもまた、XML文書から特定のノードを抽出し、加工するための言語です。

　それでは、DOMとXSLTとは何が違うのでしょう？　また、DOMはXSLTとどう使い分ければよいのでしょう？

　至極もっともな疑問です。

　実際、XSLTとDOMとは一面非常によく似た役割をもっています。しかし、XSLTがスナップショット的に現在あるがままのXML文書を決められたルールに従って切り出す静的な仕組みであるとするならば、DOMはXML文書やXSLTスタイルシートを動的に結び付けたり（たとえば同一のデータを一覧表形式で見せたり、単票形式で見せたりなど）、また、編集、加工するための動的な仕組みです。

　XMLとXSLTだけに注目してしまうと、「XMLになったら、かえってHTMLより作成も面倒になったし、なんのメリットがあるのかわからない」という感想を抱かれてしまうかもしれません。が、このDOMを学ぶことによって、XMLとXSLTとを動的に結び付けるその柔軟性、簡易な操作を可能とするインターフェイスが、HTMLでは代え難いものであるという事実を実感できるに違いありません。

　また、本書の第9日・第10日では、そうしたXSLTとDOMとの相互補完的な技術連携のテクニックにとどまらず、「それでは実際にこうしたDOMプログラミングがどのような局面に使用されているのか」という実用例をちりばめてご紹介することにします。XMLをわれわれの生きた「生活」に結び付けることで、単純な技術「ノウハウ」の習得にとどまらず、実用的な「知識」にまで高めることになれば幸いです。

XSLT → XML文書 ← DOM

XSLTはXML文書を静的に変換、切り出す仕組み

DOMはXML文書を動的に操作する仕組み

第5日 3時限目 【DOMプログラミング①③】XML文書から属性値を取り出す

XML文書の属性値にアクセスする方法を学びます。

今回作成する例題の実行画面

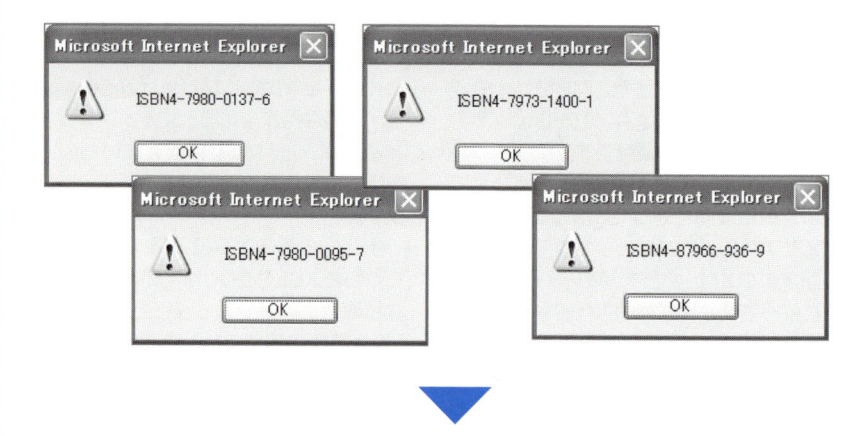

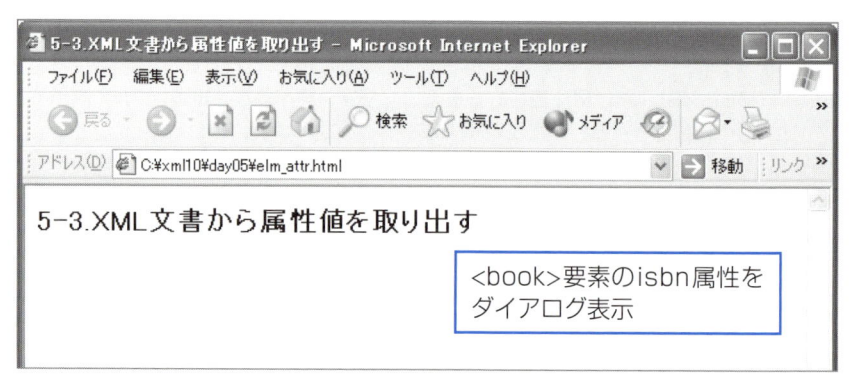

<book>要素のisbn属性をダイアログ表示

サンプルファイルはこちら　xml10 ▶ day05-3 ▶ elm_attr.html

●このレッスンのねらい

XML文書は多くの種類のノードから構成されます。情報としてアクセスする頻度がもっとも高いのは要素ですが、属性にも頻繁にアクセスします。属性は要素に比べて、情報を細分化・階層化しようとしたときの柔軟性はありませんが、コンパクトに情報を保持できる利点があります。

操作手順

1 2時限目で作成したDOMスクリプト「elm_attr.html」をテキストエディタで開き、「リスト」のようにコードを変更し、そのまま上書き保存する

2 エクスプローラなどから「day05」フォルダを開き、「elm_attr.html」を開く

記述するコード

【リスト：elm_attr.html】 ※青字の部分が追加/変更するコードです。

```
 1 <html>
 2 <head>
 3 <title>5-3.XML文書から属性値を取り出す</title>
 4 <script language="JavaScript">
 5 <!--
 6 var objDoc=new ActiveXObject("Msxml2.DOMDocument");
 7 objDoc.async=false;
 8 objDoc.load("books.xml");
 9 var objRoot=objDoc.documentElement;
10 var clnCld=objRoot.childNodes;
11 for(i=1;i<clnCld.length;i++){
12   var objNod=clnCld.item(i);
13   var clnAtr=objNod.attributes;
14   var objAtr=clnAtr.item(0);
15   window.alert(objAtr.text);
16 }
17 //-->
18 </script>
19 </head>
20 <body>
21 <h1>5-3.XML文書から属性値を取り出す</h1>
22 </body>
23 </html>
```

- 11～16：個々の<book>要素を取得
- 13～14：属性の取得

解説

保存したHTML文書をエクスプローラなどから直接起動します。
画面上に、<book>要素の属性値が順番にダイアログ表示されれば成功です。

① 要素内の属性群を取り出す

まずは2時限目と同じ手順で、<book>要素にアクセスします。

forループのカウンタ変数iが、先ほどと異なり1ではじまっているのは、1番目の要素<owner>要素をジャンプして、2番目からの<book>要素を取り出すためです。

```
11  for(i=1;i<clnCld.length;i++){
12    var objNod=clnCld.item(i);
13    var clnAtr=objNod.attributes;
         ：
16  }
```

13行目のattributesプロパティは、要素ノード（<book>要素）に含まれる全属性群を含むXMLDOMNamedNodeMapオブジェクトを返します。

XMLDOMNamedNodeMapオブジェクトは属性ノードを示すXMLDOMNodeオブジェクトの集合体で、この場合は<book>要素配下のisbn属性を含みます。実際には1つしか属性を含みませんが、これは「中身が1つだけのコレクション」と考えます。

② 属性リストから特定の属性値を取り出す

XMLDOMNamedNodeMapオブジェクトからはitemメソッドを介することで、isbn属性ノードを示すXMLDOMNodeオブジェクトを取得することができます。コレクションのインデックス数は0スタートなので、引数には0を指定します（0はすなわち最初の属性ノードを指します）。

属性ノードの値には、取り出したXMLDOMNodeオブジェクトのtextプロパティを介することでアクセス可能です。

```
14  var objAtr=clnAtr.item(0);
15  window.alert(objAtr.text);
```

ワンポイント・アドバイス

14〜15行目は1つにまとめた省略形で記述することも可能です。

```
window.alert(clnAtr.item(0).text);
```

つまり、ここまでの流れを強引に日本語に翻訳してみると、次のようになります。

「books.xml」（objDoc）のルート要素（objRoot）の子要素（clnCld）を2番目から1つずつ順番にたどっていきながら（for(i=1;i<clnCld.length;i++){～}）、そのi番目の子要素（objNod）の属性群（clnAtr）から最初の属性（objAtr）を抽出し、それぞれテキストとしてダイアログに表示します（window.alert(objAtr.text);）。

③ 属性値を取得するいろいろな手段

プログラミング言語には、ひとつのことを行う場合にも、複数の手段が用意されている場合がほとんどです。それはこのDOMオブジェクトについても例外ではありません。以下に、あくまで参考として、属性値、もしくは属性ノードを取得するいろいろなメソッドをざっとあげてみます。これらのメソッドを使うことで13～15行目がどのように書き換えられるのかを見てみることにしましょう。

もちろん、この場ですべてを一度におぼえる必要はありません。「そんな方法もあるのか」といった軽い気持ちで眺めてみていくとしましょう。

(1) getNamedItem

```
var clnAtr=objNod.attributes;
var objAtr=clnAtr.getNamedItem("isbn");
window.alert(objAtr.text);
```

XMLDOMNamedNodeMapオブジェクトに対して、インデックス数ではなく、属性名でアクセスします。複数個の属性が順不同で記述されている場合などに便利です。

(2) getQualifiedItem

```
var clnAtr=objNod.attributes;
var objAtr=clnAtr.getQualifiedItem("isbn","");
window.alert(objAtr.text);
```

getNamedItemメソッド同様、属性名でXMLDOMNamedNodeMapオブジェクトにアクセスします。第2引数には名前空間プレフィックス（<table xsl:use-attribute-sets="tbl1">であれば、xsl:の部分）を指定し、名前空間つきの属性にアクセスする場合に使用します。

(3) getAttributeNode

```
var objAtr=objNod.getAttributeNode("isbn");
window.alert(objAtr.text);
```

getAttributeNodeメソッドは、親要素を表すXMLDOMNodeオブジェクトに対して属性名をキーにアクセスします。属性ノードを返します。

XMLDOMNamedNodeMapオブジェクトを介さないので、より簡潔に記述することができます。

(4) getAttribute

```
window.alert(objNod.getAttribute("isbn"));
```

もっとも簡単に属性値にアクセスできる手段です。getAttributeメソッドは、XMLDOMNodeオブジェクトに対して属性名でアクセスし、ダイレクトに属性値を取得します。

このように1つの事柄に対して、さまざまな手段が提供されているのは属性値の取得においてだけではありません。要素の取得や抽出、変換など、あらゆる行為において、DOMはメソッドやプロパティというかたちでさまざまな手段を提供しています。
　繰り返しですが、最初からすべてを知っておく必要はありません。
　ただ、ときには「これを行うのにもっと別な方法はないのか」、詳細なリファレンスを紐解いてみるのもよいでしょう。きっとそこにはより効率的な、より多様な手段へのヒントが用意されているはずです。

まとめ

- 要素ノードに含まれる属性群を取得するにはattributesプロパティを使います。attributesプロパティは、複数の属性ノードを含むXMLDOMNamedNodeMapオブジェクトを返します。
- XMLDOMNamedNodeMapオブジェクトから個々の属性ノードを取り出す場合には、さまざまな方法があります（item、getNamedItem、getQualifiedItem）。
- XMLDOMNodeオブジェクトからダイレクトに属性にアクセスすることもできます（getAttributeNode、getAttribute）。

練習問題

Q 「day05」フォルダにコピーした「books.xml」から<owner>要素のaddress属性を抽出し、表示してみましょう。
その際、最低でも3つの方法で挑戦してみてください。

【ヒント】
・attributesプロパティを使用します。
・getAttributeNodeメソッドを使用します。
・getAttributeメソッドを使用します。

　　　　　　　　　　　　　　　　　　　　　　　　解答は巻末に

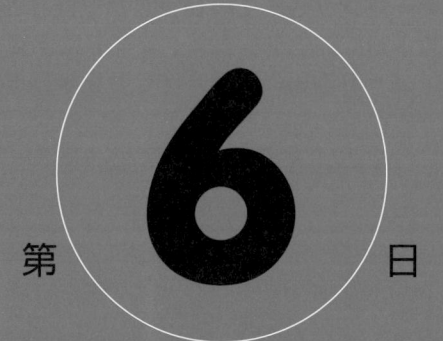

第6日
DOMプログラミング②

1時限目：ダイレクトに要素を抽出する
2時限目：XML文書にノードを追加する
3時限目：XML文書を更新、削除する

引き続きDOMを見ていきます。
第5日ではDOMによるXML文書のウォーキングについて学びました。これまでのXSLT、xPathの学習では曖昧になっていた「ツリー構造」という概念が、より体系的に明確化されたのではないでしょうか。
そこで、第6日の今日はそうした基本概念を前提に、XML文書をDOMによって編集してみます。XML文書の更新を学ぶということは、今後、XML文書をデータストアとして使用する際の基本的な考え方になるものです。最終日の応用篇につながる重要なポイントとして、しっかりとおさえておくことにしましょう。

第6日 1時限目 【DOMプログラミング②】ダイレクトに要素を抽出する

ノードウォーキングも、このレッスンでまとめです。
より複雑なXML文書からもダイレクトに要素、属性を抽出できる効率的な方法、ノード情報の取得方法などを学びます。

今回作成する例題の実行画面

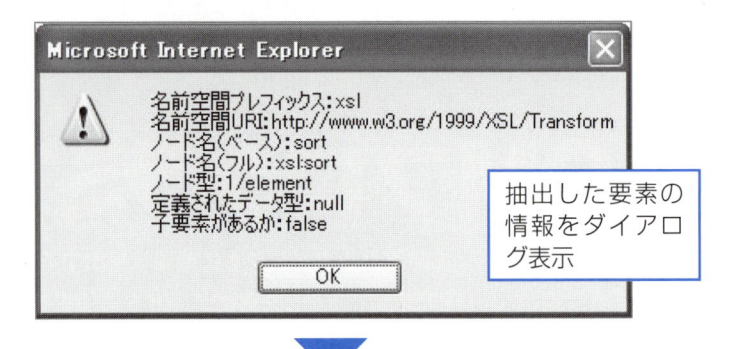

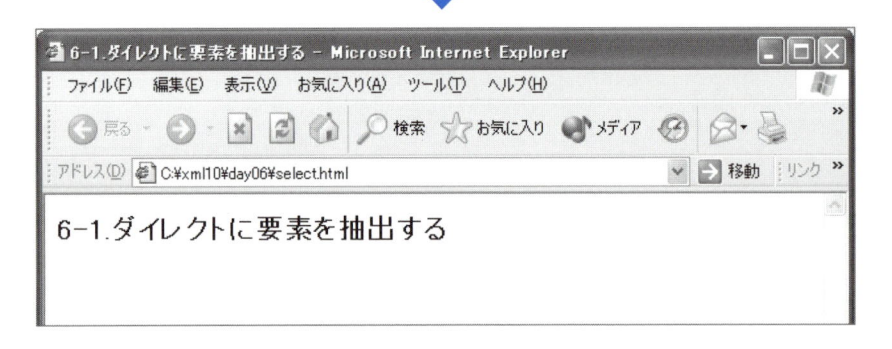

抽出した要素の情報をダイアログ表示

サンプルファイルはこちら　xml10 ▶ day06-1 ▶ select.html

●このレッスンのねらい

　XSLTでは要素や属性などXML文書上のノードを特定するために、xPathという規格を採用してきました。xPathはいささか特殊な構文ではありますが、効率的に対象を抽出するのに最適化された言語です。
　実はDOMにおいても、このxPathを使うことで効率的なノードウォーキングを実現することができます。xPathについて、ここで今一度復習すると同時に、これまでのDOMプログラミングとは少し異なるアプローチ方法を見てみることにしましょう。

操作手順

● 「day06」フォルダに、第4日1時限目の「books.xsl」(P.81)をコピーしておきます。

1 新規文書を作成し、「リスト」のコードを入力して、「day06」フォルダに「select.html」という名前で保存する

コードを入力

2 エクスプローラなどから「day06」フォルダを開き、「select.html」を開く

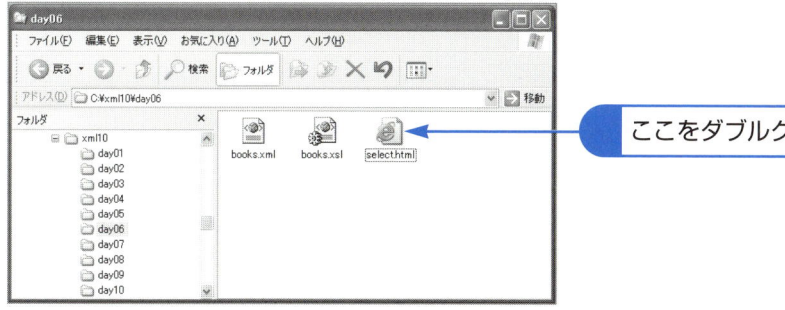

ここをダブルクリック

記述するコード

【リスト：select.html】

```html
1  <html>
2  <head>
3  <title>6-1.ダイレクトに要素を抽出する</title>
4  <script language="JavaScript">
5  <!--
6  var objDoc=new ActiveXObject("Msxml2.DOMDocument");
7  objDoc.async=false;
8  objDoc.load("books.xsl");
9  var clnSrt=objDoc.selectNodes("xsl:stylesheet//xsl:sort");
10 for(i=0;i<clnSrt.length;i++){
11   objSrt=clnSrt.item(i);
12   str="名前空間プレフィックス：" + objSrt.prefix + "\r";
13   str+="名前空間URI：" + objSrt.namespaceURI + "\r";
14   str+="ノード名（ベース）：" + objSrt.baseName + "\r";
15   str+="ノード名（フル）：" + objSrt.nodeName + "\r";
16   str+="ノード型：" + objSrt.nodeType + "/" + objSrt.nodeTypeString + "\r";
17   str+="定義されたデータ型：" + objSrt.dataType + "\r";
18   str+="子要素があるか：" + objSrt.hasChildNodes();
19   window.alert(str);
20 }
21 //-->
22 </script>
23 </head>
24 <body>
25 <h1>6-1.ダイレクトに要素を抽出する</h1>
26 </body>
27 </html>
```

— ノード情報を取得
— <xsl:sort>要素の取得

解説

保存したHTML文書「select.html」をエクスプローラなどから直接起動します。画面上に、<xsl:sort>要素に関する情報がダイアログ表示されれば成功です。

１ 要素に直接アクセスする

これまでは、DOMによるノードへのアクセスと言えば、ルート要素から順に子要素、孫要素とツリー構造の「枝」をたどっていくアプローチが一般的でした。この手法はもっとも堅実であり、また最終的にはすべてのケースに対応できる有効な手段ですが、実際、実践的なXML文書にアクセスしようとすると、そのまわりくどさにうんざりすることがままあるはずです。

そのようなときに、ここでご紹介するselectNodesメソッドが登場するわけです。10行目を見てみましょう。

```
9  var clnSrt=objDoc.selectNodes("xsl:stylesheet//xsl:sort");
```

selectNodesメソッドは、指定されたxPath式に合致するノード群を含むXMLDOMNodeListオブジェクトを返します。この場合、<xsl:stylesheet>要素配下のすべての<xsl:sort>要素を抽出します。

ワンポイント・アドバイス

xPath式における「//」は複雑なパスを記述せずに、あるノードの配下にある全ノードを抽出してくれる便利な演算子です。しかし、無条件にツリー内の全ノードを検索するため、非常に高負荷な演算子でもあります。むやみに使わないほうがいいでしょう。

もしこのケースで、従来の方法によるノードの抽出を試みた場合、ルートの<xsl:stylesheet>要素から<xsl:template>要素、<xsl:for-each>要素、<xsl:sort>要素とたどっていかねばならず、繁雑なプログラムになってしまうはずです（余力のある方は復習がてらに試してみましょう）。

実際にDOMプログラミングを行う場合には、このselectNodesメソッドで最初に基点となるノードにダイレクトにアクセスしておいて、そのあと、従来のchildNodesやparentNodeなどのプロパティを用いて、個別のノードを参照するという2段階の操作が有効です。

> 【selectNodesメソッドの書式】
>
> `var 変数名1=変数名2.selectNodes("抽出式")`
>
> 変数名1　selectNodesメソッドによって返されたXMLDOMNodeListオブジェクトを記述します。
>
> 変数名2　抽出元となる要素ノード（XMLDOMNodeオブジェクト）またはXML文書（XMLDOMDocument2オブジェクト）を記述します。
>
> 抽出式　　取得したい要素、属性へのパスをxPath式で記述します。

② 要素に直接アクセスするいろいろな手段

ここで、要素に直接アクセスする方法で、selectNodesメソッド以外の方法を2つ挙げておくことにしましょう。

(1) getElementsByTagNameメソッド

9行目を、以下のように書き換えてみましょう。

```
var clnSrt=objDoc.getElementsByTagName("xsl:sort");
```

名前が<xsl:sort>の要素だけを抽出します。複数ノードの集合体であるXMLDOMNodeListオブジェクトを返します。

とにかくXML文書内のある特定の要素をすべて抽出したいという場合に用います。xPath式の「//」演算子と似ていますが、xPath式が「//」の左側である程度対象を絞り込むこともできるのに対し、getElementsByTagNameメソッドはすべてのXML文書を参照しますので、負荷はより高いと言えます。

(2) selectSingleNodeメソッド

10～21行目を以下のように書き換えてみましょう。

```
var clnSrt=objDoc.selectSingleNode("xsl:stylesheet →
//xsl:sort");
if(clnSrt!=null){
  window.alert("ノードが見つかりました");
}
```

selectSingleNodeメソッドは、その名のとおり、引数のxPath式に合致するノードを1つだけ抽出するためのメソッドです。単一のノードを示すXMLDOMNodeオブジェクトを返します。

上の例のように、対象のノードが存在するかどうかを調べたい場合、または、対象のノードがかならず1つしかないことがあらかじめわかっている場合などに、selectSingleNodeメソッドを使います。

3 ノード情報を返すさまざまなプロパティ

抽出したノードについて、今回はさまざまな付加情報を表示してみることにします。

```
10  for(i=0;i<clnSrt.length;i++){
11    objSrt=clnSrt.item(i);
12    str="名前空間プレフィックス：" + objSrt.prefix
      + "\r";
13    str+="名前空間URI：" + objSrt.namespaceURI + "\r";
14    str+="ノード名（ベース）：" + objSrt.baseName + "\r";
15    str+="ノード名（フル）：" + objSrt.nodeName + "\r";
16    str+="ノード型：" + objSrt.nodeType + "/"
      + objSrt.nodeTypeString + "\r";
17    str+="定義されたデータ型：" + objSrt.dataType + "\r";
18    str+="子要素があるか：" + objSrt.hasChildNodes();
19    window.alert(str);
20  }
```

ワンポイント・アドバイス

「str+=XXX」は「str=str+XXX」の省略形です。
「\r」は改行を示す特殊文字です。
ほかに\t（タブ文字）や\n（復帰）などを使うことができます。

namespaceURIプロパティ（名前空間URI）は、名前空間プレフィックス（今回の場合、<xsl:～）が属するURI（つまり、ルートの<xsl:stylesheet>要素でxslns:xsl属性として宣言されているURI）を返します。また、ベース名（baseNameプロパティ）とは、名前空間プレフィックスを除いた要素の本当の名前だけの部分を言います。同一のXML文書内で複数の名前空間を使うようになった場合、今扱っている要素名がプレフィックス（prefixプロパティ）を含んだフルネーム（nodeNameプロパティ）なのか、それともベースのみの値なのかはきわめて重要です。

nodeTypeプロパティは、そのノードが要素であるのか属性であるのか、それともその他の別な型なのかを数値で返します。nodeTypeStringプロパティは、nodeTypeに対応する文字列を返します。

dataTypeプロパティは今後ご紹介するXMLSchemaにおいて定義されたノードのデータ型（文字列型か、数値型かなど）を返すものです。今回の「books.xsl」ではXMLSchemaは存在しませんので、プロパティはnullを返しています。

最後のhasChildNodesメソッドは、その要素が子要素をもっているかどうかをtrue/falseで返します。今後、反復的に子要素、孫要素へとアクセスしていく場合、配下にまだノードがぶら下がっているかどうかを判定することは重要です。

まとめ

- selectNodes、selectSingleNodeメソッドはxPath式に合致した単一、もしくは複数のノードを抽出します。
- getElementsByTagNameメソッドは、タグ名をキーとしてXML文書全体から要素ノードを抽出します。
- DOMにはノード情報を参照するための多くのプロパティ、メソッドが用意されています。

練習問題

Q 「books.xsl」から、全<xsl:value-of>要素のselect属性を抽出してみましょう。その際、属性名、ノード型、および値をダイアログボックスで表示してください。

……………………………………………………………… 解答は巻末に

第6日／1時限目●ダイレクトに要素を抽出する

COLUMN

Dr.XMLとナミちゃんのワンポイント講座
名前空間ってなに？

ナミ「XMLを勉強していると、よく『名前空間』って言葉が出てくるわよね。あまりなじみのない言葉なんだけど、一言で言ってしまうとなんなのかしら？」

Dr.XML「うーむ、なかなか一言で説明するのは難しいんじゃが……。あえて言うなら、『要素や属性名の競合を防ぐためにそれぞれの名前がどのグループに属するかを定める仕組み』かの」

ナミ「…博士って意地悪。さっぱりわからないわ。一言じゃなくていいから、説明してよ」

Dr.XML「まあ、物事を最初に覚えるときはあまり労力を惜しまないことじゃよ。
さて、それでは雑誌記事を表すXML文書を考えてみよう。雑誌記事XMLは、たとえば著者情報XMLと記事情報XMLとを組み合わせることで成り立っている。そして、著者情報XMLは著者の名前として<name>要素を定義しており、記事情報XMLでは記事のタイトルとして<name>要素を定義していたとしたらどうじゃろう？」

ナミ「そんなことしたら、<name>要素が2つの意味をもつことになってしまうわね」

Dr.XML「そのとおり。著者情報XMLと記事情報XMLとを併せた雑誌記事XMLでは2つの意味をもつ<name>要素が発生することになり、文書中からたとえば著者名を抽出したいと思ったとき、どの<name>要素を取り出したらいいのかわからなくなってしまう。これでは、HTMLの<h1>タグが文書のタイトルを表しているのか、キーワードを表しているのかを判別できないというのとまったく同じことじゃ」

ナミ「それは困ったわね」

Dr.XML「そこで、名前空間が登場するんじゃ。名前空間は同じ名前の要素を区別するために、それぞれの要素名の先頭にプレフィックス（接頭辞）を付ける。たとえば、<author:name>、<article:name>のようにじゃな」

ナミ「あら、2つの<name>要素がまったく別物になったわね」

Dr.XML「そう。XMLはこの名前空間プレフィックスと呼ばれる接頭辞によって、<author:〜>に属する<name>要素と<article:〜>に属する<name>要素という2つに区別することができるようになる。
XMLがタグを自由に定義できるからといってもな。いつもいつも一からタグセットを定義していくのではきりがないし、それではタグの設計者ごとに異なるルールができることになってしまう。そこで、すでにあるタグセットどうしを自分の使いやすいように組み合わせることができるというのも、XMLの大きな魅力のひとつじゃ。そうしたとき、この名前空間があってはじめて、複数のタグセットが互いにぶつかりあうことなく、共存できるというわけじゃ。わかったかな、ナミちゃん」

ナミ「はーい！」

第6日 2時限目 【DOMプログラミング②】XML文書にノードを追加する

呼び出したXML文書に対して、あらたな要素、属性を追加します。

今回作成する例題の実行画面

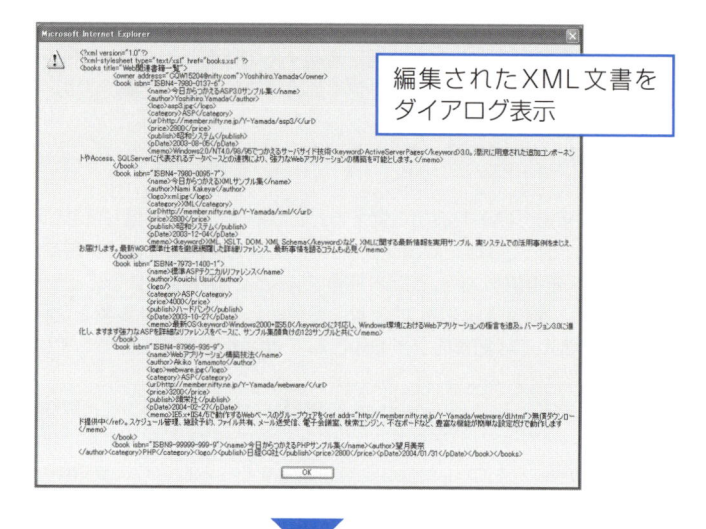

編集されたXML文書を
ダイアログ表示

サンプルファイルは
こちら　xml10 ▶ day06-2 ▶ write.html

●このレッスンのねらい

　DOMの機能は、あらかじめ用意されたXML文書を読み取るだけではありません。新規にXML文書を構築したり、あるいは既存のXML文書に対してノードを追加・削除するといった機能も兼ね備えています。これによって、われわれはXML文書を単純な個々の「データ」にとどまらない「データベース」として、情報のアクティブな蓄積媒体として、活用できるようになるのです。

操作手順

● 「day06」フォルダに「day04」フォルダの「books.xml」をコピーしておきます。

1 テキストエディタで新規文書を作成し、「リスト」のコードを入力して、「day06」フォルダに「write.html」という名前で保存する

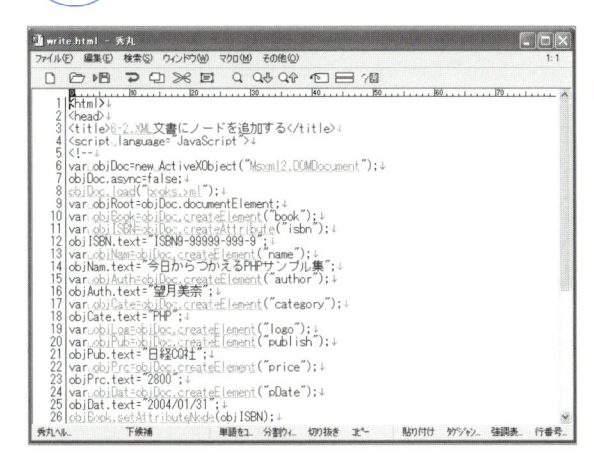

コードを入力

2 エクスプローラなどから「day06」フォルダを開き、「write.html」を開く

記述するコード

【リスト：write.html】

```
1  <html>
2  <head>
3  <title>6-2.XML文書にノードを追加する</title>
4  <script language="JavaScript">
5  <!--
6  var objDoc=new ActiveXObject("Msxml2.DOMDocument");
7  objDoc.async=false;
8  objDoc.load("books.xml");
9  var objRoot=objDoc.documentElement;
10 var objBook=objDoc.createElement("book");
11 var objISBN=objDoc.createAttribute("isbn");
12 objISBN.text="ISBN9-99999-999-9";
```

```
13  var objNam=objDoc.createElement("name");
14  objNam.text="今日からつかえるPHPサンプル集";
15  var objAuth=objDoc.createElement("author");
16  objAuth.text="望月美奈";
17  var objCate=objDoc.createElement("category");
18  objCate.text="PHP";
19  var objLog=objDoc.createElement("logo");
20  var objPub=objDoc.createElement("publish");
21  objPub.text="日経CQ社";
22  var objPrc=objDoc.createElement("price");
23  objPrc.text="2800";
24  var objDat=objDoc.createElement("pDate");
25  objDat.text="2004/01/31";            ─── 要素ノードの生成
26  objBook.setAttributeNode(objISBN);
27  objBook.appendChild(objNam);
28  objBook.appendChild(objAuth);
29  objBook.appendChild(objCate);
30  objBook.appendChild(objLog);
31  objBook.appendChild(objPub);
32  objBook.appendChild(objPrc);
33  objBook.appendChild(objDat);
34  objRoot.appendChild(objBook);        ─── 要素・属性ノードの
35  window.alert(objDoc.xml);                   関連づけ
36  //-->
37  </script>
38  </head>
39  <body>
40  <h1>6-2.XML文書にノードを追加する</h1>
41  </body>
42  </html>
```

解説

保存したHTML文書「write.html」をエクスプローラなどから直接起動します。
画面上にダイアログ表示されたXML文書に、あらたに追加した<book>要素が加わっていれば成功です。

1 新しい要素ノードを生成する

データを追加する前に、まずは、あらたに挿入する個々の要素ノードを生成します。このステップでは、まだ相互の階層関係を意識する必要はありません。

createElementメソッドを用いて、まずは<book>要素を作成します。var objBookでまず変数objBookを設定します。そして「books.xml」を格納した変数objDocのcreateElementメソッドを使って<book>要素を作成します。createElementメソッドは引数として作成したい要素名をとります。

```
10  var objBook=objDoc.createElement("book");
```

【createElementメソッドの書式】

var 変数名1=変数名2.createElement("要素名")

変数名1	createElementメソッドによって生成された要素ノード（XMLDOMNodeオブジェクト）を記述します。
変数名2	要素を追加する対象となるXML文書（XMLDOMDocument2オブジェクト）を記述します。
要素名	あらたに生成する要素名を記述します。

同じようにして、個々に<book>、<name>、<author>、<category>、<logo>、<publish>、<price>、<pDate>要素を生成します。また、配下にテキストノードをもつ要素については、前のレッスンでもご紹介したtextプロパティに対して、テキストをセットします。

```
13  var objNam=objDoc.createElement("name");
14  objNam.text="今日からつかえるPHPサンプル集";
```

他の要素についても、まったく同様の操作になります。
この時点では、要素ノードはパズルのピースのように、どこにも関連づけられず、ばらばらに散らばっている状態です。

【ばらばらのノード】

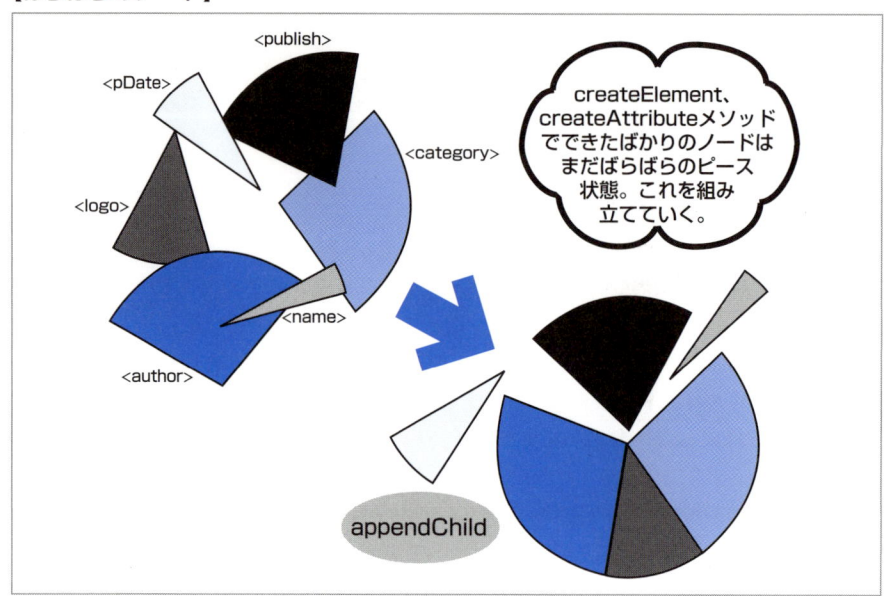

createElement、createAttributeメソッドでできたばかりのノードはまだばらばらのピース状態。これを組み立てていく。

appendChild

② 新しい属性ノードを生成する

属性を生成する場合も、要素の場合とまったく同じ要領です。

createAttributeメソッドを使用し、まずはノードという器を生成しておき、中身のテキストをセットするのです。要素ノードの場合同様、この時点で生成されたisbn属性はどの要素にも属さず、独立した状態です。

```
11  var objISBN=objDoc.createAttribute("isbn");
12  objISBN.text="ISBN9-99999-999-9";
```

【createAttributeメソッドの書式】

`var 変数名1=変数名2.createAttribute("属性名")`

変数名1	createAttributeメソッドによって生成された属性ノード（XMLDOMNodeオブジェクト）を記述します。
変数名2	属性を追加する対象となるXML文書（XMLDOMDocument2オブジェクト）を記述します。
属性名	あらたに生成する属性名を記述します。

なお、create〜系のメソッドには、このほかにも、生成するノードの種類によって、以下のようなメソッドが用意されています。

メソッド名	生成するノード
	構文
	引数
createCDATASection	CDATAセクションノード
	var objCDAT=objDoc.createCDATASection(strDat)
	objCDAT：XMLDOMCDATASectionオブジェクト strDat：文字データ
createComment	コメントノード
	var objCom=objDoc.createComment(strDat)
	objCOM：XMLDOMCommentオブジェクト　strDat：文字データ
createDocumentFragment	ドキュメントの断片
	var objFrg=objDoc.createDocumentFragment()
	objFrg：XMLDOMDocumentFragmentオブジェクト
createEntityReference	実体参照ノード
	var objER=objDoc.createEntityReference(strER)
	objER：XMLDOMEntityReferenceオブジェクト strER：実体参照名
createProcessingInstruction	処理命令ノード
	var objPI=objDoc.createProcessingInstruction(strTrgt,strDat)
	objPI：XMLDOMProcessingInstructionオブジェクト strTrgt：ターゲット名、strDat：アプリケーションに渡すデータ
createTextNode	テキストノード
	var objTxt=objDoc.createTextNode(strDat)
	objTxt：XMLDOMTextNodeオブジェクト strDat：テキストデータ

※objDoc：XMLDOMDocumentオブジェクト

③ 属性ノードを要素にセットする

生成された属性ノードは、いずれかの要素に関連づけなければなりません。
今は浮き草のような状態になっている属性ノードを要素ノードに貼り付けるのが、setAttributeNodeメソッドです。

```
26  objBook.setAttributeNode(objISBN);
```

これで、isbn属性は<book>要素（objBook）の属性となりました。これによって、<book isbn="ISBN9-99999-999-9" />のような要素が生成されたイメージです。この時点ではまだ、他の要素やXML文書自体とつながっていません。

④ 属性ノードを生成する諸々の方法

ここでまた例によって、属性ノードを生成するその他の手段を2つほど見てみることにしましょう。

(1) setAttributeメソッド

サンプルの12、13行目を削除し、26行目を以下のように書き換えてみましょう。

```
objBook.setAttribute("isbn","ISBN9-99999-999-9");
```

要素に対して、簡易に属性を追加する場合には、この方法がもっともシンプルであるはずです。setAttributeメソッドは第1引数に属性名、第2引数に属性値としてセットしたいテキストを指定します。

(2) setNamedItemメソッド

サンプルの12、13行目は残したままで、27行目を以下のように書き換えてみましょう。

```
var clnAtr=objBook.attributes;
clnAtr.setNamedItem(objISBN);
```

サンプル本文よりもさらに複雑になってしまいました。setNamedItemメソッドは、要素に属する属性群（XMLDOMNamedNodeMapオブジェクト）に対して、あらたに属性ノードを追加するイメージです。すでにXMLDOMNamedNodeMapオブジェクトが生成されている場合には、有効なアプローチ方法と言えましょう。

⑤ 要素ノードを組み立てて、元のXML文書に挿入する

先にも説明したように、createElementメソッドで生成された各要素ノードは、作られた段階では、まだ元のXML文書とは関係ないばらばらの断片にすぎません。

今度は、これら要素ノードに階層構造をつける必要があります。それを行うのが、appendChildメソッドです。

まず最初に、＜book＞要素にあらかじめ作ってある子要素群を追加します。appendChildメソッドは、追加された順番に「子要素の一番最後」に要素を追加していきます。

```
27  objBook.appendChild(objNam);
28  objBook.appendChild(objAuth);
29  objBook.appendChild(objCate);
30  objBook.appendChild(objLog);
31  objBook.appendChild(objPub);
32  objBook.appendChild(objPrc);
33  objBook.appendChild(objDat);
34  objRoot.appendChild(objBook);
```

28～34行目で<book>要素とその配下の子要素群の階層関係が確定したら、最後に35行目で、できた大きな<book>要素をルート要素（<books>要素）配下に追加してできあがりです。

【appendChildメソッドの書式】

変数名1.appendChild(変数名2)

変数名1	要素を追加する対象となるXML文書（XMLDOMDocument2オブジェクト）を記述します。
変数名2	createElementメソッドによって生成された要素（XMLDOMNodeオブジェクト）を記述します。

なお、appendChildメソッドは、insertBeforeメソッドに置き換えることも可能です。たとえば、33行目は以下のように書き換えられます。

```
32  objRoot.insertBefore(objBook,null);
```

insertBeforeメソッドは、第1引数で指定した要素を、第2引数で指定した子要素の直前に挿入します。この場合、最後尾に要素を追加したいので、第2引数はnull（未定義）とします。

まとめ

- create～系のメソッドは個々のノードを生成します。生成された直後のノードはお互いの相互関係をもたないパズルのピースのような状態です。
- 属性を要素に関連づけるには、setAttributeやsetAttributeNode、setNamedItemメソッドなどを使います。
- 生成されたノードを、XML文書に追加するにはappendChild、insertBeforeメソッドなどを使います。

練習問題

Q 第2日2時限目の「books.xsl」（P.34）をDOMで動的に編集してみましょう。
テーブル表示の際のソートキーとして、今は出版社、出版日順となっていますが、第1キーとして価格（昇順）を追加してみてください。

解答は巻末に

第6日 3時限目
XML文書を更新、削除する
【DOMプログラミング②❸】

当然、ノードは追加されるばかりではありません。
今回は、すでにあるノードを置き換えたり、削除したりするためのさまざまな手段について見ていくことにします。

今回作成する例題の実行画面

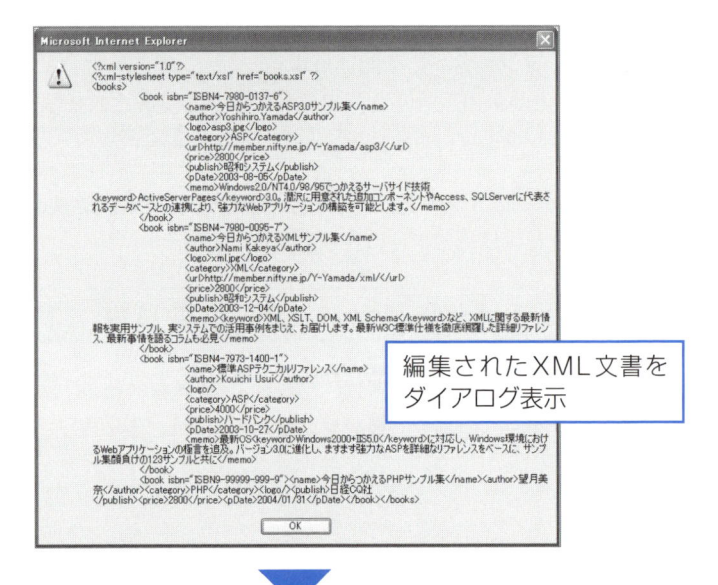

> 編集されたXML文書をダイアログ表示

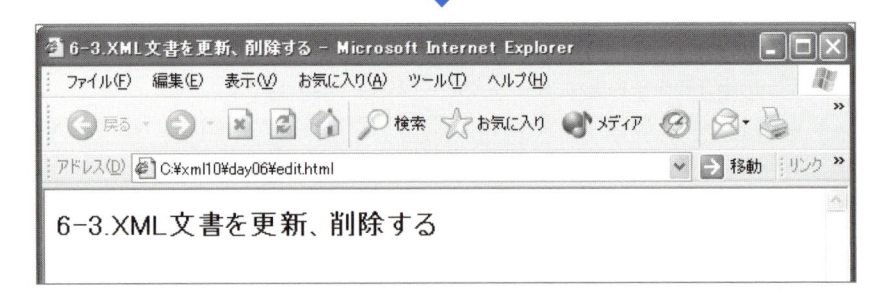

サンプルファイルはこちら ▶ xml10 ▶ day06-3 ▶ edit.html

● このレッスンのねらい

　だんだん操作が込み入ってきて、苦しんでいる方も、あるいはいらっしゃるかもしれません。今自分がどのノードを対象にしているのか、それぞれのノードがどういう状態にあるのかをひとつひとつ確認しながら、見ていくことにしましょう。

操作手順

1 テキストエディタで新規文書を作成し、「リスト」のコードを入力する

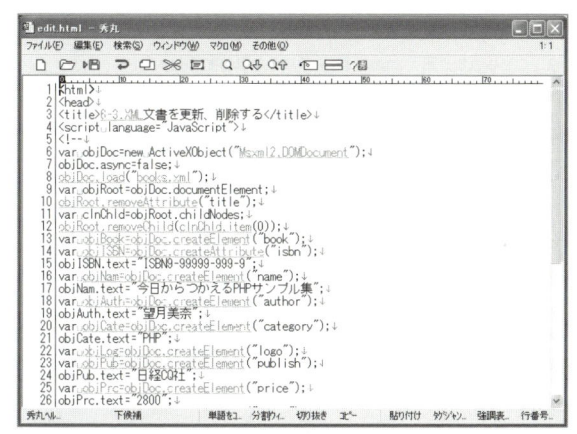

コードを入力

2 入力できたら「day06」フォルダに「edit.html」という名前で保存する

3 エクスプローラなどから「day06」フォルダを開き、「edit.html」を開く

記述するコード

【リスト：edit.html】

```
1  <html>
2  <head>
3  <title>6-3.XML文書を更新、削除する</title>
4  <script language="JavaScript">
5  <!--
6  var objDoc=new ActiveXObject("Msxml2.DOMDocument");
7  objDoc.async=false;
8  objDoc.load("books.xml");
9  var objRoot=objDoc.documentElement;
10 objRoot.removeAttribute("title");
11 var clnChld=objRoot.childNodes;
```

要素・属性の削除

```
12  objRoot.removeChild(clnChld.item(0));
13  var objBook=objDoc.createElement("book");
14  var objISBN=objDoc.createAttribute("isbn");
15  objISBN.text="ISBN9-99999-999-9";
16  var objNam=objDoc.createElement("name");
17  objNam.text="今日からつかえるPHPサンプル集";
18  var objAuth=objDoc.createElement("author");
19  objAuth.text="望月美奈";
20  var objCate=objDoc.createElement("category");
21  objCate.text="PHP";
22  var objLog=objDoc.createElement("logo");
23  var objPub=objDoc.createElement("publish");
24  objPub.text="日経CQ社";
25  var objPrc=objDoc.createElement("price");
26  objPrc.text="2800";
27  var objDat=objDoc.createElement("pDate");
28  objDat.text="2004/01/31";
29  objBook.setAttributeNode(objISBN);
30  objBook.appendChild(objNam);
31  objBook.appendChild(objAuth);
32  objBook.appendChild(objCate);
33  objBook.appendChild(objLog);
34  objBook.appendChild(objPub);
35  objBook.appendChild(objPrc);
36  objBook.appendChild(objDat); — 新規<book>要素の生成
37  objRoot.replaceChild(objBook,objRoot.lastChild);
38  window.alert(objDoc.xml);
39  //-->
40  </script>
41  </head>
42  <body>
43  <h1>6-3.XML文書を更新、削除する</h1>
44  </body>
45  </html>
```

要素の書き換え

解説

保存したHTML文書をエクスプローラなどから直接起動します。

画面上にダイアログ表示されたXML文書から、<book>要素のtitle属性、<owner>要素が削除され、あらたに生成された<book>要素が既存の<book>要素に置き換わっていれば成功です。

① 要素を削除する

<owner>要素を削除してみます。ソースコードの11、12行目を見てみましょう。

```
11  var clnChld=objRoot.childNodes;
12  objRoot.removeChild(clnChld.item(0));
```

removeChildメソッドには、引数に削除したい子要素ノード（XMLDOMNodeオブジェクト）を指定します。

【removeChildメソッドの書式】

変数名.removeChild(要素)	
変数名	削除する要素の親要素にあたる要素（XMLDOMNodeオブジェクト）を記述します。
要素	削除したい要素（XMLDOMNodeオブジェクト）を記述します。

② 属性を削除する

<books>要素のtitle属性を削除してみます。10行目を見てみましょう。

```
10  objRoot.removeAttribute("title");
```

removeAttributeメソッドは、引数に指定された属性を削除します。

【removeAttributeメソッドの書式】

変数名1.removeAttribute(属性名)	
変数名1	削除する属性が属している要素（XMLDOMNodeオブジェクト）を記述します。
属性名	削除したい属性の名前を記述します。

属性の削除には、その他にも以下のような方法があります。

(1) removeQualifiedItemメソッド

```
var clnAtr=objRoot.attributes;
clnAtr.removeQualifiedItem("title","");
```

　属性群（XMLDOMNamedNodeMapオブジェクト）から特定の属性を削除します。removeQualifiedItemメソッドの第1引数には属性名を、第2引数には名前空間プレフィックスを指定します。

　主に名前空間プレフィックスを伴った属性を操作する場合に使います。

(2) removeNamedItemメソッド

```
var clnAtr=objRoot.attributes;
clnAtr.removeNamedItem("title");
```

　属性群（XMLDOMNamedNodeMapオブジェクト）から特定の属性を削除します。removeQualifiedItemメソッドと異なる点は、名前空間を明示的に指定できない点です。

(3) removeAttributeNodeメソッド

```
var objTtle=objRoot.getAttributeNode("title");
objRoot.removeAttributeNode(objTtle);
```

　XMLDOMNodeオブジェクトに属するメソッドで、引数には属性ノードを指定します。すでに対象となる属性ノードが特定できている場合にはこちらのメソッドを使います。

③ 要素を置き換える

　最後の<book>要素をあらたに生成した<book>要素で置き換えてみます。ソースコードの37行目を見てみましょう。

```
37 objRoot.replaceChild(objBook,objRoot.lastChild);
```

　replaceChildメソッドには、第1引数に新しく挿入したい要素ノード（XMLDOMNodeオブジェクト）、第2引数には置き換えたい要素ノードを指定します。今回は最後の<book>要素を置き換えるので、これをlastChildプロパティで取得します。

【replaceChildメソッドの書式】

変数名1.replaceChild(変数名2,変数名3)

変数名1	置き換えたい要素の親要素（XMLDOMNodeオブジェクト）を記述します。
変数名2	変数名3で指定された箇所にあらたに挿入する要素（XMLDOMNodeオブジェクト）を記述します。
変数名3	置き換える対象となる要素（XMLDOMNodeオブジェクト）を記述します。

④ XML文書を保存する

実際には、更新されたXML文書は、単独のファイル、もしくはデータベースとして保存されなければ意味がありません。そんなとき、MSXMLパーサではsaveメソッドを用いることで、きわめて簡単に操作結果をファイルに吐き出すことができます。

```
objDoc.save("output.xml");
```

【saveメソッドの書式】

変数名.save(保存先)

変数名	保存したいXML文書（XMLDOMDocument2オブジェクト）を記述します。
保存先	XML文書を保存する先のパスを記述します。

残念ながら、本レッスンが前提としているクライアントサイドの環境では、勝手にディスクの内容を変更するような操作はセキュリティ上許されませんが、今後、JSP/サーブレットやASP（Active Server Pages）などを用いたサーバサイドプログラミングに挑戦する場合のために、ぜひ覚えておくといいでしょう。

まとめ

- 要素を削除するには、removeChildメソッドを使います。
- 要素を置換するには、replaceChildメソッドを使います。
- 属性を削除するには、removeAttribute、removeQualifiedNamedItem、removeNamedItem、removeAttributeNodeメソッドなどを使います。

練習問題

Q 第2日2時限目の「books.xsl」（P.34）をDOMで動的に編集してみましょう。
テーブル表示の際のソートキーとして、今は出版社、出版日順となっていますが、これらを価格（昇順）に置き換えてみてください。

解答は巻末に

第7日

DTD（文書型宣言）を書いてみる

1時限目：XML文書の中にDTDを記述する
2時限目：XML文書の外にDTDを記述する

ここでちょっと話題が変わって、文書型宣言DTD（Document Type Definition）を学びます。DTDはこれまで自由に記述してきたXML文書にある一定の枠組みを与えることで、より厳密なデータ交換を可能にします。
これまでに学んだXSLTやDOMのように、記述内容が直接、形や動きとして目に見えるものではないだけになかなか理解しにくいかもしれませんが、実際のXML文書と照らし合わせつつ、抽象的なDTDの記述をできるだけ具体的な形として理解するよう努めましょう。

第7日 1時限目
XML文書の中にDTDを記述する
【DTD（文書型宣言）を書いてみる①】

XML、XSLT、xPath、DOMとひととおり学んだところで、ちょっと見にはわかりにくいDTD（Document Type Definition：文書型宣言）について見ていくことにします。

今回作成する例題の実行画面

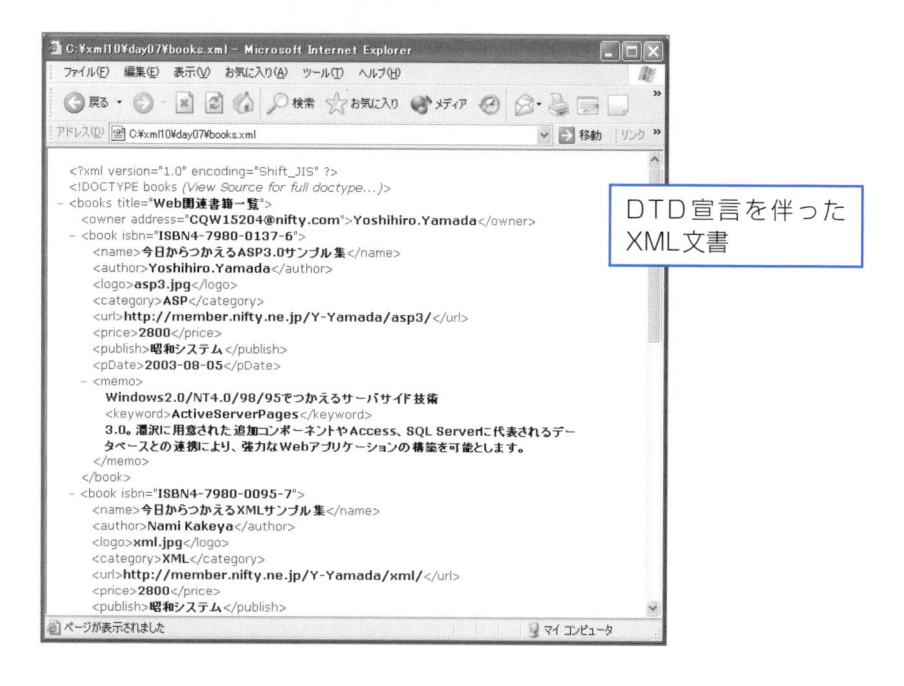

DTD宣言を伴ったXML文書

サンプルファイルはこちら　xml10 ▶ day07-1 ▶ books.xml

●このレッスンのねらい

DTDはその名のとおり、XML文書の型を宣言するものですから、それ単体では、XSLTやDOMのようになにか目に見えて変わるところや動作が発生するわけではありません。実際には、DOMなどと連携することで、XML文書を動的に検証し、不正な記述に対してアラームを発する、そのような仕組みの前提データとしてDTDが存在します。

そのため、第7、8日はいささか文法的な説明に徹することになります。ただ、別に空虚な構文だけがあるというわけではありません。あくまで具体的なXML文書があってのDTDですので、それを念頭に置いて、DTDによる型宣言と、それが具体化されたXML文書とをよく照らし合わせながら、見ていくことにしましょう。

操作手順

1 「day03」フォルダの「books.xml」をテキストエディタで開き、「リスト」のようにコードを追加して、「day07」フォルダに新規保存する

コードを入力

2 エクスプローラなどから「day07」フォルダを開き、「books.xml」を開く

記述するコード

【リスト：books.xml】 ※青字の部分が追加するコードです。

```
 1  <?xml version="1.0" encoding="Shift_JIS" ?>
 2  <!DOCTYPE books [
 3    <!ELEMENT books (owner,book*)>
 4    <!ELEMENT book (name,author,logo,category,url?,
       price,publish,pDate,memo)>
 5    <!ELEMENT owner (#PCDATA)>
 6    <!ELEMENT name (#PCDATA)>
 7    <!ELEMENT author (#PCDATA)>
 8    <!ELEMENT logo (#PCDATA)>
 9    <!ELEMENT category (#PCDATA)>
10    <!ELEMENT url (#PCDATA)>
11    <!ELEMENT price (#PCDATA)>
12    <!ELEMENT publish (#PCDATA)>
13    <!ELEMENT pDate (#PCDATA)>
```

```
14    <!ELEMENT memo (#PCDATA | keyword | ref)*>
15    <!ELEMENT keyword (#PCDATA)>
16    <!ELEMENT ref (#PCDATA)>              ──── 要素型宣言
17  <!ATTLIST books title CDATA #IMPLIED>
18    <!ATTLIST owner address CDATA #IMPLIED>    属性
19    <!ATTLIST book isbn CDATA #REQUIRED>       リスト
20    <!ATTLIST ref addr CDATA #REQUIRED>        宣言
21  ]>                                     ──── 文書型宣言
22  <books title="Web関連書籍一覧">
23    <owner address="CQW15204@nifty.com">Yoshihiro
      .Yamada</owner>
24    <book isbn="ISBN4-7980-0137-6">
25      <name>今日からつかえるASP3.0サンプル集</name>
26      <author>Yoshihiro.Yamada</author>
27      <logo>asp3.jpg</logo>
28      <category>ASP</category>
29      <url>http://member.nifty.ne.jp/Y-Yamada/asp3/
      </url>
30      <price>2800</price>
31      <publish>昭和システム</publish>
32      <pDate>2003-08-05</pDate>
33      <memo>Windows2.0/NT4.0/98/95でつかえるサーバサイド
      技術<keyword>ActiveServerPages</keyword>3.0。潤沢
      に用意された追加コンポーネントやAccess、SQL Serverに代さ
      表れるデータベースとの連携により、強力なWebアプリケーション構
      の築を可能とします。</memo>
34    </book>
35    <book isbn="ISBN4-7980-0095-7">
36      <name>今日からつかえるXMLサンプル集</name>
37      <author>Nami Kakeya</author>
38      <logo>xml.jpg</logo>
39      <category>XML</category>
40      <url>http://member.nifty.ne.jp/Y-Yamada/xml/
      </url>
41      <price>2800</price>
42      <publish>昭和システム</publish>
43      <pDate>2003-12-04</pDate>
44      <memo><keyword>XML、XSLT、DOM、XML Schema
      </keyword>など、XMLに関する最新情報を実用サンプル、実システ
      ムでの活用事例をまじえ、お届けします。最新W3C標準仕様を徹底網
      羅した詳細リファレンス、最新事情を語るコラムも必見。</memo>
45    </book>
```

```
46    <book isbn="ISBN4-7973-1400-1">
47      <name>標準ASPテクニカルリファレンス</name>
48      <author>Kouichi Usui</author>
49      <logo />
50      <category>ASP</category>
51      <price>4000</price>
52      <publish>ハードバンク</publish>
53      <pDate>2003-10-27</pDate>
54      <memo>最新OS<keyword>Windows2000+IIS5.0
        </keyword>に対応し、Windows環境におけるWebアプリケーショ
        ンの極限を追求。バージョン3.0に進化し、ますます強力なASPを詳
        細なリファレンスをベースに、サンプル集顔負けの123サンプルと共
        に。</memo>
55    </book>
56    <book isbn="ISBN4-87966-936-9">
57      <name>Webアプリケーション構築技法</name>
58      <author>Akiko Yamamoto</author>
59      <logo>webware.jpg</logo>
60      <category>ASP</category>
61      <url>http://member.nifty.ne.jp/Y-Yamada/
        webware/</url>
62      <price>3200</price>
63      <publish>頌栄社</publish>
64      <pDate>2004-02-27</pDate>
65      <memo>IE5.x+IIS4/5で動作するWebベースのグループウェアを
        <ref addr="http://member.nifty.ne.jp/Y-Yamada/
        webware/dl.html">無償ダウンロード提供中</ref>。スケジュ
        ール管理、施設予約、ファイル共有、メール送受信、電子会議室、検
        索エンジン、不在ボードなど、豊富な機能が簡単な設定だけで動作し
        ます。</memo>
66    </book>
67  </books>
```

解説

エクスプローラなどから「books.xml」を開いて、DTDを伴ったXML文書がエラーなく表示されれば成功です。DTDはなんら表面の見かけに影響するというものではないので、なかなか効果が見えにくいのですが、実践の動作については後述の第9日1時限目に譲ることにしましょう。

1　XML文書内にDTDを記述する

XML文書（.xmlファイル）の一部として記述されるか、それとも、独立した外部ファイルとして記述されるかによって、DTD（文書型宣言）は大きく2つに分類されます。前者を内部サブセット、後者を外部サブセットと呼びますが、今回扱うのは前者——内部サブセットの方です。

XML文書は、正確には以下のように構成されます。

【XML文書の骨格】

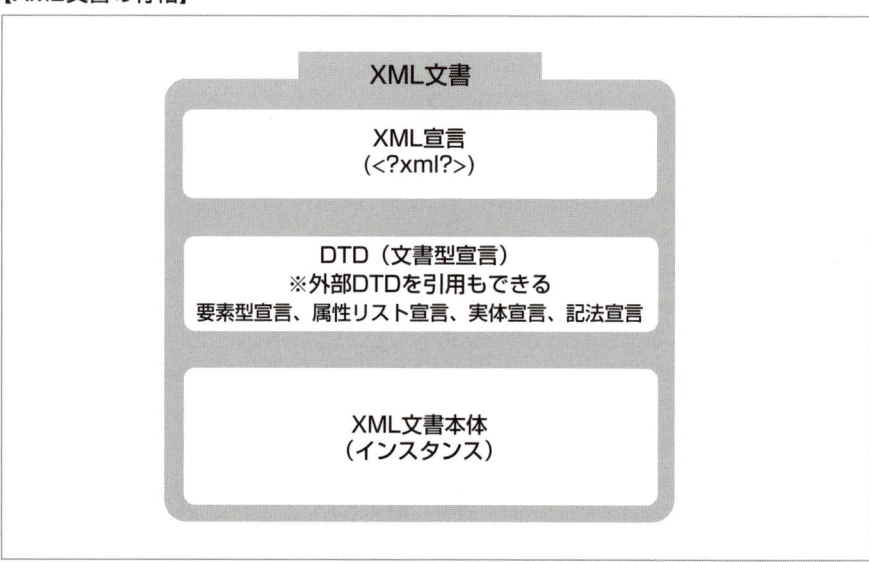

```
XML文書
  ┌─────────────────────┐
  │    XML宣言           │
  │    (<?xml?>)         │
  └─────────────────────┘
  ┌─────────────────────┐
  │   DTD（文書型宣言）   │
  │   ※外部DTDを引用もできる│
  │要素型宣言、属性リスト宣言、実体宣言、記法宣言│
  └─────────────────────┘
  ┌─────────────────────┐
  │    XML文書本体       │
  │   （インスタンス）    │
  └─────────────────────┘
```

つまり、これまではほとんど意識してこなかったはずですが、上記の構文にのっとって厳密に説明すると、これまでに登場したXML文書はDTD部を省略し、XML宣言とXML本体（インスタンス）のみを記述していたということになります。

「books.xml」において、DTD部は2～21行目に当たります。

```
 2 <!DOCTYPE books [
       ︙
21 ]>
```

<!DOCTYPE ルート要素名 [〜]>の配下に、後述する要素型宣言、属性リスト宣言、実体宣言、記法宣言など一連の文書型定義が記述されることになります。

DTDを伴うXML文書は、当然、XML本文（インスタンス）上もDTD規則に即している必要があり、このような文書のことをValid（妥当）なXML文書と呼びます。

ちなみに、これまで本書で扱ってきた、DTDを伴わないXML構文規則にのみ従うXML文書のことを、上とは区別する意味でWell-Formed（整形式）なXML文書と言います。

❷ 要素型を宣言する

3行目を見てみましょう。

```
3  <!ELEMENT books (owner,book*)>
```

3行目はルート要素<books>の配下に、<owner>要素1つと<book>要素が0回以上（*）登場することを示します。

子要素の登場回数を定義する記号には以下のようなものがあります。

記号	説明
なし	かならず1回登場
?	0回もしくは1回登場
*	0回以上登場
+	1回以上登場

また、カンマ（,）は要素の登場順序を定義するもので、子要素が配下に2個以上存在する場合、DTDではその出現順序を指定することができます。

記号	説明
,	記述順に要素が登場する
|	並列に記述された要素がいずれか1つ登場する

❸ 要素に含まれるデータを定義する

```
5  <!ELEMENT owner (#PCDATA)>
```

5行目は<owner>要素が配下に文字データ（#PCDATA）のみをもつことを意味します。このように、DTDでは要素内部の仕様を宣言することができ、#PCDATAの他にも以下のようなキーワードを指定することができます。

キーワード	説明
#PCDATA	文字データのみが含まれる
ANY	ありとあらゆる要素、文字データが含まれる
EMPTY	要素配下にはなにも含まれない

　これらキーワードは、「2　要素型を宣言する」で説明した登場回数、順番を定義する記号群と組み合わせて使用することで、より多様な表現が可能となります。
　たとえば、14行目は\<memo\>要素に文字データ、\<keyword\>要素、\<ref\>要素が任意の順番で、任意の回数だけ登場することを意味します。

```
14 <!ELEMENT memo (#PCDATA | keyword | ref)*>
```

　なお、文字データと要素を並列に記述する場合は、かならず#PCDATAを先頭に記述しなければなりませんので、注意しましょう。

④ 要素は下層にくだる

　今一度、要素型宣言の全体の流れを見てみましょう。
　4行目は\<book\>要素の配下に\<name\>要素以下、\<memo\>要素まで9要素が登場することを、5行目は\<owner\>要素配下に文字データのみが登場することを宣言しています。

```
4 <!ELEMENT book (name,author,logo,→
  category,url?,price,publish,pDate,memo)>
5 <!ELEMENT owner (#PCDATA)>
```

　続く6～14行目では\<book\>要素直下の各子要素が宣言され、15、16行目では\<memo\>要素配下の各子要素が宣言されています。

```
 6 <!ELEMENT name (#PCDATA)>
 7 <!ELEMENT author (#PCDATA)>
 8 <!ELEMENT logo (#PCDATA)>
 9 <!ELEMENT category (#PCDATA)>
10 <!ELEMENT url (#PCDATA)>
11 <!ELEMENT price (#PCDATA)>
12 <!ELEMENT publish (#PCDATA)>
13 <!ELEMENT pDate (#PCDATA)>
14 <!ELEMENT memo (#PCDATA | keyword | ref)*>
15 <!ELEMENT keyword (#PCDATA)>
16 <!ELEMENT ref (#PCDATA)>
```

このように、要素型宣言とは、通常、最上位（ルート）要素の宣言にはじまり、順に下位の子要素へと下っていくイメージになります。

【DTDはルート要素から下っていく】

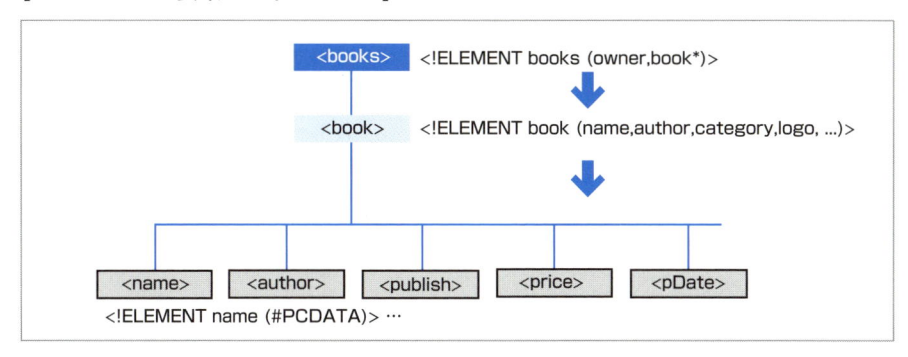

```
<books>   <!ELEMENT books (owner,book*)>
            ↓
<book>    <!ELEMENT book (name,author,category,logo, ...)>
            ↓
<name> <author> <publish> <price> <pDate>
<!ELEMENT name (#PCDATA)> …
```

5 属性リストを宣言する

引き続き、各要素に属する属性リストを宣言してみましょう。

```
17  <!ATTLIST books title CDATA #IMPLIED>
```

17行目は、<books>要素配下に文字データを含むtitle属性（任意）が登場することを意味します。一般的に、属性リストは以下のように記述します。

```
<!ATTLIST 要素名 属性名 データ型 デフォルト値>
```

【属性リスト宣言で使用できるデータ型の一覧】

データ型	説明	例
CDATA	文字列	<!ATTLIST book name CDATA>
enumeration（列挙）	候補値の一覧（｜区切り）	<!ATTLIST book category (ASP ｜ XML ｜ JSP) "XML">
ENTITY	実体参照	<!ATTLIST memo ref ENTITY #IMPLIED>
ENTITIES	ENTITYを空白区切りで並べたもの	<!ATTLIST memo ref ENTITIES #IMPLIED>
ID	一意の識別子	<!ATTLIST book isbn ID #REQUIRED>
IDREF	IDを参照	<!ATTLIST related ref IDREF #REQUIRED>
IDREFS	IDREFを空白区切りで複数並べたもの	<!ATTLIST related ref IDREFS #REQUIRED>
NMTOKEN	名前トークン	<!ATTLIST book name NMTOKEN #REQUIRED>
NMTOKENS	NMTOKENを空白区切りで複数並べたもの	<!ATTLIST book author NMTOKENS #REQUIRED>

デフォルト値には具体的な属性の既定値を記述することもできますが、その他、特殊なキーワードを指定することも可能です。データ型をIDにした場合には、特殊キーワードは必須です。

【属性リスト宣言で使用できるデフォルト値の特殊キーワード】

キーワード	説明	例
#REQUIRED	属性値は必須	<!ATTLIST book isbn ID #REQUIRED>
#IMPLIED	属性値は任意	<!ATTLIST memo ref ENTITIES #IMPLIED>
#FIXED	属性値は固定値	<!ATTLIST book cdrom CDATA #FIXED "true">

1つの要素の配下に複数の属性が存在している場合は、以下のように属性を並列に記述することもできます。

```
<!ATTLIST book isbn CDATA #REQUIRED
               cdrom CDATA #IMPLIED>
```

まとめ

- 内部サブセットは<!DOCTYPE>宣言で定義します。
- 要素は<!ELEMENT>宣言で定義し、親子関係、登場回数、内部仕様などを表現することができます。
- 属性リストは<!ATTLIST>宣言で定義し、属性値のデータ型、既定値などを表現することができます。

練習問題

Q 第2日2時限目の練習問題「music.xml」に内部サブセットを付加してみましょう。ただし、「music.xml」は以下の条件をかならず満たすこととします。

- <musician>要素はかならず1回以上登場することとします。
- name、imp_work属性は必須、category、birth要素は任意の文字データとします。
- country属性は「フランス」「ドイツ」「ポーランド」いずれかの値をとることとします（デフォルト値は「ドイツ」）。

解答は巻末に

COLUMN

Dr.XMLとナミちゃんのワンポイント講座
XMLのリンク機能

ナミ「ねぇねぇ、博士。私、この間、XMLの仕様書を全部読んでみたのよ」

Dr. XML「ほぅ、このところ頑張ってるみたいだの。で、今日もなにか質問かな?」

ナミ「ええ。HTMLではハイパーリンクって機能があったわよね。あの、青文字に下線のところをクリックすると、他のページに飛べるって、あれよ。でも、XMLではどこを探しても、そんなこと書いてないの。あんな便利な機能がXMLになったらなくなっちゃった、なんてことはないわよね?」

Dr. XML「随分頑張ってXMLを勉強しているみたいじゃの、ふむ。もちろん、XMLでもリンク機能は健在じゃよ。しかも、HTMLよりももっと高度なリンクを表現するためにXLinkという規格が用意されている」

ナミ「でも、リンクはリンクじゃないの?何が違うのかしら?」

Dr. XML「そうじゃな。たとえば、HTMLは一個のリンクからひとつの先にしかジャンプすることができない。でも、実際に『XML関連』というリンクがあったとしたら、複数の先を指定したいこともあるじゃろう。その場合、HTMLでは複数のリンクを並べるか、リンク先にリンク集的なページを作るしかなかった」

ナミ「たしかに面倒くさかったわね。いつのまにか、それが当たり前になってたけど」

Dr. XML「じゃろう。しかし、XLinkではひとつのリンクから複数のリンクを張ることができる。まだXLinkを本格的に実装したブラウザはないので、どのような見栄えになるかはわからぬが、たぶんリンクをクリックしたらポップアップメニューが開いて、複数の選択肢からリンク先を選ぶことができる、というような形になるのじゃろう」

ナミ「確かにそれは便利かもしれないわね。ほかには?」

Dr. XML「双方向リンクというものもある。文字どおり、複数コンテンツに双方向のリンクを張ることができる仕組みで、たとえば画像やPDF文書のようなものにもリンクを定義することができるのじゃ」

ナミ「これまではHTMLどうしのリンクだけしかできなかったものね。もっとコンテンツどうしが柔軟に結び付けられるわ」

Dr. XML「そのとおり。そのほかにもXLinkではさまざまなリンクの形態が定義されているが、さっきも言ったように、まだ実際の動きを実装したブラウザがほとんどない。XLinkがどのように普及し、どのように具体的に実現されていくかは、まだまだこれからの課題、といったところじゃろうな」

ナミ「ええ。楽しみ、楽しみ」

第7日 2時限目 XML文書の外にDTDを記述する
【DTD（文書型宣言）を書いてみる②】

前回はXML文書の内部に記述したDTDを、外部の独立したファイルとして記述してみます。また、実体参照という仕組みを用いることで、巨大なXML文書を小さな断片に分解する方法を学びます。

今回作成する例題の実行画面

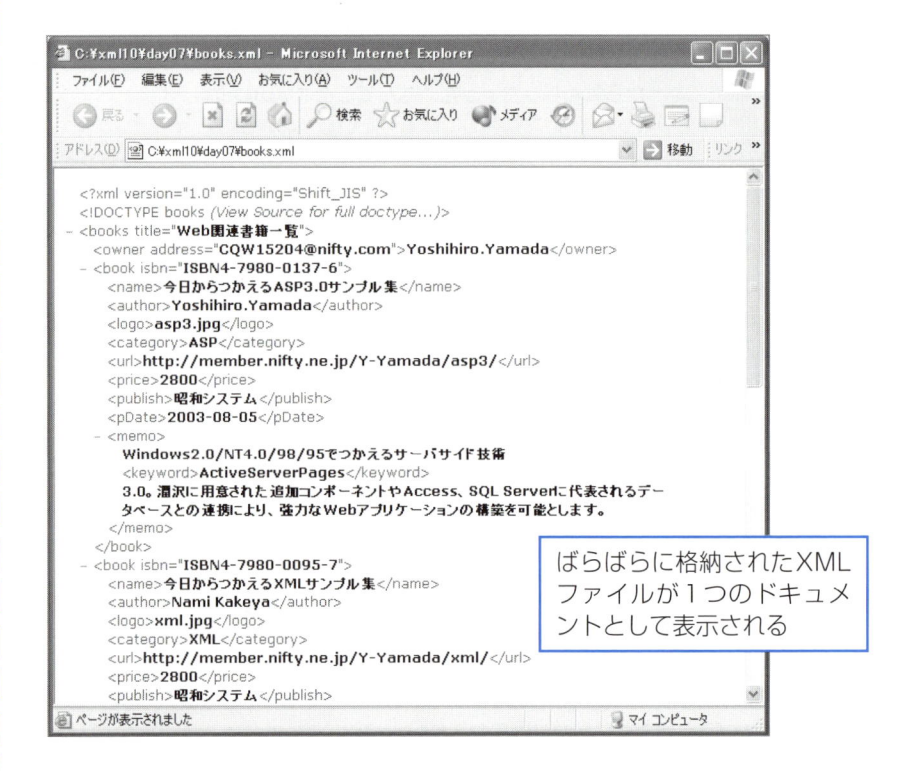

> ばらばらに格納されたXMLファイルが1つのドキュメントとして表示される

サンプルファイルはこちら　xml10 ▶ day07-2 ▶ books.xml　book1.xml〜book4.xml　books.dtd

● このレッスンのねらい

　DTD（文書型宣言）は、複数の文書間で共有する共通の仕組みを提供するものです。
　つまりその性質上、個々のXML文書と一体で記述されるよりも、独立した外部ファイルとして記述されるほうが多いということです。
　もちろん、外部ファイルとして記述されたからといって、なんらその仕組みが変わるものはありません。見かけの変化に惑わされず、新出のポイントをおさえていきましょう。

操作手順

1 テキストエディタで新規文書を作成し、「リスト1」、「リスト3」〜「リスト6」のコードを入力して、「day07」フォルダにそれぞれ「books.xml」「book1.xml」「book2.xml」「book3.xml」「book4.xml」という名前で保存する

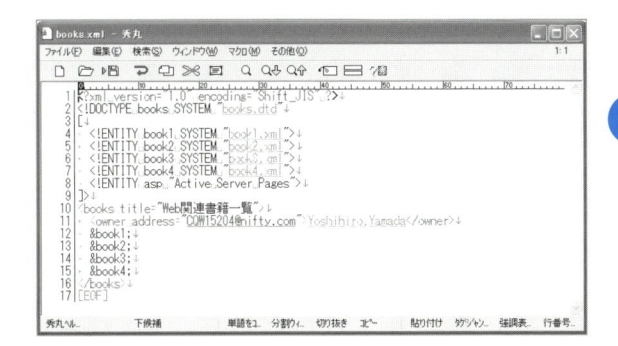

コードを入力

2 テキストエディタで新規文書を作成し、「リスト2」のコードを入力して、「day07」フォルダに「books.dtd」という名前で保存する

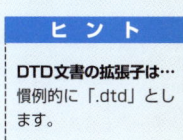

> **ヒント**
> **DTD文書の拡張子は…**
> 慣例的に「.dtd」とします。

3 エクスプローラなどから「day07」フォルダを開き、「books.xml」を開く

記述するコード

【リスト1：books.xml】

```xml
 1 <?xml version="1.0" encoding="Shift_JIS" ?>
 2 <!DOCTYPE books SYSTEM "books.dtd"
 3 [
 4   <!ENTITY book1 SYSTEM "book1.xml">
 5   <!ENTITY book2 SYSTEM "book2.xml">
 6   <!ENTITY book3 SYSTEM "book3.xml">
 7   <!ENTITY book4 SYSTEM "book4.xml">
 8   <!ENTITY asp "Active Server Pages">
 9 ]>
10 <books title="Web関連書籍一覧">
11   <owner address="CQW15204@nifty.com">Yoshihiro.Yamada</owner>
12   &book1;
13   &book2;
14   &book3;
15   &book4;
16 </books>
```

行2〜9：文書型宣言（行4〜8：実体宣言）

【リスト2：books.dtd】

```dtd
 1 <!ELEMENT books (owner,book*)>
 2 <!ELEMENT book (name,author,logo,category,url?,price,publish,pDate,memo)>
 3 <!ELEMENT owner (#PCDATA)>
 4 <!ELEMENT name (#PCDATA)>
 5 <!ELEMENT author (#PCDATA)>
 6 <!ELEMENT logo (#PCDATA)>
 7 <!ELEMENT category (#PCDATA)>
 8 <!ELEMENT url (#PCDATA)>
 9 <!ELEMENT price (#PCDATA)>
10 <!ELEMENT publish (#PCDATA)>
11 <!ELEMENT pDate (#PCDATA)>
12 <!ELEMENT memo (#PCDATA | keyword | ref)*>
13 <!ELEMENT keyword (#PCDATA)>
14 <!ELEMENT ref (#PCDATA)>
15 <!ATTLIST books title CDATA #IMPLIED>
16 <!ATTLIST owner address CDATA #IMPLIED>
17 <!ATTLIST book isbn CDATA #REQUIRED>
18 <!ATTLIST ref addr CDATA #REQUIRED>
```

行1〜14：要素型宣言　行15〜18：属性リスト宣言

【リスト3：book1.xml】

```
 1  <?xml version="1.0" encoding="Shift_JIS" ?>
 2  <book isbn="ISBN4-7980-0137-6">
 3    <name>今日からつかえるASP3.0サンプル集</name>
 4    <author>Yoshihiro.Yamada</author>
 5    <logo>asp3.jpg</logo>
 6    <category>ASP</category>
 7    <url>http://member.nifty.ne.jp/Y-Yamada/asp3/→
      </url>
 8    <price>2800</price>
 9    <publish>昭和システム</publish>
10    <pDate>2003-08-05</pDate>
11    <memo>Windows2.0/NT4.0/98/95でつかえるサーバサイド技術→
      <keyword>ActiveServerPages</keyword>3.0。潤沢に用意→
      された追加コンポーネントやAccess、SQL Serverに代表されるデー→
      タベースとの連携により、強力なWebアプリケーションの構築を可能→
      とします。</memo>
12  </book>
```

【リスト4：book2.xml】

```
 1  <?xml version="1.0" encoding="Shift_JIS" ?>
 2  <book isbn="ISBN4-7980-0095-7">
 3    <name>今日からつかえるXMLサンプル集</name>
 4    <author>Nami Kakeya</author>
 5    <logo>xml.jpg</logo>
 6    <category>XML</category>
 7    <url>http://member.nifty.ne.jp/Y-Yamada/xml/→
      </url>
 8    <price>2800</price>
 9    <publish>昭和システム</publish>
10    <pDate>2003-12-04</pDate>
11    <memo><keyword>XML、XSLT、DOM、XML Schema→
      </keyword>など、XMLに関する最新情報を実用サンプル、実システ→
      ムでの活用事例をまじえ、お届けします。最新W3C標準仕様を徹底網羅→
      した詳細リファレンス、最新事情を語るコラムも必見。</memo>
12  </book>
```

【リスト5：book3.xml】

```
 1  <?xml version="1.0" encoding="Shift_JIS" ?>
 2  <book isbn="ISBN4-7973-1400-1">
 3    <name>標準ASPテクニカルリファレンス</name>
 4    <author>Kouichi Usui</author>
 5    <logo />
 6    <category>ASP</category>
 7    <price>4000</price>
 8    <publish>ハードバンク</publish>
 9    <pDate>2003-10-27</pDate>
10    <memo>最新OS<keyword>Windows2000+IIS5.0
      </keyword>に対応し、Windows環境におけるWebアプリケーショ
      ンの極限を追求。バージョン3.0に進化し、ますます強力なASPを詳
      細なリファレンスをベースに、サンプル集顔負けの123サンプルと共に。
      </memo>
11  </book>
```

【リスト6：book4.xml】

```
 1  <?xml version="1.0" encoding="Shift_JIS" ?>
 2  <book isbn="ISBN4-87966-936-9">
 3    <name>Webアプリケーション構築技法</name>
 4    <author>Akiko Yamamoto</author>
 5    <logo>webware.jpg</logo>
 6    <category>ASP</category>
 7    <url>http://member.nifty.ne.jp/Y-Yamada/webware/
      </url>
 8    <price>3200</price>
 9    <publish>頌栄社</publish>
10    <pDate>2004-02-27</pDate>
11    <memo>IE5.x+IIS4/5で動作するWebベースのグループウェアを
      <ref addr="http://member.nifty.ne.jp/Y-Yamada/
      webware/dl.html">無償ダウンロード提供中</ref>。スケジュー
      ル管理、施設予約、ファイル共有、メール送受信、電子会議室、検索エ
      ンジン、不在ボードなど、豊富な機能が簡単な設定だけで動作します。
      </memo>
12  </book>
```

解説

　エクスプローラなどから「books.xml」を開いて、1時限目とまったく同じ内容が表示されれば成功です。DTDはなんら表面の見かけに影響するというものではないので、なかなか効果のほどが見えにくいのですが、実践の動作については後述の第9日1時限目に譲ることにしましょう。

① 外部DTDを記述する

　外部DTD（外部サブセット）は、主に複数のXML文書から共通して参照され、共通のフォーマットルールを提供することを目的とします。つまり、先のレッスンでご紹介した内部サブセットは通常、外部サブセットで共通的に提供されたルールに対して、その文書固有の特殊（例外）ルールを記述するものであるということができます。

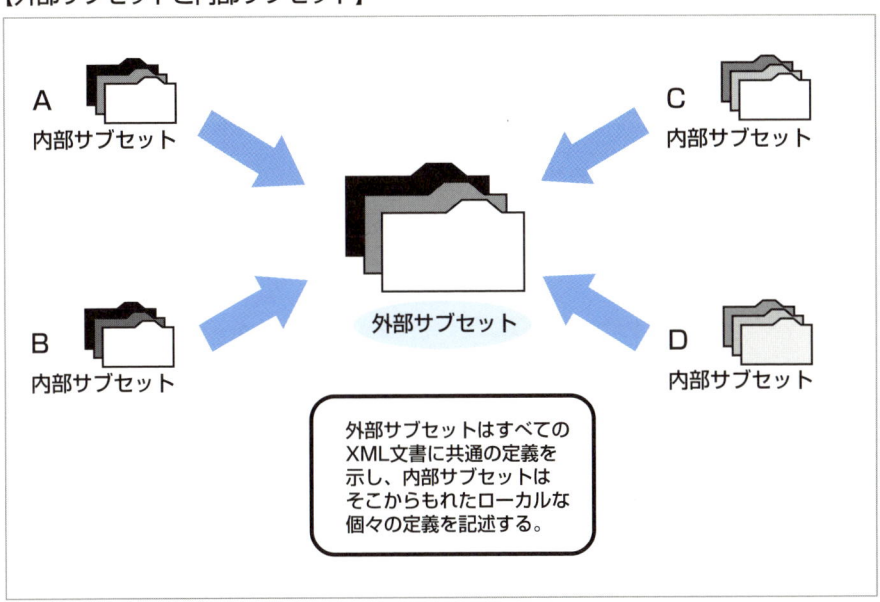

【外部サブセットと内部サブセット】

> 外部サブセットはすべてのXML文書に共通の定義を示し、内部サブセットはそこからもれたローカルな個々の定義を記述する。

　DTDを外部に置く場合には、XML文書において以下のように記述することで、外部ファイルとの関連づけを行う必要があります。

② `<!DOCTYPE books SYSTEM "books.dtd">`

　なお、外部サブセットの構文は、内部サブセットのそれとまったく変わるものではありません。単純に該当の箇所に外部サブセットの内容が埋め込まれると思っていただければよいでしょう。

なお、今回のサンプルのように、外部サブセットを記述しながら内部サブセットも併せて記述するというようなことも可能です。

```
2  <!DOCTYPE books SYSTEM "books.dtd"
3  [
        ⋮
9  ]>
```

② 内部実体参照を使う

XML文書の中で繰り返し使われる冗長なデータがあった場合、これを別名で宣言しておき、必要に応じてその都度引用する仕組みがXML文書には用意されています。それが「実体参照」と呼ばれる仕組みです。8行目を見てみましょう。

```
8  <!ENTITY asp "Active Server Pages">
```

このように宣言された実体は、XML文書内の任意の箇所で&asp;と記述することで引用することができます。ですから、

&asp;はIIS上で動作するサーバサイド処理環境です

は、次のように記述してあるのとまったく同意です。

Active Server PagesはIIS上で動作するサーバサイド処理環境です

【実体と実体参照】

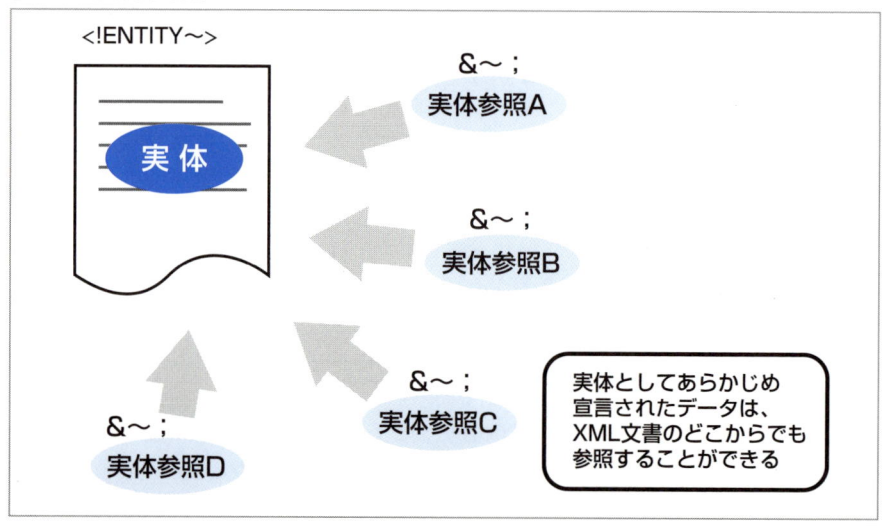

また、この実体参照の仕組みは、キーボードから入力することのできない特殊文字を表現したいという場合にも有効です。

その場合、次のように記述することで、対応する文字を表現することができます。

【実体参照で特殊文字を表示する】
```
&#10進コード;
&#x16進コード;
```

たとえば、次のコードはタブ文字を表します。

```
&#x09;
```

次のコードは改行文字を表します。

```
&#x0a;
```

③ 外部実体参照を使う

実体参照によって引用できるデータは、同ファイル内のものだけではありません。

たとえば、次のように記述することで、外部のファイルを参照します。

```
4  <!ENTITY book1 SYSTEM "book1.xml">
5  <!ENTITY book2 SYSTEM "book2.xml">
6  <!ENTITY book3 SYSTEM "book3.xml">
7  <!ENTITY book4 SYSTEM "book4.xml">
```

たとえば、「books.xml」では

```
&book1;
```

のように記述されていますが、この部分が「book1.xml」の内容で置き換えられます。

往々にして、XML文書はファイルが膨大になりがちなものですが、このように外部実体宣言を用いることで、ファイルを細かい単位に分割管理することができます。XML文書を分散管理すれば、ファイルも軽くなり、個々のデータのメンテナンスもしやすくなります。

まとめ

- 複数文書から共用されるDTDは外部サブセットとして、別ファイルで管理します。
- 通常、複数文書間の共通ルールを定める場合には外部サブセットを、個々の文書の例外的なルールを宣言する場合には内部サブセットを、それぞれ使用します。
- XML文書内で共通的に使用されるデータをあらかじめ宣言しておき、文書内の任意の箇所から参照する仕組みを実体参照と言います。実体参照はキーボードから入力できないような文字列を表現する場合にも用います。
- 実体宣言は、内部にデータを保有する内部実体宣言と、外部ファイルとして別管理される外部実体宣言に分類されます。

練習問題

Q 第2日3時限目の練習問題で作った「address.xml」に外部DTDを追加してみましょう。その際、以下の点に注意してください。

- 外部実体宣言を利用して、個々の<member>要素を外部ファイル化します。
- 要素宣言、属性リスト宣言は外部サブセットとして、実体宣言は内部サブセットとして記述することにします。
- <member>要素のid属性のデータ型はIDであるとします（必須）。

.... 解答は巻末に

第8日
XML Schemaを書いてみる

1時限目：基本的なXML Schemaの記述
2時限目：ちょっと高度なXML Schemaの記述

XMLのために作られた新しい文書型定義用言語、それがXML Schemaです。
多様なデータ型と制約条件の定義、メンテナンス性を高めるさまざまな表現など、旧来のDTDでは不足とされていたさまざまな点が、XML Schemaでは大幅に改善されています。その一方でDTDとはまったく異なるかというと、底流に流れる根本的な思想は共通していますので、DTDで基本的な考え方を学んだみなさんならば、きっとXML Schemaはそれほど違和感なく入り込んでいけるはずです。
第7日に引き続き文法の勉強ではありますが、応用篇に入る前の大切な準備段階ですので、もうちょっと我慢して基礎固めに専念することにしましょう。

第8日 1時限目 【XML Schemaを書いてみる①】基本的なXML Schemaの記述

もう1つの文書型定義言語XML Schema（スキーマ）について学習します。

今回作成する例題

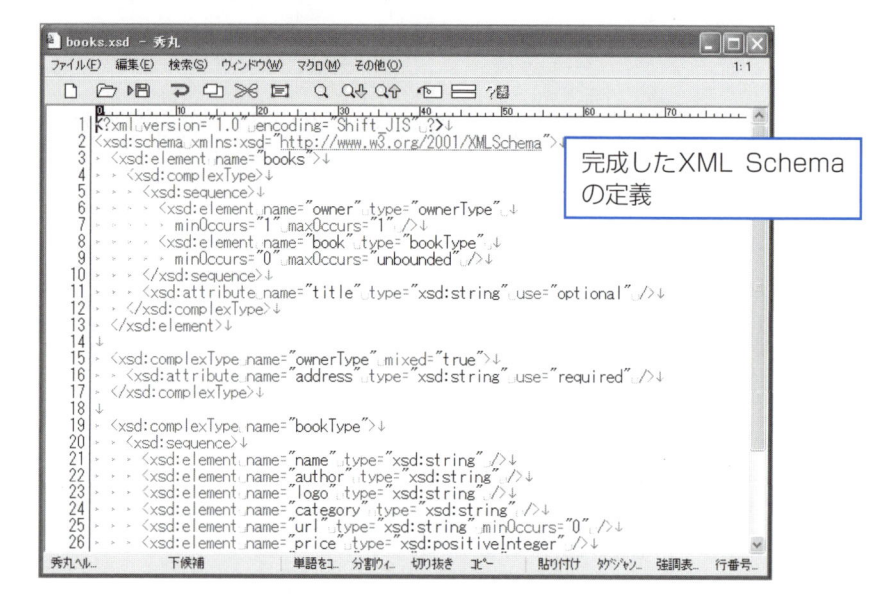

完成したXML Schemaの定義

サンプルファイルはこちら　xml10 ▶ day08-1 ▶ books.xml　books.xsd

●このレッスンのねらい

XML Schemaは、DTDに代わりうるもう1つの文書型記述のアプローチ方法です。

DTDとはまったく異なる趣きですが、XMLの構文規則にのっとった「XML文書」ですので、感覚的にはむしろ親しみやすいはずです。まずこのレッスンではXML Schemaの基本的な構造、DTDとは異なる点に的を絞って、概略を把握していくことにしましょう。

操作手順

1 「day03」フォルダの「books.xml」を開き、「リスト1」にしたがって一部要素の削除・更新を行った上で、「day08」フォルダに保存する

→ コードを入力

2 テキストエディタで新規文書を作成し、「リスト2」のコードを入力して、「day08」フォルダに「books.xsd」という名前で保存する

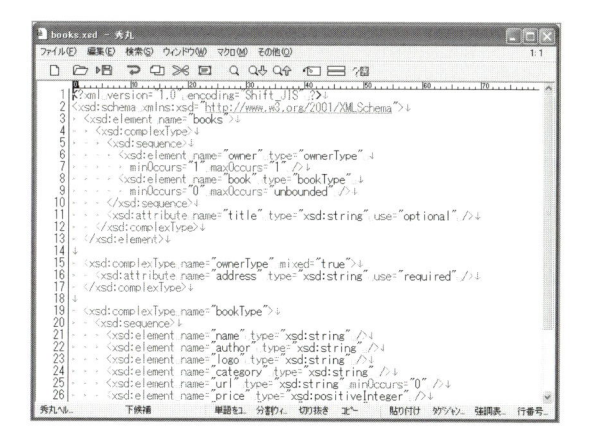

→ コードを入力

> **ヒント**
>
> **MSXMLパーサのバージョンアップ**
> XML Schemaを実際に動作させるには、MSXMLパーサをバージョン4にバージョンアップさせる必要があります。詳しいバージョンアップの手順は第9日1時限目で説明します。

記述するコード

【リスト1：books.xml】 ※青字の部分が追加・削除するコードです。

```xml
 1  <?xml version="1.0" encoding="Shift_JIS" ?>
 2  <?xml-stylesheet type="text/xsl"
    href="description.xsl" ?>                        ─ 削除する
 2  <ym:books xmlns:ym="urn:books" title="Web関連書籍
    一覧">
 3    <owner address="CQW15204@nifty.com">Yoshihiro
      .Yamada</owner>
 4    <book isbn="ISBN4-7980-0137-6">
 5      <name>今日からつかえるASP3.0サンプル集</name>
 6      <author>Yoshihiro.Yamada</author>
 7      <logo>asp3.jpg</logo>
 8      <category>ASP</category>
 9      <url>http://member.nifty.ne.jp/Y-Yamada/asp3/
      </url>
10      <price>2800</price>
11      <publish>昭和システム</publish>
12      <pDate>2003-08-05</pDate>
13    </book>
14    <book isbn="ISBN4-7980-0095-7">
15      <name>今日からつかえるXMLサンプル集</name>
16      <author>Nami Kakeya</author>
17      <logo>xml.jpg</logo>
18      <category>XML</category>
19      <url>http://member.nifty.ne.jp/Y-Yamada/xml/
      </url>
20      <price>2800</price>
21      <publish>昭和システム</publish>
22      <pDate>2003-12-04</pDate>
23    </book>
24    <book isbn="ISBN4-7973-1400-1">
25      <name>標準ASPテクニカルリファレンス</name>
26      <author>Kouichi Usui</author>
27      <logo />
28      <category>ASP</category>
29      <price>4000</price>
30      <publish>ハードバンク</publish>
31      <pDate>2003-10-27</pDate>
32    </book>
33    <book isbn="ISBN4-87966-936-9">
```

ヒント

2行目の記述は…
この行は、後にXML文書とXML Schema文書を関連づけるためのキーとなるものです。詳細については第9日1時限目で紹介しますので、今現在は「こんな記述をしたな」ということだけを心にとどめておいてください。

```
34      <name>Webアプリケーション構築技法</name>
35      <author>Akiko Yamamoto</author>
36      <logo>webware.jpg</logo>
37      <category>ASP</category>
38      <url>http://member.nifty.ne.jp/Y-Yamada/→
        webware/</url>
39      <price>3200</price>
40      <publish>頌栄社</publish>
41      <pDate>2004-02-27</pDate>
42    </book>
43 </ym:books>
```

【リスト2：books.xsd】

```
 1 <?xml version="1.0" encoding="Shift_JIS" ?>
 2 <xsd:schema xmlns:xsd="http://www.w3.org/2001/→
   XMLSchema">
 3   <xsd:element name="books">
 4     <xsd:complexType>
 5       <xsd:sequence>
 6         <xsd:element name="owner" type="ownerType"
 7           minOccurs="1" maxOccurs="1" />
 8         <xsd:element name="book" type="bookType"
 9           minOccurs="0" maxOccurs="unbounded" />
10       </xsd:sequence>
11       <xsd:attribute name="title" type=→
         "xsd:string" use="optional" />
12     </xsd:complexType>
13   </xsd:element>                        ← <books>要素の定義
14
15   <xsd:complexType name="ownerType" mixed="true">
16     <xsd:attribute name="address" →
       type="xsd:string" use="required" />
17   </xsd:complexType>                    ← ownerType型の定義
18
19   <xsd:complexType name="bookType">
20     <xsd:sequence>
21       <xsd:element name="name" type="xsd:string" />
22       <xsd:element name="author" →
         type="xsd:string" />
23       <xsd:element name="logo" type="xsd:string" />
24       <xsd:element name="category" →
```

```
             type="xsd:string" />
25         <xsd:element name="url" type="xsd:string" →
           minOccurs="0" />
26         <xsd:element name="price" →
           type="xsd:positiveInteger" />
27         <xsd:element name="publish" →
           type="xsd:string" />
28         <xsd:element name="pDate" type="xsd:date" />
29       </xsd:sequence>
30       <xsd:attribute name="isbn" type="xsd:string" →
         use="required" />
31     </xsd:complexType>  ──────── bookType型の定義
32   </xsd:schema>  ──────────── XML Schemaのルート要素
```

解説

　DTD同様、XML SchemaもまたXML文書の構造、データ型などを定義、規定するための言語です。つまり、それ自身ではなんらアクティブな動作を行うものではなく、ここで作成したXML Schema文書も、現時点では特に動作しません。
　第9日1時限目で、DOMからXML Schemaを操作することで、実際にXML SchemaによるXML文書の妥当性を検証してみることにしましょう。

1　XML Schema文書を宣言する

　まずは、すべての基本となるXML Schemaのスケルトン（最低限の骨組み）を見ていきましょう。

```
1 <?xml version="1.0" encoding="Shift_JIS" ?>
2 <xsd:schema xmlns:xsd="http://www.w3.org/2001/→
  XMLSchema">
          ：
32 </xsd:schema>
```

　1行目は、通常XML文書を記述する場合の定型的な宣言ですから、もうおなじみでしょう。基底となるXMLのバージョンと、使用する文字コードを宣言します。
　2行目の<xsd:schema>要素はXML Schema文書のルート（最上位）要素となるものです。ありとあらゆる定義は、この<xsd:schema>要素の配下に記述します。
　xmlns:xsd属性は名前空間の定義です。「<xsd:～」ではじまる各要素が「http://www.w3.org/2001/XMLSchema」で定義された文書規則に従うことを定義し

たものです。「http://www.w3.org/2001/XMLSchema」には、言うまでもなく勧告版XML Schemaが定義されています。

この部分についてはあまり難しく考えることなく、まずは理屈抜きに丸暗記しておけばよいでしょう。

② 配下にテキストしかもたない要素を定義する

XML Schemaによって表現できる対象は多岐にわたりますが、なにをおいても、すべての基本となるのは要素の定義です。XML Schemaにおいて要素を定義するには、<xsd:element>要素を使います。

```
<xsd:element name="要素名" type="データ型" />
```

これが、もっとも単純な要素の定義です。

配下に子要素をもたず、テキストのみが含まれる要素を定義する場合は、<xsd:element>要素だけを記述します。当然、XML SchemaもXML規則によって記述されたドキュメントですから、閉じタグのない<xsl:element>タグの最後を「～/>」で閉じるのを忘れないでください。

今回のサンプルでは、最下位の要素である、<book>要素の子要素群を定義するのに、このもっとも単純な要素の定義の仕方が用いられています。

```
21 <xsd:element name="name" type="xsd:string" />
22 <xsd:element name="author" type="xsd:string" />
23 <xsd:element name="category" type="xsd:string" />
24 <xsd:element name="logo" type="xsd:string" />
25 <xsd:element name="url" type="xsd:string" →
   minOccurs="0" />
26 <xsd:element name="price" →
   type="xsd:positiveInteger" />
27 <xsd:element name="publish" type="xsd:string" />
28 <xsd:element name="pDate" type="xsd:date" />
```

name属性は要素名を、type属性は要素配下に含まれるテキストのデータ型を、それぞれ定義します。

3 XML Schemaでつかえるデータ型

<xsd:element>要素のtype属性などで指定できるデータ型は、XML Schemaであらかじめ用意されているものだけでも大変豊富なものです。以下にその主な型を挙げておきましょう。

> **ヒント**
>
> **データ型**
> 小文字で表されたデータ型はXML Schemaの拡張データ型、大文字で表されたデータ型は基本データ型と呼ばれます。拡張データ型の頭にはxsd:〜を付加する必要があります。

データ型	説明
string	文字列
binary	バイナリデータ
boolean	真偽（true、false）
byte	バイト型（-127〜128）
century	世紀（例：21）
date	日付型（例：2003-09-10）
decimal	10進数
double	64ビット倍精度浮動小数点
ENTITY	実体型
float	32ビット単精度浮動小数点
ID	ID型
IDREF	ID参照型
IDREFS	ID参照型の集合体
integer	整数型（-2147483648〜2147483647）
long	長整数型（-9223372036854775808〜9223372036854775807）
month	月（例：2003-09）
NAME	名前（XML1.0）
NCNAME	コロンなしの名前
negativeInteger	負の整数（0を含まない）
NMTOKEN	NMTOKEN型
NMTOKENS	NMTOKEN型の集合体
nonNegativeInteger	0以上の整数（0を含む）
nonPositiveInteger	0以下の整数（0を含む）
NOTATION	記法型
positiveInteger	正の整数（0を含まない）
QNAME	名前（XML Namespaces）
short	短整数型（-32768〜32767）
time	時刻型（例：20:15:12.000）
timeDuration	期間（例：P2Y10M15DT15H30M10.97［2年10カ月15日と15時間30分10.97秒］）
unsignedByte	符号なしバイト型（0〜255）
unsignedInt	符号なし整数型（0〜4294967295）
unsignedLong	符号なし長整数型（0〜18446744073709551615）
unsignedShort	符号なし短整数型（0〜65535）
uriReference	URI（Uniform Resource Identifier：ネットワーク上の位置情報）（例：http://www.w3.org/2001/XMLSchema）
year	年（例：2003）

❹ 配下に要素を含む要素を定義する

通常、XMLはツリー構造と呼ばれるその名のとおり、要素の配下に子要素が、子要素の配下に孫要素が連なる階層構造になっています。そういった、配下に要素を含む要素はどのように定義するのでしょうか。

「books.xml」の<books>要素は、配下に1つの<owner>要素と複数の<book>要素を含む要素です。

このような階層型の要素を定義する場合には、<xsd:element>要素の配下に<xsd:complexType>要素を記述します。<xsd:complexType>要素は子要素群、属性を定義するためのもので、この場合、<books>要素に含まれる子要素<owner>、<book>の情報、また、それぞれの登場規則などを記述します。

```
 3  <xsd:element name="books">
 4    <xsd:complexType>
 5      <xsd:sequence>
 6        <xsd:element name="owner" … />
                 ⋮
 8        <xsd:element name="book" … />
                 ⋮
10      </xsd:sequence>
11      <xsd:attribute name="title" … />
12    </xsd:complexType>
13  </xsd:element>
```

また、子要素群の定義を<xsd:sequence>要素で囲むことで、配下の子要素が「定義の記述順に登場しなければならない」ことを表します。つまり、今回のケースではかならず<owner>、<book>要素の順番で要素が記述されなければならないことになります。ちなみに、<xsd:sequence>要素の代わりに<xsd:all>要素を指定した場合には、配下の要素は任意の順番で記述することができます。

ワンポイント・アドバイス

<xsd:sequence>や<xsd:all>は省略できません。<xsd:complexType>要素配下に直接<xsd:element>要素をもつことはできません。

❺ 単純型要素と複雑型要素

ここで、XML Schemaにおける重要な概念を理解しておく必要があります。

これまで、「配下にテキストのみをもつ要素」「配下に子要素や属性をもつ要素」といった、きわめてあいまいな書き方をしてきました。しかし、実はこれらはXML Schema内で厳密に定義された概念で、前者を単純型要素、後者を複雑型要素と呼びます。この2つの概念は呼び方だけでなく、構文においても差異があります。

注意深い方ならば、もうおわかりかもしれません。上で複雑型要素を定義するために、<xsd:complexType>要素が使われていました。同様に、単純型の要素を定義する場合は<xsd:simpleType>要素を使います。たとえば、「2　配下にテキストしかもたない要素を定義する」でも紹介した単純型の要素定義を思い出してみましょう。

```
21  <xsd:element name="name" type="xsd:string" />
```

もっともシンプルな記述をお見せするために、このような書き方をしましたが、より厳密に単純型の要素であることを明示するならば、以下のように記述します。

```
<xsd:element name="name">
  <xsd:simpleType>
    <xsd:restriction base="xsd:string" />
  </xsd:simpleType>
</xsd:element>
```

<xsd:restriction>要素は、データの制約条件を記述するためのものです。
　2時限目でもう少し突っ込んだお話をしますが、通常は基本のデータ型（文字列型や数値型など）をベースとして、より細かい制約条件（桁数や最大値など）を定義したい場合に、この<xsd:restriction>要素を用います。

⑥ 要素の登場回数を制限する

　さて、ここで「リスト2」の6～9行目をもう少し詳しく見てみましょう。ここには、2つの注目すべきポイントがあります。つまり、minOccurs属性・maxOccurs属性と、type属性です。

```
6  <xsd:element name="owner" type="ownerType"
7    minOccurs="1" maxOccurs="1" />
8  <xsd:element name="book" type="bookType"
9    minOccurs="0" maxOccurs="unbounded" />
```

　type属性については後述の「7　あらかじめ定義された要素型を参照する」で改めて説明するとして、ここではminOccurs属性とmaxOccures属性に注目してみます。
　これらの属性は、定義された要素の出現回数を制限するものです。minOccurs属性は最小登場回数を表し、maxOccurs属性は最大登場回数を表します。
　たとえば、minOccurs属性を0に指定した場合、その要素は省略可能であることを示しますし、逆に1以上に指定した場合、その要素は必須であることを示します。
　maxOccurs属性はminOccurs属性以上の数値を指定します。
　maxOccurs属性がminOccurs属性と等しい場合、その要素はかならずその指定された回数分だけ登場しなければならないことを示します（たとえばminOccurs、

maxOccurs属性ともに1の場合、その要素はかならず1回だけ登場しなければなりません）。また、最大登場回数を制限したくない場合、特殊な値としてmaxOccurs属性に「unbounded」を指定することで、その要素はminOccurs属性で指定された回数以上であれば、無限回記述することができます。

　minOccurs属性とmaxOccurs属性いずれもが省略された場合、デフォルトでその要素はかならず1回登場します。

登場回数	DTDでの記述	XML Schemaでの記述 (minOccurs)	(maxOccures)
かならず1回登場	なし	1	1
0回もしくは1回登場	?	0	1
0回以上登場	*	0	unbounded
1回以上登場	+	1	unbounded

⑦ あらかじめ定義された要素型を参照する

　「リスト2」の6～9行目でもうひとつ注目すべきポイント、type属性について説明しましょう。

　「2　配下にテキストしかもたない要素を定義する」で要素のデータ型を定義した際には、XML Schemaがあらかじめ用意している文字列型や日付型などの単純なデータ型をtype属性に指定していました。が、それはtype属性のもっとも単純な使い方であるにすぎません。

　実際には、単純に文字列型であるといっても文字列長を10桁以内に制約するケースもあるでしょうし、あるオプションの中から選択させるケースもあるでしょう。そうした付随的な制約条件、あるいは「4　配下に要素を含む要素を定義する」でも紹介したような配下に子要素を含む「複雑型要素」を定義する場合は、まとめて1箇所に定義するよりも、「原型（プロトタイプ）」として別に定義しておいて、これを参照するほうが記述をすっきりさせることができます。

　また、どの要素にも属さない抽象的な「型」として別出ししておいたほうが、複数箇所から参照できて、使い回しがきくという利点もあります。

　参考までに、今回のサンプルの要素定義部分を、別出しを使わずに1箇所にまとめて記述した場合は以下のようになります。

```
<?xml version="1.0" encoding="Shift_JIS" ?>
<xsd:schema xmlns:xsd="http://www.w3.org/2001/→
XMLSchema">
  <xsd:element name="books">
    <xsd:complexType>
      <xsd:sequence>
        <xsd:element name="owner" minOccurs="1" →
        maxOccurs="1">
```

```xml
        <xsd:complexType mixed="true">
            <xsd:attribute name="address" →
            type="xsd:string" use="required" />
        </xsd:complexType>
    </xsd:element>
    <xsd:element name="book" minOccurs="0" →
    maxOccurs="unbounded">
        <xsd:complexType>
            <xsd:sequence>
                <xsd:element name="name" →
                type="xsd:string" />
                <xsd:element name="author" →
                type="xsd:string" />
                <xsd:element name="logo" →
                type="xsd:string" />
                <xsd:element name="category" →
                type="xsd:string" />
                <xsd:element name="url" →
                type="xsd:string" minOccurs="0" />
                <xsd:element name="price" →
                type="xsd:positiveInteger" />
                <xsd:element name="publish" →
                type="xsd:string" />
                <xsd:element name="pDate" →
                type="xsd:date" />
            </xsd:sequence>
            <xsd:attribute name="isbn" →
            type="xsd:string" use="required" />
        </xsd:complexType>
    </xsd:element>
    </xsd:sequence>
    <xsd:attribute name="title" type="xsd:string" →
    use="optional" />
    </xsd:complexType>
 </xsd:element>
</xsd:schema>
```

今回のサンプルでは、<xsd:element>要素のtype属性としてownerType、bookTypeを指定しています（6行目、9行目を参照）。ここから参照しているownerType「型」は15～17行目で、bookType「型」は19～31行目で<xsd:complexType>要素によって定義されたものです。<xsd:element>要素のtype属性と<xsd:complexType>要素のname属性は対応しています。

15～17、19～31行目は、それぞれその配下に子要素と属性とをもつ「任意の」要素を定義しています（この部分だけを見れば、あくまでここでは「ある抽象的な」要素とその配下の具体的な要素、属性の「関係」をownerType型、bookType型として定義しているにすぎません。この任意の要素を、「具体的な」<owner>、<book>要素として表現しているのは、6～9行目の<xsd:element>要素です）。

これによって、<books>要素から<book>要素、さらにその配下の子要素群といった階層関係が定義されたことになります。

なお、15行目における<xsd:complexType>要素のmixed属性は、trueならば、配下に指定された要素だけでなく、任意のテキストデータも記述できることを意味します。逆にfalseの場合、配下に指定された要素しか記述できません。

8 属性を定義する

属性を定義するには、<xsd:attribute>要素を用います。

11行目では<books>要素に付随するtitle属性を、16行目では<owner>要素に属するaddress属性、30行目では<book>要素に属するisbn属性をそれぞれ定義しています。

```
11  <xsd:attribute name="title" type="xsd:string" →
    use="optional" />
         ：
16  <xsd:attribute name="address" type="xsd:string" →
    use="required" />
         ：
30  <xsd:attribute name="isbn" type="xsd:string" →
    use="required" />
```

type属性でデータ型を定義できるのは、<xsd:element>要素の場合とまったく同様です。

<xsd:element>要素と異なるのはuse属性が使えることで、これによって、その属性が必須であるか任意であるかを指定することができます。属性値がrequiredならば必須、optionalならば任意ということになります。その他にもdefault（既定値指定）やfixed（固定値指定）なども指定できます。

```
<xsd:attribute name="orgAttr" use="default" →
value="defValue" />
<xsd:attribute name="orgAttr" use="fixed" →
value="fixValue" />
```

まとめ

- XML Schemaのルート要素は<xsd:schema>要素になります。
- <xsd:element>要素を用いて、要素を定義することができます。要素の登場回数も制御するには、minOccurs、maxOccurs属性を用います。
- <xsd:sequence>、<xsd:all>要素は要素の登場順を規定します。
- <xsd:attribute>要素は属性を定義します。必須、任意の別などを定義するにはuse属性を用います。
- 要素、属性ともにtype属性を用いることで、データ型を定義することができます。
- 要素の概念には、単純型要素と複雑型要素とがあります。
- <complexType>、<simpleType>要素を用いることで、抽象的な要素型を定義することができます。
- あらかじめ定義された要素型は<xsd:element>要素のtype属性などを介して引用することができます。

練習問題

Q 第2日3時限目の練習問題で作成した「address.xml」を定義するXML Schema文書を付加してみましょう。ただし、「address.xml」は以下の条件をかならず満たすこととします。

- <member>要素は0回以上登場することとします。
- <old>要素の値は負数でない整数となります。
- <member>要素のid属性は必須とします。

解答は巻末に

COLUMN

Dr.XMLとナミちゃんのワンポイント講座
DTDとXMLSchemaって？

ナミ「DTDとXMLSchema、ようやく終わったわね。つっかれたー」

Dr. XML「お疲れ様。どうじゃね、授業中は随分眠そうじゃったが」

ナミ「わかったぁ？　もう、XSLTやDOMならまだ具体的に動いてくれるから何とかついてけるんだけど、DTDとかXML Schemaってただの文法じゃない？私、昔っから文法って嫌いなのよねぇ。なんでこんな難しいことしなくちゃならないのかしら？」

Dr. XML「たしかにその気持ちはわかるの。これまで、DTDやXML Schemaがなくても、XMLが書けてしまったから、余計そう思えるんじゃろう」

ナミ「そうそう。結局、なんのためにこんなことしなきゃいけないかわからないから、すっごくストレスがたまるのよねぇ」

Dr. XML「なるほど。確かにこれまでは割合適当な、その場限りのXMLを書いてきたからそう思えるのかもしれんの。じゃが、これがあらかじめ取り決められたルールに従ってXML文書を交換する仕事のようなケースではどうじゃろう。
注文書XMLでは注文番号と品目番号、注文数、顧客番号が必要だったとあらかじめ決めておいたとしよう。じゃが、相手が間違えて顧客番号の代わりに顧客名と電話番号を入れてきてしまったとしたら？　それがたくさんのXML文書の間に紛れ込んでいたとしたら？」

ナミ「それはチェックするのも大変だわ。ひとつひとつ伝票をめくって調べて……」

Dr. XML「そのとおり。これまでの紙ベースの仕事では、そんな作業を若いもんたちが夜遅くまでやっとったな。
これが電子ベースになったとしても、そんな間違いを調べるのが面倒くさいのにはかわりがない。ちょっとプログラムを組んだことがある人ならわかるかもしれんが、日付項目ひとつ調べるだけでも、日付がきちんとした日付の形式で書かれているか、範囲内に収まっているか、その他の日付との大小関係は間違っていないかなどなど、調べることはいくらでもある。それを冗長なif文で書いていくのだから、効率の悪いことこのうえない。そのうえ、項目どうしの前後関係、欠落などを調べていったら、プログラム全体の半分以上がそうした間違い探しで占められてしまう」

ナミ「だんだん気がめいってきたわね」

Dr. XML「ところが、DTDやXML SchemaでXML文書の規則をあらかじめ記述しておいたとしよう。こんなことが決まっているんだよということを、あらかじめプログラム（XMLパーサ）に渡しておくだけで、勝手にXMLの妥当性を調べてエラーを検出してくれるんじゃ。
長々としたプログラムが、これによってたったの1行ですんでしまう。これはとてもすごいことだとは思わないかね？」

ナミ「だんだんDTDとXML Schemaが意味あることに思えてきたわ。あぁ、私なんで授業中に寝ちゃったんだろ？」

Dr. XML「今からでも遅くはないぞ。きちんと復習をして、明日からの授業に備えるんじゃな。ほれ、今日の宿題じゃ」

ナミ「んが！」

第8日 2時限目
【XML Schemaを書いてみる②】
ちょっと高度なXML Schemaの記述

前のレッスンで作成したXML Schema文書を改良し、より細かな制約事項を定義してみます。

今回作成する例題

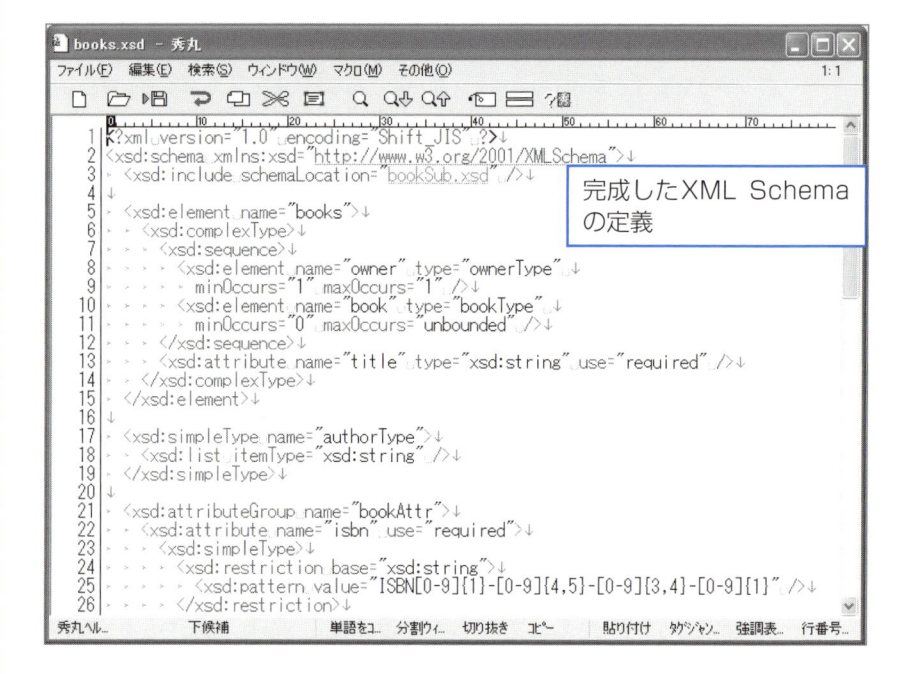

完成したXML Schemaの定義

```
1  <?xml version="1.0" encoding="Shift_JIS" ?>
2  <xsd:schema xmlns:xsd="http://www.w3.org/2001/XMLSchema">
3      <xsd:include schemaLocation="bookSub.xsd"/>
4  
5      <xsd:element name="books">
6          <xsd:complexType>
7              <xsd:sequence>
8                  <xsd:element name="owner" type="ownerType"
9                      minOccurs="1" maxOccurs="1" />
10                 <xsd:element name="book" type="bookType"
11                     minOccurs="0" maxOccurs="unbounded" />
12             </xsd:sequence>
13             <xsd:attribute name="title" type="xsd:string" use="required" />
14         </xsd:complexType>
15     </xsd:element>
16 
17     <xsd:simpleType name="authorType">
18         <xsd:list itemType="xsd:string" />
19     </xsd:simpleType>
20 
21     <xsd:attributeGroup name="bookAttr">
22         <xsd:attribute name="isbn" use="required">
23             <xsd:simpleType>
24                 <xsd:restriction base="xsd:string">
25                     <xsd:pattern value="ISBN[0-9]{1}-[0-9]{4,5}-[0-9]{3,4}-[0-9]{1}" />
26                 </xsd:restriction>
```

サンプルファイルはこちら　xml10 ▶ day08-2 ▶ books.xsd　bookSub.xsd

●このレッスンのねらい

　XML SchemaがDTDに比べて魅力的である点は、データ型をサポートするのみならず、標準で用意されたデータ型をベースとして、より細かな制約事項を表現できるという点にあります。

　DTDにはなかった概念ですので、とまどうかもしれませんが、基本的なつくりさえおさえてしまえば、あとはさまざまな応用が可能です。見かけの複雑さに惑わされず、基本の骨格をしっかりと理解しましょう。

操作手順

1 第8日1時限目で作成したXML Schema文書「books.xsd」をテキストエディタで開き、「リスト1」のようにコードを追加して、そのまま上書き保存する

→ コードを入力

2 新規文書を作成し、「リスト2」のコードを入力して、「day08」フォルダに「bookSub.xsd」という名前で保存する

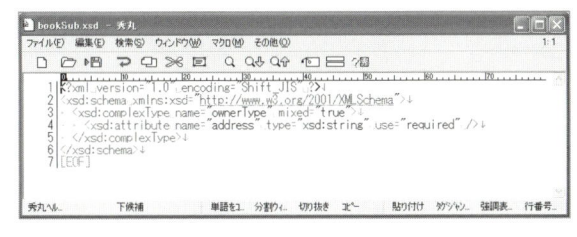

→ コードを入力

記述するコード

【リスト1：books.xsd】 ※青字の部分が追加/変更するコードです。

```xml
<?xml version="1.0" encoding="Shift_JIS" ?>
<xsd:schema xmlns:xsd="http://www.w3.org/2001/XMLSchema">
  <xsd:include schemaLocation="booksSub.xsd" />

  <xsd:element name="books">
    <xsd:complexType>
      <xsd:sequence>
        <xsd:element name="owner" type="ownerType"
          minOccurs="1" maxOccurs="1" />
        <xsd:element name="book" type="bookType"
          minOccurs="0" maxOccurs="unbounded" />
      </xsd:sequence>
      <xsd:attribute name="title" type="xsd:string"
      use="required" />
    </xsd:complexType>
  </xsd:element>

  <xsd:simpleType name="authorType">
    <xsd:list itemType="xsd:string" />
  </xsd:simpleType>

  <xsd:attributeGroup name="bookAttr">
    <xsd:attribute name="isbn" use="required">
      <xsd:simpleType>
        <xsd:restriction base="xsd:string">
          <xsd:pattern value="ISBN[0-9]{1}-[0-9]{4,5}-[0-9]{3,4}-[0-9]{1}" />
        </xsd:restriction>
      </xsd:simpleType>
    </xsd:attribute>
  </xsd:attributeGroup>

  <xsd:complexType name="bookType">
    <xsd:sequence>
      <xsd:choice>
        <xsd:element name="name" type="xsd:string" />
        <xsd:element name="title"
          type="xsd:string" />
```

- 3行目: bookSub.xsdのインクルード
- 5〜15行目: <books>要素の定義
- 17〜19行目: authorType型の定義
- 21〜29行目: 属性リストの定義

```xml
36      </xsd:choice>                          ── <name>/<title>要素の定義
37      <xsd:element name="author">
38        <xsd:simpleType>
39          <xsd:restriction base="authorType">
40            <xsd:maxLength value="3" />
41          </xsd:restriction>
42        </xsd:simpleType>
43      </xsd:element>                         ── <author>要素の定義
44      <xsd:element name="logo" type="xsd:string" />
45      <xsd:element name="category">
46        <xsd:simpleType>
47          <xsd:restriction base="xsd:string">
48            <xsd:enumeration value="ASP" />
49            <xsd:enumeration value="XML" />
50            <xsd:enumeration value="JSP・Servlet" />
51          </xsd:restriction>
52        </xsd:simpleType>
53      </xsd:element>                         ── <category>要素の定義
54      <xsd:element name="url" type="xsd:string" →
        minOccurs="0" />
55      <xsd:element name="price">
56        <xsd:simpleType>
57          <xsd:restriction →
          base="xsd:positiveInteger">
58            <xsd:maxExclusive value="5000" />
59            <xsd:minExclusive value="1000" />
60          </xsd:restriction>
61        </xsd:simpleType>
62      </xsd:element>                         ── <price>要素の定義
63      <xsd:element name="publish">
64        <xsd:simpleType>
65          <xsd:restriction base="xsd:string">
66            <xsd:maxLength value="20" />
67          </xsd:restriction>
68        </xsd:simpleType>
69      </xsd:element>                         ── <publish>要素の定義
70      <xsd:element name="pDate" type="xsd:date" />
71    </xsd:sequence>
72    <xsd:attributeGroup ref="bookAttr" />
73  </xsd:complexType>                         ── bookType型の定義
74 </xsd:schema>
```

【リスト2：bookSub.xsd】

```
1  <?xml version="1.0" encoding="Shift_JIS" ?>
2  <xsd:schema xmlns:xsd="http://www.w3.org/2001/
   XMLSchema">
3    <xsd:complexType name="ownerType" mixed="true">
4      <xsd:attribute name="address" type="xsd:string"
       use="required" />
5    </xsd:complexType>
6  </xsd:schema>
```

解説

今回のサンプルでは、さらに厳密に、XML文書の要素を定義してみます。ここで作成したXML Schema文書については、今は特になにも動作しません。

後述の第9日1時限目で、実際にXML Schemaによる文書型の検証を行うことにします。

1 曖昧な要素を定義する

不特定多数を対象としたデータ交換の難しさは、それぞれのデータ定義が必ずしも統一されているとは限らない点にあります。たとえば、A社は書名を<name>という要素で表しているのに対し、B社は<title>という要素で表しているかもしれません。

これは一見、単純なことにも思われるかもしれませんが、いくつものシステムと密接にデータ交換を行っているネットワークシステムにおいては、これを改めるのはきわめて煩雑な作業になります（というのも、規定されている要素名が異なれば、データの出力先が変わるごとに、いちいちデータレイアウトの編集方法を再検討しなければならないからです）。

XML Schemaでは、こうしたデータ定義の「ゆらぎ」をあらかじめ吸収した文書定義を行うこともできます。

```
33  <xsd:choice>
34    <xsd:element name="name" type="xsd:string" />
35    <xsd:element name="title" type="xsd:string" />
36  </xsd:choice>
```

<xsd:choice>要素配下に記述された2つの要素——<name>要素と<title>要素——は、XML文書中にいずれか片方を記述する必要があります。言い換えれば、どちらの要素を使ってもよいということになり、ここでデータ間の「ゆらぎ」を吸収できるわけです。

【基本的な<xsd:choice>要素の書式】

```
<xsd:choice>
  <xsd:element name="要素1" />
        :
  <xsd:element name="要素N" />
</xsd:choice>
```

文書中に要素1から要素Nまでのいずれかを記述しなければならない。

② 属性グループを定義する

複数の要素で、共通して使用される属性群があるとします。たとえば、HTMLでもborder属性やalign属性やid属性などは、<img>タグや<table>タグや<frame>タグなど、複数の要素で共通して使用されています。

こうした属性群の定義をするのに、個々の要素ごとに繰り返し記述するのは、開発時はもちろん、変更になった場合の修正など、きわめて煩雑です。

このような場合、XML Schemaでは、ある特定の属性をひとかたまりのグループとしてあらかじめ定義し、複数箇所から引用することができます。

21～29行目を見てみましょう。

```
21 <xsd:attributeGroup name="bookAttr">
22   <xsd:attribute name="isbn" use="required">
23     <xsd:simpleType>
24       <xsd:restriction base="xsd:string">
25         <xsd:pattern value="ISBN[0-9]{1}-[0-9]{4,5}-
           [0-9]{3,4}-[0-9]{1}" />
26       </xsd:restriction>
27     </xsd:simpleType>
28   </xsd:attribute>
29 </xsd:attributeGroup>
```

第8日1時限目とも見比べてみてください。いささか込み入った記述が追加されていますが、基本的にはisbn属性（必須）1つが定義されているだけで、これを<xsd:attributeGroup>要素によってグループ化しています。

このようにグループ化された属性群は、72行目において、次のように記述することで引用することが可能になります。

```
72 <xsd:attributeGroup ref="bookAttr" />
```

定義するときのname属性と引用（参照）するときのref属性とが対応していて、それぞれ結び付けのキーとなります。

<xsd:attributeGroup name="…">で定義した属性を<xsd:attributteGroup ref="…">で参照することによって、第8日1時限目同様、<book>要素にisbn属性が追加されました。

　今回のサンプルでは、1個の属性（群）を1箇所でしか引用していないので、グループ化の効果はわかりにくいかもしれませんが、もちろん、このbookAttrグループを複数属性について定義し、複数箇所から参照することも可能です。複数の属性をグループ化するときは、<xsd:attributeGroup>要素の中に複数の<xsd:attribute>要素を並列に記述することになります。

　24行目に出てくる<xsd:restriction>要素については、次の「3　選択できる文字列の候補を定義する」で説明します。

【基本的な<xsd:attributeGroup>要素の書式】

```
<xsd:attributeGroup name="属性グループ">
  <xsd:attribute name="属性1" />
       ：
  <xsd:attribute name="属性N" />
</xsd:attributeGroup>

※参照するときは…

<xsd:attributeGroup ref="属性グループ" />
```

③ 選択できる文字列の候補を定義する

　たとえば、HTMLにおけるalign属性がleft、center、rightという3つの候補値をもっているのと同様、XMLにおいても、ある要素・属性の値をいくつかの候補に限定するということが可能です。

　たとえば、45～53行目を見てみましょう。

```
45 <xsd:element name="category">
46   <xsd:simpleType>
47     <xsd:restriction base="xsd:string">
48       <xsd:enumeration value="ASP" />
49       <xsd:enumeration value="XML" />
50       <xsd:enumeration value="JSP・Servlet" />
51     </xsd:restriction>
52   </xsd:simpleType>
53 </xsd:element>
```

　ここでは、XML文書中の<category>要素が、「ASP」「XML」「JSP・Servlet」という3つの候補値のいずれかを採ることができることを示しています。

　<category>要素は配下にテキストしかもたない単純型の要素なので、その制約条件は<xsd:simpleType>要素に記述します。

<xsd:restrction>要素は実際の制約条件を定義するための要素で、base属性にベースとなるデータ型を指定します（ここでは文字列型）。
　そして、配下の<xsd:enumeration>要素で具体的な候補値を定義します。ここでは3つの候補値を記述していますが、もちろん、ケースによってはもっと多くの候補を定義することも可能です。

ワンポイント・アドバイス

<xsd:restriction>要素でベースとなるデータ型を指定した場合（base属性）、<xsd:element>要素ではtype属性によるデータ型を指定することはできません。

【<xsd:restriction>要素の書式】

```
<xsd:restriction base="データ型">
さまざまな制約条件
</xsd:restriction>
```

データ型　　ベースとなるデータ型を記述します

【<xsd:enumeration>要素の書式】

```
<xsd:enumeration value="候補値1" />
<xsd:enumeration value="候補値2" />
…
```

※ <xsd:enumeration>要素は、<xsd:restriction>要素の配下に記述できるさまざまな制約条件のひとつです。

④ 文字列のパターンを定義する

　文字データを扱っていると、さまざまなパターンチェックが必要であるケースに遭遇します。たとえば、1桁目はA～Mまでの英字、2～5桁目が数字、6桁目がA、Bのいずれかなどというチェックです（あらかじめ体系が決まったコードをチェックする場合などを想像してください）。
　このような複雑なパターンを、従来の仕組みだけを使ってチェックすることは（不可能ではありませんが）困難です。しかし、今回紹介する「正規表現」を利用することで、非常に簡潔にパターンを表現することができるのです。
　正規表現とは、ファイルの検索をするときなどに用いる「*.xml」の「*」のような記述を言います（「*」は「0文字以上の文字列」を表すもので、「a.xml」や「xyz.xml」のようなファイル名にマッチします）。正規表現はこれをもっと発展させたものとお考えいただければよいでしょう。
　それでは、実際の正規表現パターンの定義を見てみましょう。

```
24  <xsd:restriction base="xsd:string">
25    <xsd:pattern value="ISBN[0-9]{1}-[0-9]{5}-→
      [0-9]{3}-[0-9]{1}" />
26  </xsd:restriction>
```

　正規表現パターンを記述する場合は、<xsd:restriction>要素配下に、正規表現を表わす<xsd:pattern>要素を記述します。

　isbn属性は、仮に「"ISBN"+数字1桁+"-"+数字5桁+"-"+数字3桁+"-"+数字1桁」であるとします（本当のISBNコードがこの制約内で記述できるとは限りません。念のため）。このパターンを正規表現で表すと、25行目のようになります。

　固定値はそのまま「ISBN」や「-」のようにダイレクトに記述し、「0～9の数値5桁」の場合は「[0-9]|5|」と記述します。

　この定義によって、isbn属性が上記のパターンに合致しない場合は、パーサはこれを検出してエラーを返します。

【<xsd:pattern>要素の書式】

<xsd:pattern value="正規表現" />

　正規表現　データがとりうる正規表現パターン

⑤ XML Schemaで定義できる主な制約条件

　オプション候補や文字列パターンの他にも、XML Schemaではさまざまな制約条件を表すことができます。以下に、その主なものを列挙してみることにしましょう。すべて構文は、次のかたちになります。

<xsd:要素名 value="指定値" />

要素	説明	指定値
<xsd:encoding>	エンコード型を制限 (hex、base64)	バイナリ型にのみ有効
<xsd:length>	文字列の長さ、リストの 個数などを制限	負でない整数
<xsd:maxExclusive>	データが指定された値 未満であること	対象となるデータ型と等しいデータ型
<xsd:maxInclusive>	データが指定された値 以下であること	対象となるデータ型と等しいデータ型
<xsd:maxLength>	文字列の長さ、リストの 個数などの最大長	負でない整数
<xsd:minInclusive>	データが指定された値 以上であること	対象となるデータ型と等しいデータ型
<xsd:minExclusive>	データが指定された値 より大きいこと	対象となるデータ型と等しいデータ型
<xsd:minLength>	文字列の長さ、リストの 個数などの最小長	対象となるデータ型と等しいデータ型
<xsd:precision>	最大桁数	正の整数
<xsd:scale>	有効小数点数	負でない整数

6 値リストを含む要素を定義する

XML文書では、要素配下のテキスト、もしくは属性値として、半角スペース区切りの値リストをもつことができます。たとえば、

```
<author>Yoshihiro.Yamada Nami.Kakeya</author>
```

のように、Yoshihiro.Yamadaという値とNami.Kakeyaという値をリストとしてもちます。このような値リストは、XML Schema内で<xsd:list>要素を用いることで、定義することができます。たとえば、17～19行目を見てみましょう。

```
17  <xsd:simpleType name="authorType">
18    <xsd:list itemType="xsd:string" />
19  </xsd:simpleType>
```

　単純型の要素として、「authorType」と名付けられた型を、別出しして定義しています。配下に<xsd:list>要素を置くことで、値をリストとしてもちうることを定義します。そして<xsd:list>要素のitemType属性が、リスト内のデータが文字列であることを表します。
　17～19行目で定義された値リストは、37～43行目で引用されます。

```
37 <xsd:element name="author">
38   <xsd:simpleType>
39     <xsd:restriction base="authorType">
40       <xsd:maxLength value="3" />
41     </xsd:restriction>
42   </xsd:simpleType>
43 </xsd:element>
```

　まずは基本となる型を<xsd:restriction>要素のbase属性で、定義済みのauthorType型に指定します。配下の<xsd:maxLength>属性はリストに含みうる値の最大個数を条件づけています。つまりこの場合、属性値を「3」にしているので、もちうる値の個数は最大で3つです。ですので、XML文書において、次のように、4つの値を記述した場合、パーサはこれをエラーとします。

```
<author>Yamada Kakeya Hio Kimata</author>
```

7　外部のXML Schemaを呼び出す

　これまで、<xsd:simpleType>要素や<xsd:complexType>要素によって定義型を独立して記述し、同スキーマ内の複数箇所から引用することで、要素（属性）宣言のくりかえしを極力省き、簡潔に記述する方法を学んできました。
　ここでは、その再利用性の観点をさらに高め、汎用的な定義部分を外部ファイル化してみることにします。

```
3 <xsd:include schemaLocation="booksSub.xsd" />
```

　<xsd:include>要素のschemaLocation属性で指定されたスキーマファイルは、あたかも呼び出し元のファイル内に含まれているかのように動作します。当然、複数のスキーマ文書から呼び出すことができますので、頻繁に使用されるデータ型を外部ファイルとして定義しておくことで、よりメンテナンス性に富んだスキーマ文書を記述することが可能になります。
　なお、呼び出される側のファイルは、かならずそれ自体閉じられたスキーマ文書でなければなりません。たとえば、呼び出し側に<xsd:schema>要素が存在するからといって、呼び出される側で<xsd:schema>要素を省略できるかというと、そうではありませんので、注意してください。

まとめ

- A、Bいずれが登場するか想定できないような要素は、<xsd:choice>要素で宣言します。
- XMLSchemaにおいては、最大値／最小値、最大桁／最小桁、値リスト、候補値、正規表現など、多様な制約条件の表現が可能です。

練習問題

Q 第2日3時限目の練習問題「address.xml」を定義するXML Schema文書を作成してみましょう。ただし、「address.xml」は以下の条件をかならず満たすこととします。

- <member>要素は0回以上登場することとします。
- <address>要素の値は10～100桁の間の文字列とします。
- <old>要素の値は10～120の間の整数とします。
- <email>要素の値は適切なE-Mailアドレスであることとします。ただし、E-Mailアドレスの正規表現は「[¥w¥.-]+(¥+[¥w-]*)?@([¥w-]+¥.)+[¥w-]+」とします。
- <member>要素のid属性は必須とします。

解答は巻末に

C O L U M N

XMLデータベースに挑戦しよう

　XMLをいわゆるファイルシステム上で扱うのもいいかもしれませんが、NXDB（Native XML DataBase：ネイティヴXMLデータベース）を利用することで、より検索性にも管理性にも富んだXMLデータ管理を行うことができます。

　従来はデータベースと言うと、RDB（Relational DataBase：リレーショナルデータベース）というのが通例でしたが、RDBが常に使い勝手の良いデータベースであるかと言うと、必ずしもそうではありません。たとえば、常に厳密なスキーマ（構成情報）を必要とするRDBは、構造が曖昧な（半構造な）文書情報を扱うにはあまり適していません。また、後々にスキーマに変更が発生した場合に、変更インパクトが大きいという欠点もありました。

　しかし、NXDBを利用することで、こうした苦労が大幅に軽減できます。XMLはもともとスキーマが必ずしも明確でない情報を保持するのが得意なデータフォーマットです。また、スキーマの変更にも比較的容易に対応することができます。

　旧来のNXDBでは、RDBに比べてユーザ管理やセキュリティ、トランザクションなどの管理が脆弱であるという問題も指摘されていましたが、現在はこれらの問題もほぼ解消されており、RDBと比べても遜色ないDBMS（DataBase Management System：データベース管理システム）としての機能を提供しています。

　皆さんがもしも現在のRDBに限界や不満を感じているならば、この辺で一度NXDBの世界に踏み込んでみてはいかがでしょう。あるいは、新たな可能性の扉が開けるかもしれません。以下には、無償で利用可能なNXDBを一覧に挙げておくことにしましょう。

製品名	入手URL
Xpriori	http://www.xmldb.jp
Xindice	http://xml.apache.org/xindice/
eXist	http://exist.sourceforge.net/

▲無償で利用可能なネイティヴXMLデータベース

　なお、NXDBに関する詳細は、以下のサイト記事でも詳しく紹介しています。興味のある方は、一度参照してみるのも良いでしょう。

【XMLデータベース製品カタログ 2003】

```
http://www.atmarkit.co.jp/fxml/tanpatsu/28xmldbcatalo
g/nxdb01.html
```

第9日
クライアントサイドでXMLプログラミング

1時限目：XML SchemaでXML文書の構文チェック
2時限目：XSLTで動的にソートを行う
3時限目：蔵書検索システムを作ってみよう

本書まとめの応用編です。
これまではXMLとは「どういうものか」、構文的な観点に絞って話を進めてきました。しかし、それでは「どのように」XMLを使えばよいのか、「どうしたら」XMLをこれまでのプログラミングに組み込んでいけるのかと言われると、はたと動きが止まってしまう方はけっして少なくないはずです。
そこで第9日では、XMLで実用的なプログラムを作成してみることにします。まずはブラウザのみで動くクライアントサイドでの活用です。ロジック自体の理解も大切ですが、ここではむしろ、XMLによってこれまでのプログラミングがどのように変わるのか、どのような点が便利になるのか、そこに注目してみてください。

第9日 1時限目

【クライアントサイドでXMLプログラミング①】
XML SchemaでXML文書の構文チェック

第8日の内容で、それなりにXML Schemaというものがどういうものなのか、どういう記述ができるのかがおわかりになったことと思います。しかし、ある程度形のできあがったXML Schema文書を見返してみて、「それでは、これでいったい何ができるの？」と、ふと疑問に思った方も少なくないかもしれません。その疑問はもっともです。
XML Schemaは、あくまで文書定義を記述する構文規則であるにすぎません。実際にこれを用いてXML文書を検証し、検出したエラーを表示するのはDOMの役割になります。
ここでは、実際にXML SchemaとXML文書とを関連づけ、両者を照合・検証するプログラムについて見てみることにしましょう。

今回作成する例題の実行画面

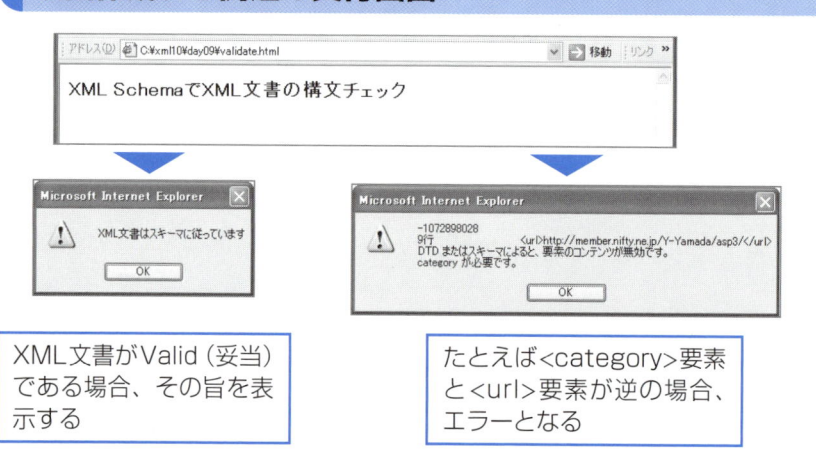

XML文書がValid（妥当）である場合、その旨を表示する

たとえば<category>要素と<url>要素が逆の場合、エラーとなる

サンプルファイルはこちら　xml10　▶　day09-1　▶　validate.html

●このレッスンのねらい

　第7日、第8日と抽象的な内容が続き、いささか食傷気味であった方もいたかもしれません。あとの2日間は気分を一新、これまでのまとめの意味もこめて、総合的な実用プログラムに挑戦してみます。
　複雑なロジックも出てくるかもしれませんが、詳細を理解するというよりも、とにかく最初は正常に動作させることに専念してみてください。まずここでの第一の目的は、これまでに8日間をかけて学んできた一連の技術が、実際にどのような局面に応用できるかという点にあります。
　まずは、XML文書「books.xml」の記述をあえてXML Schemaの定義に反する形に書き換えることで、実際にさまざまなエラーを発生させてみることにしましょう。

操作手順

● 「day08」フォルダにある「books.xml」「books.xsd」「booksSub.xsd」をあらかじめ「day09」フォルダにコピーしておきます。

1 テキストエディタで新規文書を作成し、「リスト」のコードを入力して、「day09」フォルダに「validate.html」という名前で保存する

コードを入力

2 以下のサイト（2004年9月現在）から「msxmljpn.msi」をダウンロードし、MSXML4をインストールする

　MSXMLは、IEなどに標準実装されているXMLパーサの一種です。パーサとは、XML文書を解析し、表示や操作を制御するためのモジュールであり、XMLアプリケーションを扱う場合、もっとも基本となる部分のプログラムです。XSLT1.0やDOM1.0に対応したMSXML3はIE6.xに標準で実装されていますが、XMLSchema1.0を使用するにはMSXML4をあらためてインストールする必要があります。2004年9月時点での最新安定版は、MSXML4SP2になります。以下のサイトからダウンロードすることが可能です。

```
http://www.asia.microsoft.com/downloads/details.aspx?disp
laylang=ja&FamilyID=3144b72b-b4f2-46da-b4b6-c5d7485f2b42
```

③ ダウンロードした「msxmljpn.msi」をダブルクリックするとセットアップウィザードが起動するので、[次へ>] ボタンをクリックする

ここをクリック

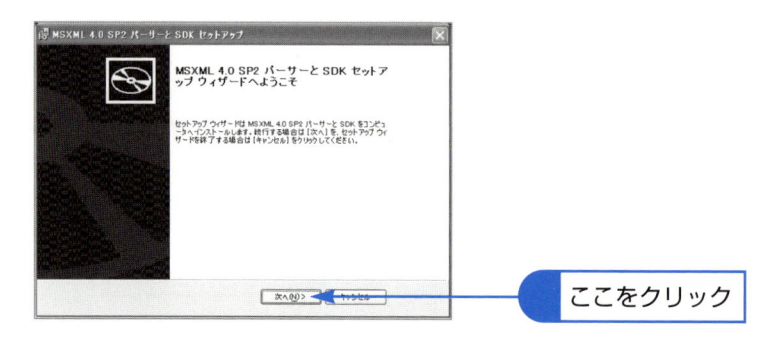

④ 使用許諾の画面で、[使用許諾契約書に同意します] を選択し、[次へ>] ボタンをクリックする

1 ここをクリック
2 ここをクリック

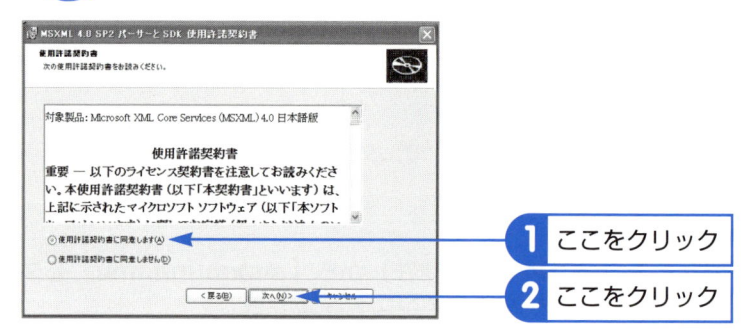

⑤ ユーザー名、組織を入力し、[次へ>] ボタンをクリックする

1 ユーザー名を入力
2 組織を入力
3 ここをクリック

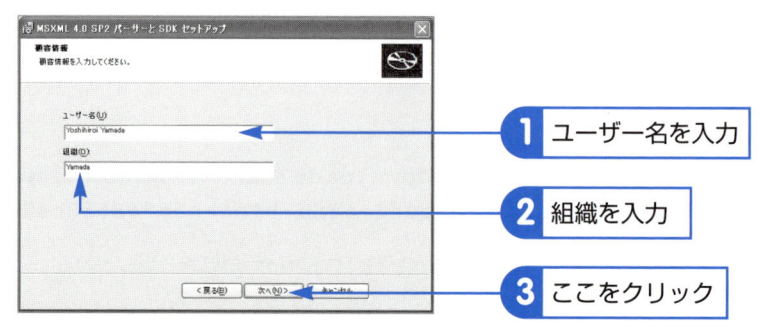

第9日／1時限目●XML SchemaでXML文書の構文チェック

6 ［今すぐインストール］ボタンをクリックし、［次へ］ボタンをクリックする

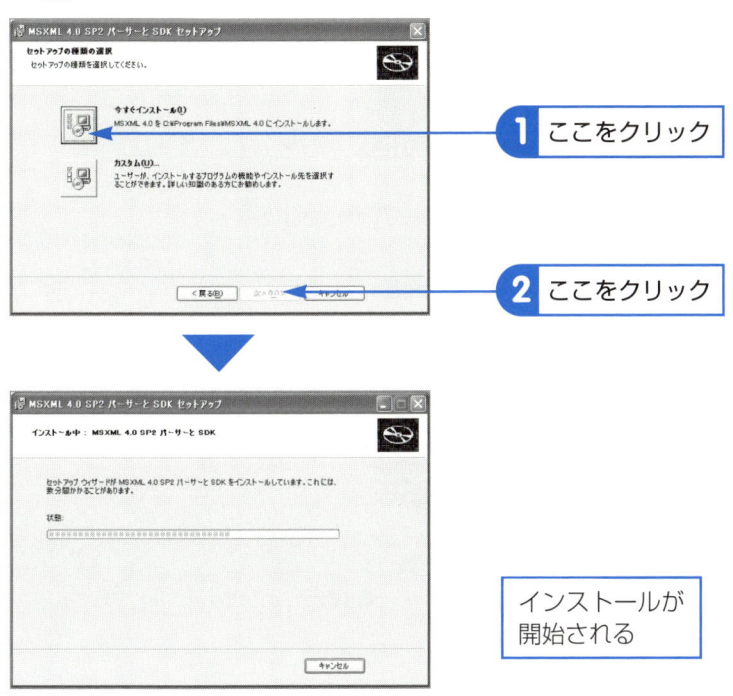

1 ここをクリック

2 ここをクリック

インストールが開始される

7 インストール作業が正常に終了すると、終了の画面が表示されるので、［完了］ボタンをクリックして、インストールを終了する

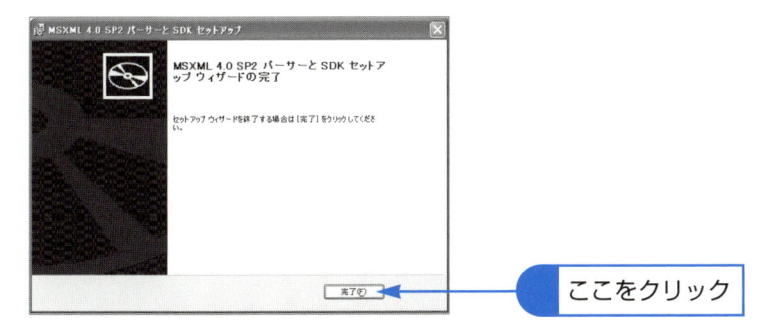

ここをクリック

8 エクスプローラなどから「day09」フォルダを開き、「validate.html」を開く

201

記述するコード

【リスト：validate.html】

```
 1  <html>
 2  <head>
 3  <title>XML文書の検証</title>
 4  <script language="JavaScript">
 5  <!--
 6  var objScm=new ActiveXObject("MSXML2
    .xmlSchemaCache.4.0");
 7  objScm.add("urn:books","books.xsd");
 8  var objDoc=new ActiveXObject
    ("MSXML2.DOMDocument.4.0");
 9  objDoc.async=false;
10  objDoc.schemas=objScm;
11  objDoc.load("books.xml");
12  var objErr=objDoc.parseError;
13  if(objErr.errorCode!=0){
14    str=objErr.errorCode + "\r";
15    str+=objErr.line + "行 " + objErr.srcText + "\r";
16    str+=objErr.reason;
17    window.alert(str);
18  }else{
19    window.alert("XML文書はスキーマに従っています");
20  }
21  //-->
22  </script>
23  </head>
24  <body>
25  <h1>XML SchemaでXML文書の構文チェック</h1>
26  </body>
27  </html>
```

- books.xsdの読み込み（6〜7行目）
- books.xmlの読み込み（8〜11行目）
- books.xmlの解析＋エラー表示（12〜20行目）

解説

「books.xml」の内容を、XMLの構文規則に反しない範囲で、「books.xsd」の定義から外れるように変更してみましょう（たとえば、<name>要素を削除したり、<price>要素に文字列を記述したりなど）。

「validate.html」を起動した際に、エラーのダイアログ表示が表示されれば成功です。

① XML Schema文書を呼び出す

まずは、あらかじめ用意されたXML Schema文書を呼び出してみます。6、7行目を見てください。

```
6  var objScm=new ActiveXObject("MSXML2→
   .xmlSchemaCache.4.0");
7  objScm.add("urn:books","books.xsd");
```

MSXMLのDOMにはXML Schema文書を格納するためのオブジェクトとして、XMLDOMSchemaCacheが用意されています。6行目ではXMLSchemaCacheオブジェクトを生成し、これを変数objScmに格納しています。ただし、生成されたばかりのXMLSchemaCacheオブジェクトはなんら内容をもたない、ただの器にすぎません（XMLDOMDocument2オブジェクトを生成したときと同じですね）。

7行目のaddメソッドを実行することによってはじめて、XMLSchemaCacheオブジェクトには具体的なXML Schema文書（この場合は「books.xsd」）が格納されることになります。

第1引数となる"urn:books"は、いわばXML Schema文書がXML文書のどの部分を定義したものであるかを示すキーとなるもので、XML文書内に記述されたxmlns:〜属性に対応します（p.172の「books.xml」参照）。

```
2  <ym:books xmlns:ym="urn:books">
```

この記述によって、"urn:books"というキーで定義された要素の配下は、「books.xsd」で定義された文書規則にのっとらなければならないことになります。

【addメソッドの書式】

変数.add("URN","文書")	
変数	XMLSchemaCacheオブジェクトを格納した変数名を記述します。
URN	XML Schema文書を一意に表すURNを記述します。
文書	適用するXML Schema文書名を記述します。

② XML文書とXML Schema文書とを関連づける

XML Schema文書を格納する器がXMLSchemaCacheオブジェクトだとするならば、一般的なXML文書を格納する器は、おなじみのXMLDOMDocument2オブジェクトです。

```
 8  var objDoc=new ActiveXObject→
    ("MSXML2.DOMDocument.4.0");
 9  objDoc.async=false;
10  objDoc.schemas=objScm;
```

> **ヒント**
> **MSXML4を使うときは…**
> MSXML4からは各オブジェクトをバージョン付加の形式で指定する必要があります。したがって、MSXML2.DOMDocumentもMSXML2.DOMDocument.4.0と記述しなければなりません。

8行目ではまずその器の部分を宣言し、変数objDocに格納します。

そして10行目ではschemasプロパティに、6〜7行目で生成したXMLSchemaCacheオブジェクトを格納することで、これから呼び出されるXML文書を検証するための元となるXML Schema文書「books.xsd」が、XMLDOMDocument2オブジェクトに関連づけられます。

【schemasプロパティの書式】

変数1.schemas=変数2;

変数1	XML文書（XMLDOMDocument2オブジェクト）を格納した変数名を記述します。
変数2	XML Schema文書（XMLSchemaCacheオブジェクト）を格納した変数名を記述します。

③ XML文書の検証結果をダイアログ表示する

さあ、それではいよいよXML Schema文書によるXML文書の検証です。といって、それほど身構えるような仕組みではありません。あらかじめ10行目でXML Schema文書「books.xsd」に関連づけられたXMLDOMDocument2オブジェクトに対して、検証の対象となるXML文書「books.xml」を呼び出す、それだけです。

```
11  objDoc.load("books.xml");
```

loadメソッドで呼び出された「books.xml」は、デフォルト状態でXML Schema文書「books.xsd」によって検証され、エラーがあった場合には内部的にエラー情報が保持されます。

```
12  var objErr=objDoc.parseError;
13  if(objErr.errorCode!=0){
14    str=objErr.errorCode + "¥r";
15    str+=objErr.line + "行 " + objErr.srcText + "¥r";
16    str+=objErr.reason;
17    window.alert(str);
18  }else{
19    window.alert("XML文書はスキーマに従っています");
20  }
```

保持されたエラー情報は、parseErrorメソッドによって取得することが可能です。

parseErrorメソッドは、一連のエラー情報を保持するXMLDOMParseErrorオブジェクトを返します。

errorCodeプロパティは、そのXMLParsedErrorオブジェクトに属するプロパティ

で、XML Schemaの検証によるエラーコードが格納されます。つまりここでは、エラーコードが0であった場合はエラーがなかったものと見なし、それ以外の場合にエラーコードとそれに伴う詳細なエラー情報をダイアログ表示することとします。

【XMLDOMParseErrorオブジェクトの主なプロパティ】

プロパティ	説明
errorCode	エラーコード
filepos	エラー発生位置（絶対位置）
line	行数
reason	エラーの発生理由
srcText	エラーの原因となったソースコード
url	エラーの発生したドキュメント名

まとめ

- XMLSchemaCacheオブジェクトはXML Schema文書を格納するためのオブジェクトです。
- ＸＭＬＤＯＭＤｏｃｕｍｅｎｔ２オブジェクトのｓｃｈｅｍａｓプロパティに、XMLSchemaCacheオブジェクトを格納することで、XML文書とXML Schema文書が関連づけられます。
- XML Schemaに関連づけられたXML文書は、呼び出し時に自動的に検証されます。
- 検証時のエラー情報は、XMLParsedErrorオブジェクトに自動的に格納されます。

練習問題

Q テキストエリアに入力したXML文書のWelformed（整形式）チェックを行い、エラー時にはエラー情報（エラーコード、エラー行、対象のソースコード、発生理由）をダイアログ表示してみましょう。
なお、指定された文字列をXML文書としてXMLDOMDocument2オブジェクトに格納するには、loadXMLメソッドを使用します。loadXMLメソッドの構文は以下のとおりです。

【loadXMLメソッドの書式】
```
objDoc.loadXML(strXML)
```

objDoc	XMLDOMDocument2オブジェクト
strXML	XML文書を示す文字列

解答は巻末に

第9日 2時限目
XSLTで動的にソートを行う
【クライアントサイドでXMLプログラミング❷】

XSLTの<xsl:sort>要素を動的に操作し、ユーザーが自在にソート順を指定できるようにします。

今回作成する例題の実行画面

指定によって一覧の並びが変わる

サンプルファイルはこちら → xml10 → day09-2 → books.xsl

●このレッスンのねらい

　ソートキーは、これまでは常にXSLTによってあらかじめ与えられたものでした。しかし、これでは実際に異なる順番でデータを参照したいという場合、キーごとに異なるXSLTスタイルシートを用意しなければならず、あまり実用的であるとは言えません。
　そこでここでは、DOMによって動的にXSLTを書き換え、ダイナミックなソーティング処理を行うことにします。
　これまではXSLTならばXSLT、DOMならばDOMと、それぞれ使い分けてきましたが、ここではXMLを支える二大技術を連携させます。本来の実用的なあり方の一例として、見てみましょう。

操作手順

● 「day09」フォルダに、「day02」フォルダの「books.xml」「books.css」をコピーしておきます。

1 テキストエディタで新規文書を作成し、「リスト」のコードを入力して、「day09」フォルダに「books.xsl」という名前で保存する

コードを入力

> **ヒント**
> **保存ファイルの拡張子**
> 今回の場合は、DOMを記述しても、ベースはあくまでXSLTです。拡張子は「.xsl」で保存します。

2 エクスプローラなどから「day09」フォルダを開き、「books.xml」を開く

記述するコード

【リスト：books.xsl】

```
1  <?xml version="1.0" encoding="Shift_JIS" ?>
2  <xsl:stylesheet xmlns:xsl="http://www.w3.org/1999/
   XSL/Transform" version="1.0">
3    <xsl:output method="html" encoding="Shift_JIS" />
4    <xsl:template match="/">
5      <html>
6      <head>
7      <title><xsl:value-of select="books/@title" />
       </title>
8      <link rel="stylesheet" type="text/css"
       href="books.css" />
```

```
 9   <script language="JavaScript">
10   <![CDATA[
11   var objDoc=document.XMLDocument;
12   var objStl=document.XSLDocument;
13   var nodRow=objStl.selectSingleNode("//xsl:→
     sort");
14   function disp(){
15     key=document.forms[0].srt.value;
16     switch(key){
17       case "1":
18         tmp1="@isbn";
19         tmp2="text";
20         break;
21       case "2":
22         tmp1="name";
23         tmp2="text";
24         break;
25       case "3":
26         tmp1="author";
27         tmp2="text";
28         break;
29       case "4":
30         tmp1="publish";
31         tmp2="text";
32         break;
33       case "5":
34         tmp1="price";
35         tmp2="number";
36         break;
37       case "6":
38         tmp1="pDate";
39         tmp2="text";
40         break;
41     }
42     nodRow.setAttribute("select",tmp1);
43     nodRow.setAttribute("data-type",tmp2);
44     dSrt.innerHTML=objDoc.documentElement→
     .transformNode(objStl);
45   }
46   ]]>
47   </script>
48   </head>
```

14 `function disp(){` — コンボボックス変更時の処理
41 `}` — 選択されたキーによって変数をセット
44 `.transformNode(objStl);` — <xsl:sort>要素の更新＋XSLTによる再変換

```
49      <body onload="disp()">
50      <h1><xsl:value-of select="books/@title" />
        </h1>
51      <div id="dSrt">
52        <xsl:apply-templates select="books" />
53      </div>     — JavaScriptによって動的に変換される部分
54      <p>
55      <form>
56      ソートキー：
57      <select name="srt" onchange="disp()">
58        <option value="1">ISBNコード</option>
59        <option value="2">書籍名</option>
60        <option value="3">著者</option>
61        <option value="4">出版社</option>
62        <option value="5">価格</option>
63        <option value="6">発刊日</option>
64      </select>
65      </form>
66      </p>
67      <div><xsl:value-of select="books/owner" />
        </div>
68      </body>
69      </html>
70  </xsl:template>
71  <xsl:template match="books">
72      <table border="1">
73      <tr>
74        <th>ISBNコード</th>
75        <th>書籍</th>
76        <th>著者</th>
77        <th>出版社</th>
78        <th>価格</th>
79        <th>発刊日</th>
80      </tr>
81      <xsl:for-each select="book">
82        <xsl:sort select="@isbn" data-type="text"
          order="ascending" />
83        <tr>
84          <td nowrap="nowrap"><xsl:value-of select
            ="@isbn" /></td>
85          <td nowrap="nowrap">
86            <xsl:element name="a">
```

```
 87          <xsl:attribute name="href">
 88            <xsl:value-of select="url" />
 89          </xsl:attribute>
 90          <xsl:value-of select="name" />
 91        </xsl:element>
 92      </td>
 93      <td nowrap="nowrap"><xsl:value-of select="author" /></td>
 94      <td nowrap="nowrap"><xsl:value-of select="publish" /></td>
 95      <td nowrap="nowrap">
 96        <xsl:choose>
 97          <xsl:when test="price[number(.) &lt;= 3000]">
 98            <span style="font-weight:bold;">
 99              <xsl:value-of select="price" />円
100            </span>
101          </xsl:when>
102          <xsl:otherwise>
103            <xsl:value-of select="price" />円
104          </xsl:otherwise>
105        </xsl:choose>
106      </td>
107      <td nowrap="nowrap"><xsl:value-of select="pDate" /></td>
108    </tr>
109   </xsl:for-each>
110   </table>
111  </xsl:template>
112 </xsl:stylesheet>
```

解説

エクスプローラから「books.xml」を起動すると、一覧表の下部にコンボボックスが表示されます。このコンボボックスの値を変更してみましょう。ボックスに示されたキーで、データが昇順に並べ替えられれば、成功です。

① XSLTスタイルシートの内部にスクリプトを記述する

XSLTスタイルシートのなかにDOMプログラムを記述する場合、<script>タグを使用する点はHTMLの場合と同様ですが、一点だけ注意する必要があります。10、46行目を見てみましょう。

```
 9 <script language="JavaScript">
10 <![CDATA[
       ：
46 ]]>
47 </script>
```

コード全体が、<![CDATA[〜]]>で囲まれていますね。これは「CDATAセクション」と呼ばれ、その内部に記述されたデータがパーサによって解析されないことを意味します。

DOMのコードのなかには、XMLで解析の対象となる文字（<、>など）がたくさん含まれています。当然、これらはパーサが想定しているような、タグの開始文字などではありませんので、そのままではエラーが発生します。そこで、このCDATAセクションでコード全体を囲んでおけば、内部に記述されたすべての文字がパーサからは無視されますので、誤読によるエラーの発生を防げるというわけです。

もちろん、こうした解析対象の文字を「<」「>」のように記述しておくことでも可能ですが、コード自体が読みにくくなるので、あまりおすすめしません。

② XML、XSLTを取得する

本サンプルでは、あらかじめ関連づけられたXMLとXSLTとを再取得し、編集した内容によって再度変換するという流れをとっています。

XMLやXSLTを呼び出すのに、これまではloadメソッドを使ってきましたが、今回のようにすでに動作している現在のドキュメントを呼び出す場合には、より簡易な方法が存在します。11、12行目を見てみましょう。

```
11 var objDoc=document.XMLDocument;
12 var objStl=document.XSLDocument;
```

XMLDocument、XSLDocumentプロパティは、現在動作しているXML文書とXSLTスタイルシートとを直接取得し、XMLDOMDocument2オブジェクトとして返

します。

「books.xml」を起動し、関連づけられた「books.xsl」の読み込みが完了した時点で、14〜45行目で定義してあるユーザ定義関数dispが実行されます。

disp関数内部を概観してみると、大きく前半部と後半部とに分かれます。

前半部は15〜41行目にあたり、選択ボックスで選ばれたオプションをキーに、ソートキーとなる要素（tmp1）、ソートキーのデータ型（tmp2）を取得します。

後半部42〜44行目では、取得したデータをあらかじめ取得してあった<xsl:sort>要素のselect、data-type属性にセットし、再セットされた内容に基づいて、XSLTによる変換を行っています。

③ XMLを動的に変換する

11、12行目で取得されたXSLTスタイルシートは、コンボボックスから入力された内容に従って動的に編集されます。具体的に変更される項目は<xsl:sort>要素のselect属性とdata-type属性です。

変更されたXSLTスタイルシートは、最終的に再度XML文書に対して適用されることになります。それが44行目の部分です。

```
44  dSrt.innerHTML=objDoc.documentElement→
    .transformNode(objStl);
```

transformNodeメソッドは、引数で指定されたXSLTをXML文書に対して適用し、その結果文字列（つまり、変換された結果としてのHTML）を返します。変換結果は、innerHTMLプロパティを使うことによって、51〜53行目（id="dSrt"で表される部分）に動的に埋め込まれます。

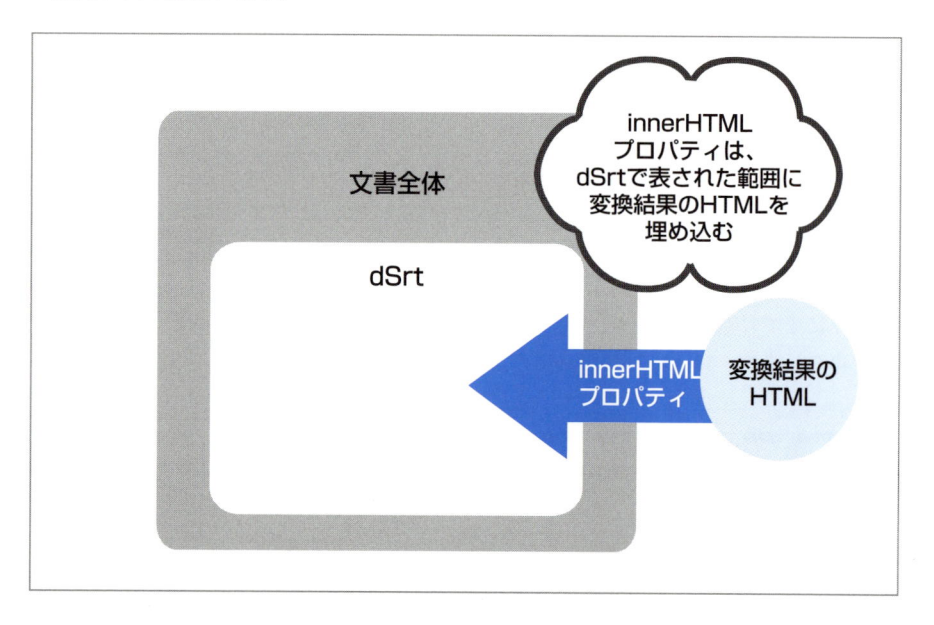

まとめ

- XSLTの内部にスクリプトを記述する場合には、原則、<![CDATA[～]]>でソース全体を囲みます。この部分はCDATAセクションと呼ばれ、内部に書かれたデータはパーサから無視されます。
- 現在動作しているXML文書とXSLTスタイルシートとを取得するには、XMLDocument、XSLDocumentプロパティを使用します。
- transformNodeメソッドは、指定されたXSLTスタイルシートによってXML文書を変換します。

練習問題

Q サンプル「books.xsl」を改良し、昇順、降順の選択を追加してみましょう。

解答は巻末に

第9日 3時限目
蔵書検索システムを作ってみよう
【クライアントサイドでXMLプログラミング③】

これまで学んできたことを生かして、「books.xml」をベースに、蔵書検索システムを作成してみましょう。

今回作成する例題の実行画面

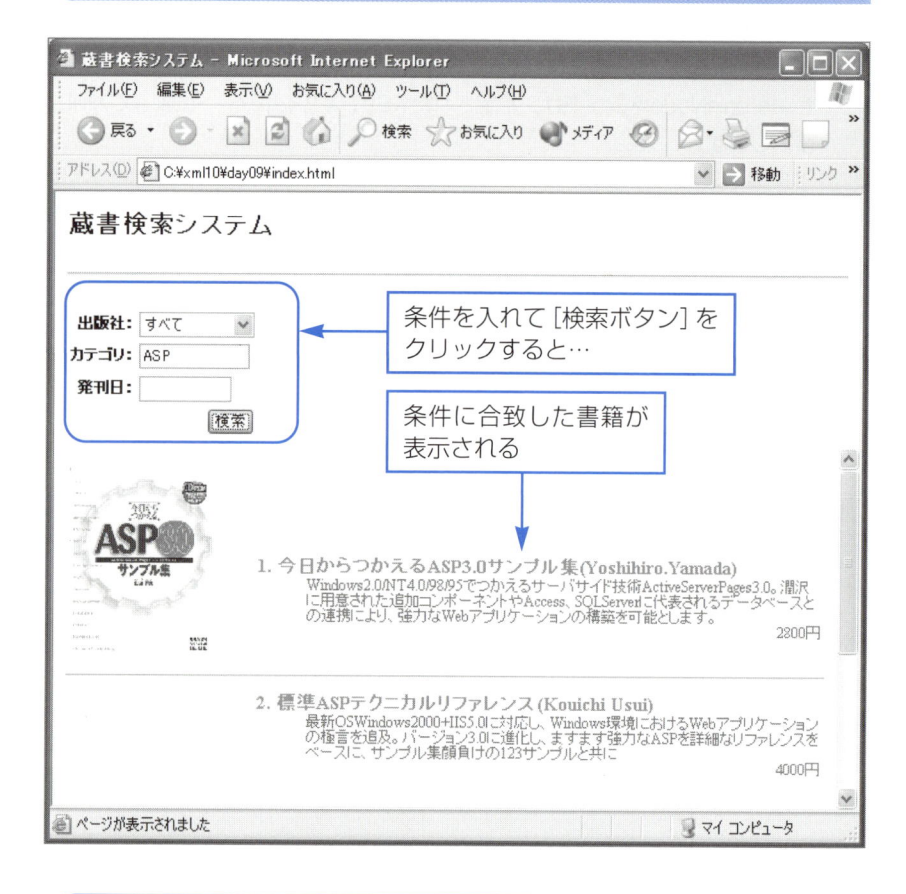

（画面：蔵書検索システム - Microsoft Internet Explorer）

- 条件を入れて [検索ボタン] をクリックすると…
- 条件に合致した書籍が表示される

サンプルファイルはこちら ▶ xml10 ▶ day09-3 ▶ index.html　srch.html　blank.html　result.js

●このレッスンのねらい

　XSLTをベースとした「第9日2時限目：XSLTで動的にソートを行う」とは対照的に、DOMを駆使した内容になっています。DOMの総復習という意味だけでなく、XSLTプログラミングとの違いにも注意を向けてみましょう。
　今後、XSLTとDOMとを二者択一の技術ではなく、補完的に採用していく場合、双方の一長一短を把握しておくことは大変重要です。

操作手順

●あらかじめ「day09」フォルダに、「day03」フォルダの「books.xml」「book2.css」をコピーしておきます。また、「asp3.jpg」「webware.jpg」「xml.jpg」もコピーしておいてください。

1 テキストエディタで新規文書を作成し、「リスト1」～「リスト4」のコードを入力する

コードを入力

2 「day09」フォルダに、それぞれ「index.html」「srch.html」「blank.html」「result.js」という名前で保存する

3 エクスプローラなどから「day09」フォルダを開き、「index.html」を開く

記述するコード

【リスト1：index.html】

```
1  <html>
2  <head>
3  <title>蔵書検索システム</title>
4  </head>
5  <frameset rows="200,*" border="0">
6  <frame src="srch.html" name="up" scrolling="no" →
   noresize="noresize" />
7  <frame src="blank.html" name="down" →
   scrolling="auto" />
8  </frameset>
9  </html>
```

【リスト2：srch.html】

```html
 1 <html>
 2 <head>
 3 <title>検索条件入力</title>
 4 <script language="JavaScript" src="result.js">→
   </script>
 5 </head>
 6 <body>
 7 <h1>蔵書検索システム</h1>
 8 <hr />
 9 <form name="fm">
10 <table>
11 <tr>
12   <th align="right">出版社：</th>
13   <td>
14     <select name="pub">
15     <option value="" selected="selected">すべて→
   </option>
16     <option value="頌栄社">頌栄社</option>
17     <option value="昭和システム">昭和システム</option>
18     <option value="ハードバンク">ハードバンク</option>
19     </select>
20   </td>
21 </tr>
22 <tr>
23   <th align="right">カテゴリ：</th>
24   <td>
25     <input type="text" name="key" size="15" →
     maxlength="15" />
26   </td>
27 </tr>
28 <tr>
29   <th align="right">発刊日：</th>
30   <td>
31     <input type="text" name="pDat" size="12" →
     maxlength="10" />
32   </td>
33 </tr>
34 <tr>
35   <td colspan="2" align="right">
36     <input type="button" name="srch" value="検索" →
     onclick="disp()"/>
```

```
37    </td>
38  </tr>
39  </table>
40  </form>
41  </body>
42  </html>
```

【リスト3：blank.html】

```
1  <html>
2  </html>
```

【リスト4：result.js】

```
 1  function disp(){
 2    var strPub=parent.up.fm.pub.value;
 3    var strKey=parent.up.fm.key.value;
 4    var strDat=parent.up.fm.pDat.value;
 5    var objDoc=new ActiveXObject("Msxml2.DOMDocument");
 6    objDoc.async=false;
 7    objDoc.load("books.xml");
 8    flg=false;
 9    strFlt="/books/book";
10    if(strPub!=""){
11      strFlt+="[(publish = '" + strPub + "')";
12      flg=true;
13    }
14    if(strKey!=""){
15      if(flg){
16        strFlt+=" and ";
17      }else{
18        strFlt+="[";
19        flg=true;
20      }
21      strFlt+="(category ='" + strKey + "')";
22    }
23    if(strDat!=""){
24      if(flg){
25        strFlt+=" and ";
26      }else{
```

```
27        strFlt+="[";
28        flg=true;
29      }
30      strFlt+="(pDate >= '" + strDat + "')";
31    }
32    if(flg){strFlt+="]";}    ── 条件式（xPath式）の生成
33    var clnNod=objDoc.selectNodes(strFlt);  ── 対象ノード
34    with(parent.down.document){                の抽出
35      open("text/html");
36      writeln("<html><head><title>検索結果</title>");
37      writeln("<link rel=¥"stylesheet¥" type=¥"text/→
          css¥" href=¥"book2.css¥" />");
38      writeln("</head><body>");
39      var cnt=1;
40      for(i=0;i<clnNod.length;i++){
41        objNod=clnNod.item(i);
42        objLog=objNod.selectSingleNode("logo");
43        objNam=objNod.selectSingleNode("name");
44        objAut=objNod.selectSingleNode("author");
45        objPrc=objNod.selectSingleNode("price");
46        objMem=objNod.selectSingleNode("memo");
47        writeln("<table border='0'><tr>→
          <td width='150'>");
48        if(objLog!=null && objLog.text!=''){
49          writeln("<img src='" + objLog.text + "' →
          width='120' height='150' />");
50        }
51        writeln("<td valign='bottom'>");
52        writeln("<dl><dt>" + cnt + ".");
53        writeln(objNam.text + "(" + objAut.text + ")" →
          + "</dt>");
54        writeln("<dd>" + objMem.text + "<br />");
55        writeln("<div style='text-align:right'>");
56        writeln(objPrc.text + "円</div></dd></dl>→
          </td></tr></table><hr />");
57        cnt++;
58      }    ──────── 抽出された<book>要素を繰り返し処理
59      writeln("</body></html>");
60      close();
61    }                              ──── 検索結果の表示
62 }
```

解説

コードの保存が終わったら、エクスプローラなどから「index.html」を起動します。
検索条件入力画面が表示されますので、適当な検索キーを入力し、下部フレームに検索結果が表示されれば成功です。

1　各ファイル間の関係

今回のサンプルは、実に6つのファイルが連携して動作しています。
ソースコードの詳細に入る前に、まずそれぞれのファイルの関係を明確にしておきましょう。

ファイル名	説明
books.xml	蔵書情報を格納したXMLファイル
index.html	上下のフレームを生成するためのHTMLファイル
srch.html	検索条件を入力するためのHTMLファイル（上フレーム）
blank.html	初期状態で下フレームを表示するためのダミーのHTMLファイル（下フレーム）
result.js	「srch.html」から呼び出され、XMLファイルの検索、および検索結果の表示を行うJavaScriptファイル
book2.css	result.jsによって生成された検索結果を整形するCSSスタイルシート

2　JavaScriptファイルの分離

ロジックが複雑になってくれば、当然ソースは長大になり、全体として読みにくくもなります。XML+XSLTプログラミングの思想は、データとスタイルを明確に分離し、ソースを扱いやすくすることにありましたが、その分離の思想はDOMプログラミングになっても同じことです。DOMのプログラムだけを外部ファイルとして外出しすることが可能です。「srch.html」の4行目を見てみましょう。

```
4  <script language="JavaScript" src="result.js">→
   </script>
```

これによって、「result.js」に記述されたプログラムが、あたかも「srch.html」のなかに記述されているかのように動作します。

3　検索条件からxPath式を生成する

検索プログラム「result.js」の全体を概観してみましょう。
「result.js」に記述されたユーザ定義関数dispは、大きく前半と後半に分かれます。
前半（2～33行目）は、「srch.html」の<table>要素に入力された検索条件を取得し、その検索条件に当てはまる書籍情報（<book>要素）のかたまりを、XML文書「books.xml」から抽出します。そして後半（34～62行目）では、抽出された<book>

要素配下の詳細情報を読み取り、実際にブラウザに表示します。
　後半は結果データの読み取りだけなので、第5日のレッスンを復習するつもりで読み解いていただくとして、ここでは、本システムの中核とも言うべき、前半部に絞って解説してみることにしましょう。
　2～4行目で、まずは「srch.html」の<table>要素に入力された検索条件を取得して、それぞれ変数に代入します。

```
2   var strPub=parent.up.fm.pub.value;
3   var strKey=parent.up.fm.key.value;
4   var strDat=parent.up.fm.pDat.value;
```

ワンポイント・アドバイス

　JavaScriptのparentプロパティは、現在のフレームの親にあたるドキュメントを参照します。この場合は「index.html」になります。
　そこから<frame name="up">→<form name="fm">→<select name="pub">のように階層を下っていき、最終的にpubで表された選択ボックスのvalueプロパティ（値）を参照してデータを取得してきます。

```
8   flg=false;
```

　変数flgは、10～31行目で設定しているフィルタパターンに1つでもxPathによる条件式が追加されたかどうかを判定します。初期値はfalse（条件式がない）とし、この後、10～31行目で条件式が追加された時点でtrueとなります（12、19、28行目）。

```
9   strFlt="/books/book";
```

　今回、該当する書籍情報（<book>要素）をselectNodesメソッドを使用して抽出しますが、変数strFltにはその引数となるべきxPath式を格納します。
　その初期値として、基底となる<book>要素までのパスを指定しておきます。このあと、「それではどの<book>要素を抽出するのか」を絞り込むのが、10～31行目で行うフィルタパターンの指定です。

```
10  if(strPub!=""){
11    strFlt+="[(publish = '" + strPub + "')]";
12    flg=true;
13  }
```

10～13行目は、検索キーとして「出版社」が指定されているかどうかを見ます。

もしも「出版社」が「すべて」以外であれば（すなわち、変数strPubが空白でなければ）、フィルタパターンとして、たとえば「ハードバンク」が選択されていれば、「[(publish='ハードバンク')」のような文字列を、先ほどの変数strFltに追加します。この時点で変数strFltに格納されたxPath式は「books/book[(publish='ハードバンク'」まで作られたことになります。

このあと、14～22、23～31行目についても、それぞれ「カテゴリ」「発刊日」が指定されているかどうかを判断し（14、23行目）、指定されている場合にはフィルタパターンとして、条件式を追加していきます（21、30行目）。

なお、ここで注意しなければならないのが、先ほど登場した変数flgで、2つめの条件式以降、flgの真偽を判定し、条件を分岐している点です。

つまり、flgがtrueであった場合（15行目）、前になんらかの条件式がすでに書き込まれているということを意味しますので、条件式の連結を意味する「and」を書き込みますし（16行目）、falseである場合（17行目）、条件式のはじまりである「[」を書き込み（18行目、flgをtrueにします（19行目）。

なお、「if(flg){~」は、「if(flg==true){~」と同じ意味です。

ワンポイント・アドバイス

「==」はJavaScriptの比較演算子で、「等しい」を表します。代入を示す「=」とは区別されますので、注意してください（比較式で「=」を使用した場合、式はかならずtrueを返します）。

```
32  if(flg){strFlt+="]"};
```

最終的に32行目の時点でflgがtrueになっていれば、1つでも条件式を書き込んだことになりますので、フィルタパターンの閉じを示す「]」を書き込みます。

```
33  var clnNod=objDoc.selectNodes(strFlt);
```

できあがったxPath式は33行目のselectNodesメソッドの引数となり、「books.xml」から該当する<book>要素を含むXMLDOMNodeListオブジェクトを取得します。

❹ 要素が存在しない場合の対応

プログラムの後半部は、条件に合った<book>要素群を示すXMLDOMNodeListオブジェクトから順に個々の<book>要素を取り出し、さらに配下の各子要素を読み取った結果をHTMLに変換するだけの部分です。

読み取りの部分自体は、もう一度第5日～第6日の復習のつもりで読み取ってみましょう。

ここで注意すべきは、48行目のif文による条件分岐です。

```
48  if(objLog!=null && objLog.text!=''){
```

ワンポイント・アドバイス

「&&」はJavaScriptの論理演算子で、2つの値の論理積を求めるものです。論理積とは、「&&」でつながれた両方の比較式の値がtrueの場合のみtrueとなります。

変数objLogは、42行目で取得された<logo>要素を示しますが、XML文書の内容によってはこれが存在しないケースがありえます。つまり、<logo>要素自体が存在しない（取得したobjLogがnullである）場合、もしくは<logo>要素は存在するが、その中身が空である（取得したobjLogのtextプロパティが空文字列である）場合です。

48行目はこうした場合に、エラーもしくはつぶれた画像が表示されてしまうのを防ぎます。第3日2時限目で扱った「descript.xsl」の20～28行目に該当する箇所と捉えておけばよいでしょう。

まとめ

- <script>タグのsrcオプションを使うことで、JavaScriptのコードをHTMLから分離することができます。
- DOMからのXML文書検索はxPath式を用いて行います。
- 「要素が存在しない」とは正確には、要素が存在しない場合、もしくは要素の内容が空であった場合があります。条件分岐する場合も両方を包括するように、条件式を指定する必要があります。

練習問題

Q 本文サンプル「result.js」を修正し、検索結果を一覧（テーブル）表示してみましょう。
デザインは、第3日2時限目の内容をベースにしてみてください。

解答は巻末に

第10日

サーバサイドで XMLプログラミング

1時限目：XSLTを動的に切り替えてみよう
2時限目：XMLファイルをCSVファイルに変換する
3時限目：データベースの内容をXMLファイルとしてダウンロードする

いよいよ最終日は、サーバサイドスクリプトASP.NET（Active Server Pages.NET）を利用したXMLプログラミングです。これまでのクライアントサイドスクリプトではどうしても限界のあったさまざまな点がサーバサイドスクリプトで解消されることがわかるはずです。

ファイルを起動するだけで動作したクライアントサイドスクリプトと異なり、サーバサイドスクリプトでは事前の設定も必要になります。ただ、本書内の手順に従っていけば、けっして難しいものではありませんので、しりごみせず、まずは実際に動かすことに集中してみましょう。

第10日 1時限目

【サーバサイドでXMLプログラミング①】
XSLTを動的に切り替えてみよう

これまでXML文書内で静的に結びつけていたXSLTスタイルシートを、サーバサイドで動的にマッピングしてみることにします。

今回作成する例題の実行画面

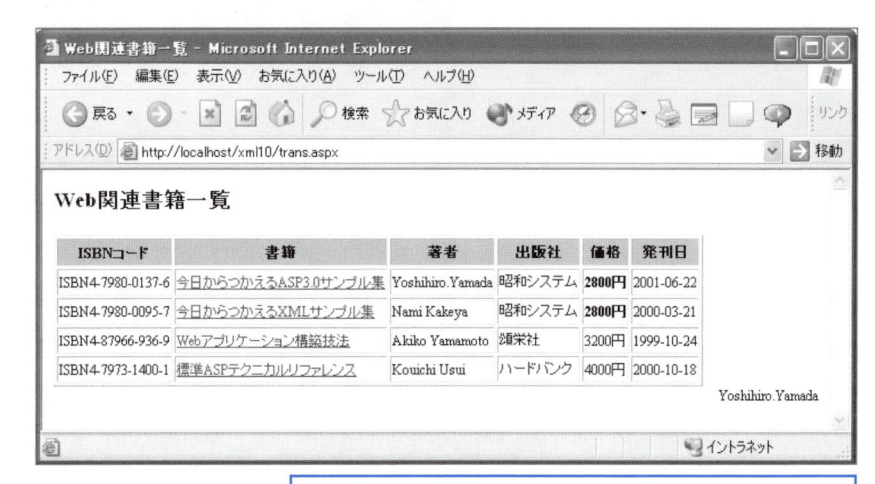

クライアントに送信されるのは変換後のHTMLのみ

サンプルファイルはこちら　xml10　▶　day10-1　▶　**trans.aspx**

● **このレッスンのねらい**

　最終日はサーバサイド技術ASP.NET（Active Server Pages.NET）を活用したXMLプログラミングに挑戦してみます。いきなりASP.NETということで、あるいは面食らう方もいらっしゃるかもしれませんが、XMLでこんなこともできるんだということを実感するためにもめげずに挑戦してみてください。本書では紙面の都合上、ASP.NETに関する詳細は割愛しますが、興味のある方は、拙記事「ASP.NETで学ぶVisual Studio.NETの魅力（http://www.atmarkit.co.jp/fdotnet/aspandvs/index/）」などの専門のサイト、書籍を参考に挑戦してみてください。きっとこれまで以上に拡がるXMLの可能性に驚かされるに違いありません。

操作手順

1 Internet Information Services（IIS）をインストールする

ASP.NETは、IIS上で動作するサーバサイド処理環境です。使用に先立って、必ずIISをインストールしておく必要があります。IISは、Windows 2000/XP（Professional版以上）/Server 2003において、標準で添付しています。

❶ ［コントロールパネル］から［プログラムの追加と削除］を起動し、［Windowsコンポーネントの追加と削除］を選択する。

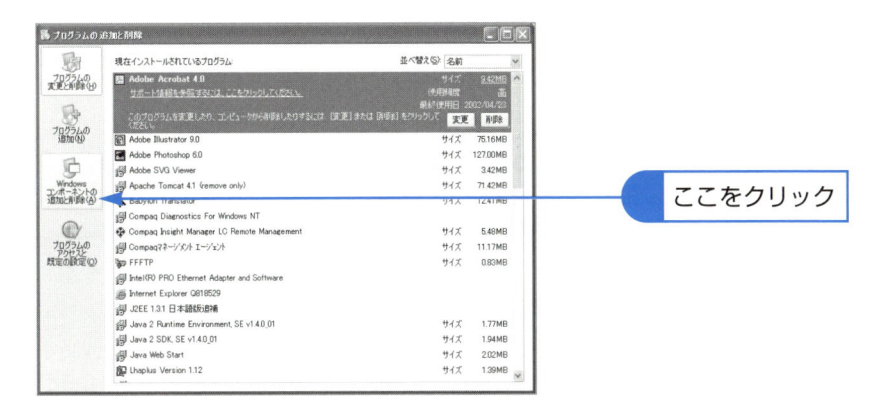

ここをクリック

❷ 「インターネット インフォーメーションサービス（IIS）」にチェックを入れ、［次へ>］ボタンをクリックする。

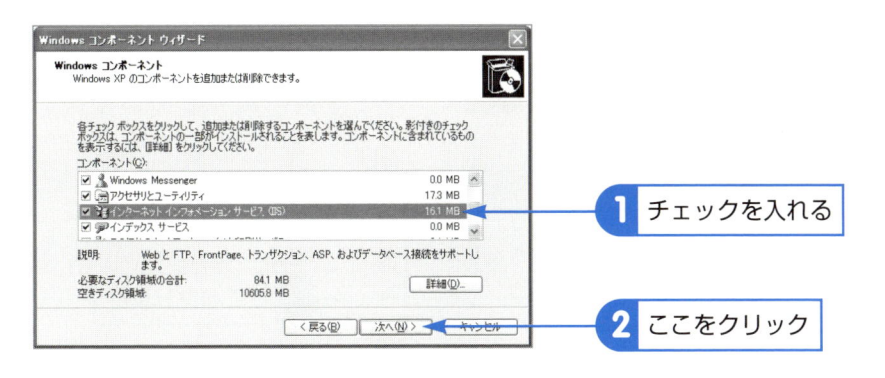

1 チェックを入れる

2 ここをクリック

注意

2004年9月時点では、IIS5.x以上がASP.NET対応の唯一の環境となっています。Windows 98や95で使用可能なPWS（Personal Web Server）やWindows NTのIIS4.xではASP.NETは動作しませんので、注意してください。また、IIS5.xは、Windows Me/XP Home Editionでは使用することができません。

注意

IISは、必ず操作手順②の「.NET Framework SDK」の前にインストールするようにしてください。「.NET Framework SDK」が先にインストールされた場合、IISへのASP.NETの関連づけが正しく行なわれませんので注意してください。また、Windowsのインストール時にすでにIISがインストール済みである場合には①の手順は不要です。

注意

インストール開始時に、WindowsのCD-ROMをセットするように指示される場合があります。その場合、CD-ROMドライブに手持ちのWindowsインストール用CDをセットし、［次へ>］をクリックしてください。

❸インストールが正常に終了すると完了の画面が表示されるので、[完了]ボタンをクリックしてインストールを終了する。

ここをクリック

2 .NET Framework Software Development Kit（SDK）をインストールする

　.NET Framework SDKは、ASP.NETをはじめとした.NET対応アプリケーションを処理、開発するための最低限のツールをまとめたものです。コンパイラやコマンドラインツール、ドキュメントなどが含まれます。
　.NET Framework SDKの最新安定版インストーラ（setup.exe）は、以下のサイトからダウンロード可能です。ダウンロードしたファイルをダブルクリックするだけで、インストーラが起動します。

http://www.microsoft.com/japan/msdn/netframework/

❶「setup.exe」をダブルクリックし、インストーラを起動する。
　「セットアップ」の画面が表示されるので、[はい]ボタンをクリックする。

[インストーラの起動]

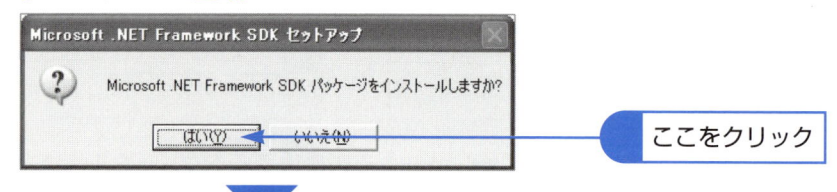

ここをクリック

> **注　意**
> **.NET Framework SDKを…**
> Webサイトから入手する場合、一括ダウンロード用のファイル（160MB）と分割ダウンロード用のファイル（16MB×10）があります。低速な通信回線を使用している場合は、分割ダウンロード用ファイルを使用することをお勧めします。

> **注　意**
> **.NET Framework SDK1.1を…**
> インストールするにあたっては、あらかじめ.NET Framework 1.1再配布可能パッケージと日本語Language Packをインストールしておく必要があります。これらはWindows Updateから導入可能です。

第10日／1時限目●XSLTを動的に切り替えてみよう

[セットアップ開始]

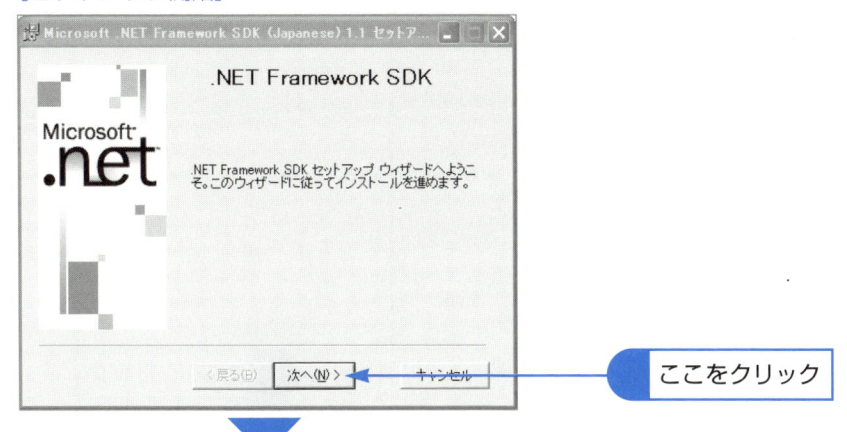

ここをクリック

[使用許諾契約書の確認]

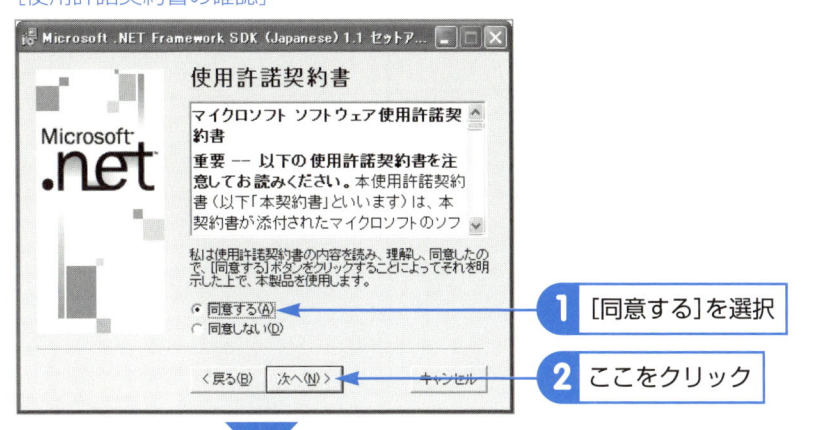

1 [同意する]を選択

2 ここをクリック

[インストール オプションの確認]

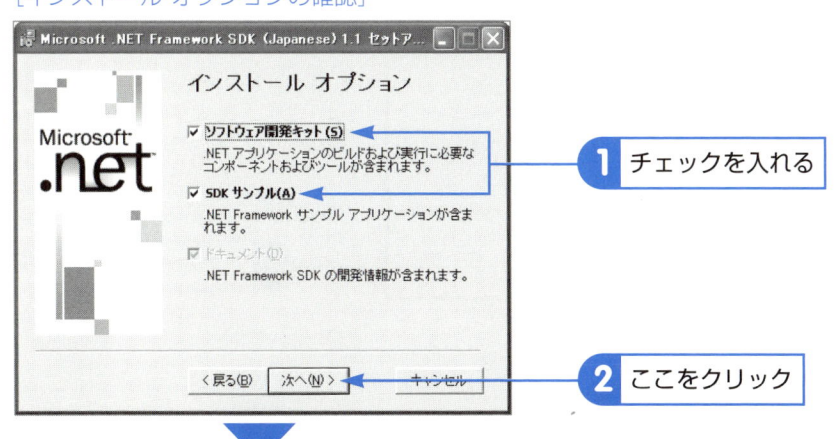

1 チェックを入れる

2 ここをクリック

> **注　意**
>
> インストールの開始時に、モジュールが不足している旨の警告が表示される場合があります（MDAC2.7やセキュリティ関連のパッチなど）。その場合、[終了]ボタンをクリックし、インストール作業を中断した上で、指定されたモジュールをインストールしてください。MDAC2.7のインストールについて、詳細は「サーバサイド技術の学び舎 - WINGS（http://www.wings.msn.to/）」より[サーバサイド環境構築設定]を参照してください。

［コピー先フォルダの選択］

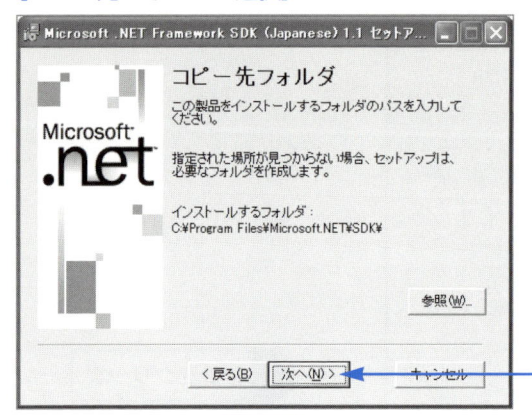

ここをクリック

［インストールの開始］

［インストールの完了］

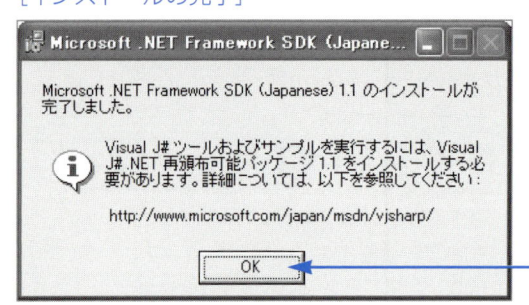

ここをクリック

3 仮想ディレクトリを設定する

IIS上でASP.NETを動かすには、「仮想ディレクトリ」を設定しておく必要があります。仮想ディレクトリはIISに特定の物理フォルダをマッピングすると同時に、インターネット経由でのユーザのアクセス権限を設定します。

仮想ディレクトリは「インターネット インフォメーションサービス」から設定することが可能です。[コントロールパネル]から[管理ツール]-[インターネット インフォメーションサービス]を選択してください。

❶ [既定のWebサイト]を右クリックして、表示されたコンテキストメニューから[新規作成]-[仮想ディレクトリ]を選択する。

> **注意**
> 本書では、Windows XP Professional Editionでの手順をご紹介しますが、Windows 2003 Serverでは、ASP.NETを有効にする手順が若干異なります。詳細については、「サーバサイド技術の学び舎 - WINGS (http://www.wings.msn.to/)」を参照してください。

[仮想ディレクトリの作成]

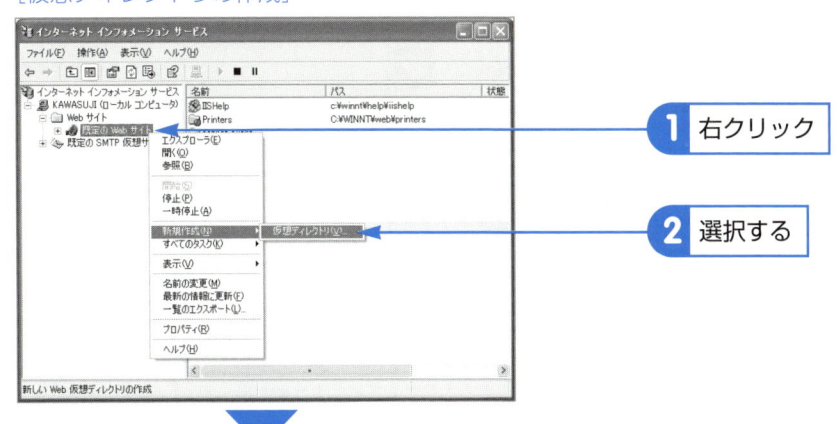

① 右クリック
② 選択する

[仮想ディレクトリウィザードの起動]

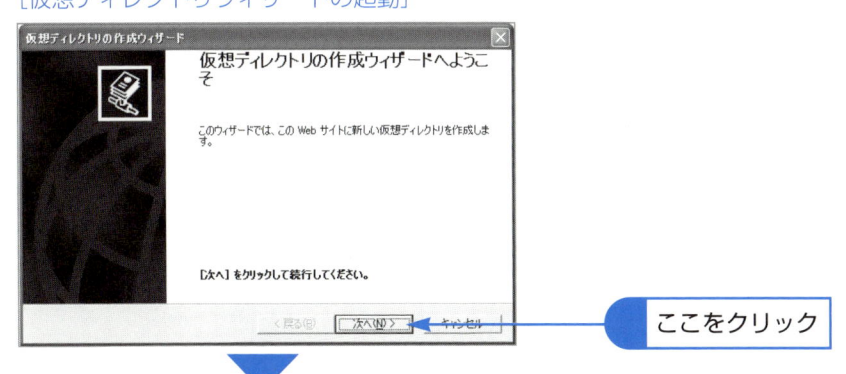

ここをクリック

[エイリアス設定]

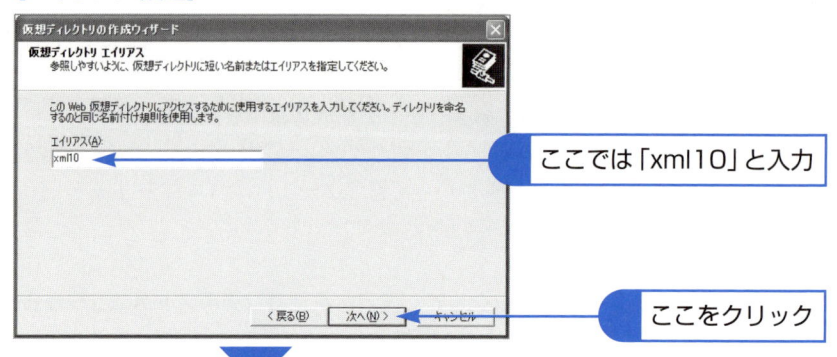

ここでは「xml10」と入力

ここをクリック

[ディレクトリパス設定]

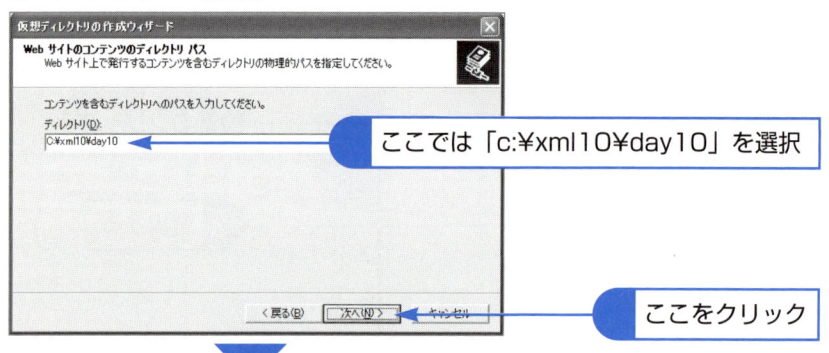

ここでは「c:¥xml10¥day10」を選択

ここをクリック

[アクセス許可設定]

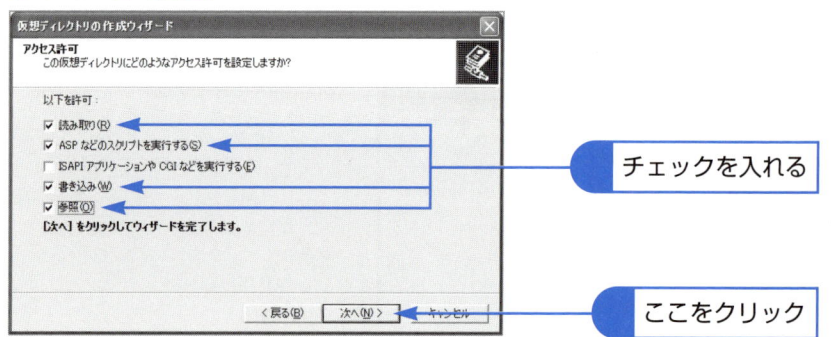

チェックを入れる

ここをクリック

設定項目	概要
エイリアス	仮想ディレクトリ名（ここでは「xml10」とします）
パス	対応する物理フォルダへのパス（ここでは「C:¥xml10¥day10」を選択）
読み取り	ファイルの読み取りを許可（チェック）
ASP等のスクリプトを実行する	ASPスクリプトに対する実行を許可（チェック）
ISAPIアプリケーションやCGI等を実行する	「.dll」や「.exe」ファイルの実行を許可（チェックしない）
書き込み	ファイルへのへの書き込みを許可（チェック）
参照	ディレクトリ内にあるファイルのリスト参照を許可（チェック）

　これによって、「C:¥xml10¥day10」の内容を「http://localhost/xml10/」からアクセス可能になります。

［ウィザードの終了］

ここをクリック

4 必要なファイルをコピーする

　あらかじめ「day02」フォルダの「books.xml」「books.xsl」「books.css」を「day10」フォルダにコピーしておきます。

> **ヒント**
> サーバサイドで動作するASP.NETのファイルは、拡張子「.aspx」で保存します。

5 テキストエディタで新規文書を作成し、「リスト」のコードを入力する。コードは「day10」フォルダに「trans.aspx」という名前で保存する

記述するコード

【リスト：trans.aspx】

```
1  <%@ Page Language="JScript" %>            ページの処理方法を指定するディレクティヴ
2  <%@ Import Namespace="System.Xml" %>
3  <%@ Import Namespace="System.Xml.Xsl" %>  必要な名前空間をインポート
4  <script language="JScript" runat="server">
5  function Page_Load(sender : Object, e : EventArgs){
6    var objDoc : XmlDocument=new XmlDocument();
7    var objTrn : XslTransform=new XslTransform();
8    objDoc.Load(Server.MapPath("books.xml"));
9    objTrn.Load(Server.MapPath("books.xsl"));
10   objXml.Document=objDoc;
11   objXml.Transform=objTrn;
12 }                        ページロード時の処理内容
13 </script>                                 XMLサーバコントロールの定義
14 <asp:Xml id="objXml" runat="server" />
```

解説

　IISを起動し、ブラウザから「http://localhost/xml10/trans.aspx」と入力します。P224のキャプチャのような一覧画面が表示されれば成功です。

　なお、「.aspx」ファイルは、これまでのようにエクスプローラから直接起動することはできませんので、注意してください。

① サーバサイドでXMLを処理する意味

　第9日までは「クライアントサイド」（つまり、ブラウザ上）でXMLやXSLT、DOM、XMLSchemaなどの処理を行ってきました。これをあえてサーバサイドで行うという意味（メリット）は何でしょうか。別にクライアントで事足りていたものならば、あえてサーバサイド技術などという新しいものに手を出す必要はないはずです。

　しかし、サーバサイドでXML技術を処理することは、確かに意味のあることなのです。

　たとえば、クライアントサイドのブラウザがXMLに対応していなかったらどうでしょう。なるほど、代表的なInternet ExplorerやNetscape Navigatorのようなブラウザの最新版はXMLにも対応しています。しかし、昨今とみに普及の度合いを増してきた携帯端末や携帯電話はどうでしょう。それ自身はきわめてシンプルなブラウザ機能しかもっていませんから、（たとえば）XML+XSLTを処理することはできません。

　しかし、考えてみてください。もともとがXML+XSLTの組み合わせとは、クライアント環境によって自由なレイアウトを提供できるという点にメリットがあったはずです。ひとつのソースで（One Source）、ユーザごとの多様な用途に活用できる（Multi Use）──しかし、そのメリットもXML技術自体がクライアント環境に依存してしまうとしたら、いかにもナンセンスな話になってしまいます。

　そこで、サーバサイド技術の登場なのです。サーバサイドでXMLを処理するということは、クライアントにはすでに処理された結果──つまり、HTMLのようなより環境依存しにくいコンテンツのみが送信されることを意味します。もちろん、クライアントが携帯電話のような場合でも、それに見合ったCompact HTMLやWML（Wireless Markup Language）などの形式に「サーバ側で」変換することが可能です。

　つまり、XML+XSLTのメリットはサーバサイド技術と融合してこそ、真価を発揮するものだと言えましょう。

> **ヒント**
> XMLの処理は一般的に高負荷です。これをサーバサイドで処理することで、クライアントのマシンスペックに左右されない安定した処理が可能になるというメリットもあります。

【サーバサイド技術を利用する意味】

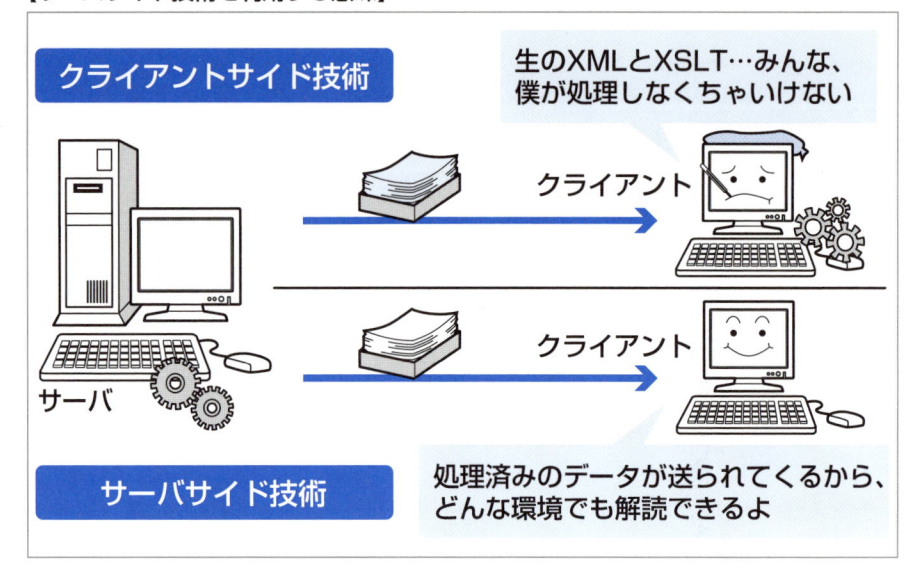

クライアントサイド技術
生のXMLとXSLT…みんな、僕が処理しなくちゃいけない
サーバ → クライアント

サーバサイド技術
処理済みのデータが送られてくるから、どんな環境でも解読できるよ
サーバ → クライアント

② 必要な名前空間をインポートする

　ASP.NETにおいては、コード中で使用するクラス（コンポーネント部品）を含む名前空間をあらかじめインポートしておく必要があります。「名前空間」とは1個以上のクラス部品を機能単位にグルーピングしたものと思っておけば良いでしょう。Javaをご存知の方は「パッケージ」とほぼ同様の概念と思っておいても良いかもしれません。

　XML文書を保持するXmlDocumentクラスはSystem.Xml名前空間に、XSLTスタイルシートによる変換処理をつかさどるXslTransformクラスはSystem.Xml.Xsl名前空間に、それぞれ属しています。これらを使用するに先立って、2つの名前空間をインポートしておきます。名前空間をインポートするには、@Importディレクティブを用います。

> **ヒント**
> 各クラスがどの名前空間に属しているかは、SDKに付属しているリファレンス・ドキュメントから参照することができます。

```
2 <%@ Import Namespace="System.Xml" %>
3 <%@ Import Namespace="System.Xml.Xsl" %>
```

ワンポイント・アドバイス

　冒頭の<%@ Page %>はディレクティブと呼ばれるページごとの宣言で、ここでは「.aspx」ファイル内で使用される言語を宣言します。「.aspx」ファイルではVisual Basic.NETやC#（シャープ）、JScript.NETなどを使用することができますが、本書では第9日まで使用してきたJScriptの後継、JScript.NETを採用することにします。

③ サーバコントロールを利用する

　ASP.NETでは「サーバコントロール」というしくみを利用することができます。「サーバコントロール」とは、その名のとおり、サーバサイドで制御することができる一種の部品で、テキストボックスやチェックボックスのようなフォーム部品からデータベースへの接続やコマンドを管理する不可視のコントロール、カレンダや今回扱うXMLコントロールのような複合的な機能を提供するリッチ（高機能）コントロールまで、その種類は豊富です。

　部品化技術という意味ではクラスやコンポーネントにも似ていますが、いわゆるタグの形式で記述できる点が初心者にも扱いやすく、また、Visual Studio.NETのようなIDE（Integrated Development Environment：統合開発環境）からもGUIベースで画面設計ができるという点が特徴です。

```
14  <asp:Xml id="objXml" runat="server" />
```

　今回取り上げるXMLコントロールは、指定されたXML文書とXSLTスタイルシートとをマッピングし、XSLT変換した結果をクライアントに返すためのコントロールです。今回の例では、プログラム上からファイル名を指定していますが、以下のようにコントロール上に直接ファイル名を指定することも可能です。

```
<asp:Xml id="objXml" runat="server"
        DocumentSource="books.xml"
        TransformSource="books.xsl" />
```

　id属性はプログラム中からコントロールを一意に識別するための名前を、runat属性はコントロールがサーバ側で処理される「サーバコントロール」であることを示します（設定値"Server"は固定値です）。

ヒント

サーバコントロールはタグの形式で記述しますが、閉じタグがない場合は開始タグを「/>」で閉じなければならないなど、その構文規則はXMLのそれに準じます。

COLUMN

XMLコントロールの応用的な用法

　XMLコントロールでは、以下のように、XML文書を直接にXMLコントロールの配下に指定することもできます。

```
<asp:Xml id="objXml" TransformSource="books→
.xsl" runat="server">
  <?xml version="1.0" encoding="Shift_JIS" ?>
  <books title="Web関連書籍一覧">
    <owner address="CQW15204@nifty.com">
    Yoshihiro.Yamada</owner>
    <book isbn="ISBN4-7980-0137-6">
      <name>今日からつかえるASP3.0サンプル集</name>
      <author>Yoshihiro.Yamada</author>
      <logo>asp3.jpg</logo>
      <category>ASP</category>
      <url>http://member.nifty.ne→
      .jp/Y-Yamada/asp3/</url>
        ...中略...
    </book>
  </books>
</asp:Xml>
```

　本書では扱いませんが、これによって、サーバ上で動的に生成された（たとえばデータベースなどから抽出された）XML文書をXSLTスタイルシートで変換するというような操作も可能になるでしょう。

④ ページ起動時の動作を規定する

　ASP.NETは、イベントドリブン型（イベント駆動型）の処理モデルを提供します。ASP.NETでは、イベント──つまり、「ページが起動した」「ユーザがボタンをクリックした」などのアクションをトリガー（きっかけ）として、ある特定のプロシージャ（手続き）を実行します。ちなみに、イベントによって処理されるひとかたまりの手続きのことを「イベントプロシージャ」と言います。

　イベントプロシージャは、<script>タグのなかに記述します。XMLコントロールを記述する場合同様、runat属性に"Server"をセットするのを忘れないようにしてください。

```
 4  <script language="JScript" runat="server">
 5  function Page_Load(sender : Object, e : EventArgs){
 6    var objDoc : XmlDocument=new XmlDocument();
 7    var objTrn : XslTransform=new XslTransform();
 8    objDoc.Load(Server.MapPath("books.xml"));
 9    objTrn.Load(Server.MapPath("books.xsl"));
10    objXml.Document=objDoc;
11    objXml.Transform=objTrn;
12  }
13  </script>
```

　Page_Loadイベントプロシージャは、ページがロード（起動）したタイミングで呼び出されるプロシージャで、このなかで、先ほど14行目で定義したXMLコントロールに対して、XML文書とXSLTスタイルシートの割り当てを行ないます。

ワンポイント・アドバイス

　JScript.NETが既存のJScript（JavaScript）と大きく異なる点は、データ型に厳密であるという点です。既存のJScriptではデータ型を明示する必要はありませんでしたが、JScript.NETでは関数の引数（パラメータ）宣言や変数宣言に際して、「変数名：データ型」の形式でデータ型を宣言するようにしてください。
　たとえば、オブジェクトを生成する場合の構文は以下のとおりです。

```
var 変数名 : クラス名=new クラス名();
```

　生成されたXmlDocument、XslTransformオブジェクトに、それぞれXML文書books.xml、XSLTスタイルシートbooks.xslを格納するのは、第5日でも学習したLoadメソッドの役割です。ただし、サーバサイドでファイル名を指定するに際しては、絶対パスで指定する必要がある点に注意してください。Server.MapPathメソッドは指定されたファイル名（相対パス）に対応する絶対パスを返す命令です。

　対象のXML、XSLTが呼び出されたら、あとはXMLコントロールにそれぞれオブジェクトを割り当てるだけです（10～11行目）。オブジェクト名のobjXmlは、先にも説明したとおり、<asp:Xml>のなかで指定されたid属性に対応します。

　あとは、自動的にXMLサーバコントロールが割り当てられたXML/XSLTを処理し、変換結果をクライアントに送信します。クライアントには変換によって生成されたHTMLのみが送信されます。

> **ヒント**
> Page_Loadイベントプロシージャには、引数としてイベントを発生したオブジェクトを表わすObjectオブジェクトとイベント情報を保持するEventArgsオブジェクトを渡す必要があります。ここでは、上記サンプルの記述をひとつの決まりごとだと思って、そのまま覚えてしまいましょう。

> **ヒント**
> コード中に絶対パスをハードコーディングしても同意ですが、コードの可搬性や保守性を考慮した時には、あまりお勧めできない方法です。Server.MapPathメソッドを使用することで、コード中の相対パスを動的に絶対パスに変換することが可能になります。

> **ヒント**
> ServerはASP.NET内で暗黙的に（特別な宣言を必要とせずに）使用できるオブジェクトのひとつです。その他に、Request、Application、Session、Responseのようなオブジェクトが用意されています。

まとめ

- ASP.NETはIIS5.x以上で動作するサーバサイド処理環境です。動作にあたっては、.NET Frameworkをあらかじめインストールしておく必要があります。
- ASP.NETにはさまざまなサーバコントロールが用意されています。サーバコントロールはサーバ側から制御することができる部品のことで、タグの形式で記述することができます。
- ASP.NETはイベントドリブンの処理モデルを提供します。たとえば、Page_Loadイベントはページが呼び出されたタイミングで発生し、対応するイベントプロシージャを呼び出します。
- <asp:Xml>は指定されたXML文書とXSLTスタイルシートを関連づけ、XSLT変換を制御するためのサーバコントロールです。XMLサーバコントロールを用いることで、プログラムから動的にXML/XSLTを指定したり、データベースから動的に生成されたXML文書をXSLT変換するなどの処理も可能になります。

練習問題

Q ASP.NETを使って、XML文書books.xmlをXSLT変換してみることにしましょう。その際に、以下の条件を満たすようにコードを記述してください。
（1）クライアントが"Internet Explorer（IE）"である場合にはdescription.xsl（第3日に使用）を、それ以外の場合にはbooks.xsl（第2日に使用）を適用します。
（2）XSLT変換には、<asp:Xml>サーバコントロールを使用してください。

［ヒント1］
　クライアントが"Internet Explorer（IE）"であるかどうかは、Request.UserAgentプロパティを介して調べることができます。Request.UserAgentプロパティは、アクセスしてきたユーザのユーザエージェントを返します。このユーザエージェント文字列のなかに、"IE"という文字列が含まれているかどうかを判定してください。

［ヒント2］
　StringクラスのindexOfメソッドは、指定された部分文字列がもとの文字列中に含まれている場合、その開始文字位置を返します。indexOfメソッドは、もしも部分文字列が見つからなかった場合には0を返します。indexOfメソッドの構文は以下のとおりです。

```
文字列.indexOf(部分文字列)
```

> **ヒント**
> ユーザエージェントには、クライアントが使用してるOSやブラウザの種類、バージョンなどの情報が含まれます。

…………………………………………………………… 解答は巻末に

第10日 2時限目
XMLをCSVファイルに変換する
【サーバサイドでXMLプログラミング❷】

あらかじめ用意されたXMLファイル「books.xml」をカンマ区切りテキスト「result.csv」に変換し、保存します

今回作成する例題の実行画面

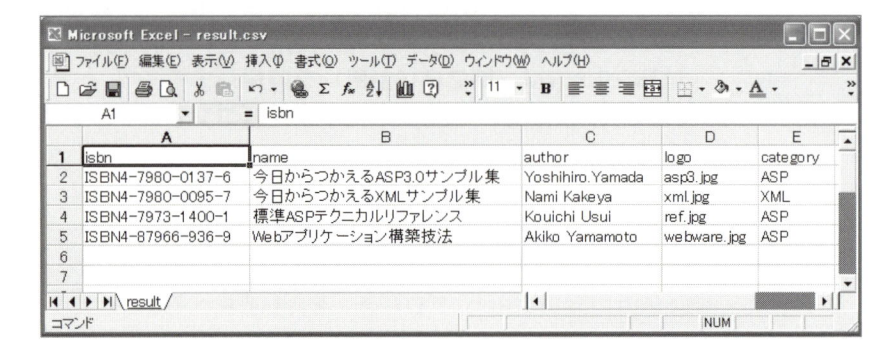

変換されたCSVファイルを表計算ソフトで開いたところ

サンプルファイルはこちら　xml10 ▶ day10-2 ▶ books.xml　xml2csv.aspx

●このレッスンのねらい

いくらXMLファイルが汎用性あるデータ形式であるといっても、まだまだ対応していないソフトやシステムは数多く存在します。そんなときのために、用意されたXMLファイルを他形式のファイルに変換するしくみを用意しておくことは大変重要です。

本サンプルを参考に、タブ区切りテキストや固定長ファイルなど、さまざまなフォーマットへの変換にも挑戦してみましょう。

操作手順

1 「day10」フォルダの「books.xml」をベースに、「リスト1」のように要素の順番を整え、一部の要素を削除した上で、上書き保存する

2 新規に文書を作成し、「リスト2」のコードを入力して、「day10」フォルダに「xml2csv.aspx」という名前で保存する

> **ヒント**
> CSVファイルに保存する場合、子要素をすべての<book>要素配下において揃えておく必要があります。もちろん、子要素が不揃いでも大丈夫なようにプログラムを組むこともできますが、ソースが冗長となりますので、ここでは割愛します。

> **注意**
> 本項のサンプルを動作させるためには、あらかじめIISや.NET Frameworkの環境を整えておく必要があります。もしもまだ環境が整っていない場合には、1時限目の操作手順①～③を行なってください。

記述するコード

【リスト1：books.xml】

```
 1  <?xml version="1.0" encoding="Shift_JIS" ?>
 2  <books title="Web関連書籍一覧">
 3    <book isbn="ISBN4-7980-0137-6">
 4      <name>今日からつかえるASP3.0サンプル集</name>
 5      <author>Yoshihiro.Yamada</author>
 6      <logo>asp3.jpg</logo>
 7      <category>ASP</category>
 8      <url>http://member.nifty.ne.jp/Y-Yamada/asp3/
        </url>
 9      <price>2800</price>
10      <publish>昭和システム</publish>
11      <pDate>2001-06-22</pDate>
12    </book>
13    <book isbn="ISBN4-7980-0095-7">
14      <name>今日からつかえるXMLサンプル集</name>
15      <author>Nami Kakeya</author>
16      <logo>xml.jpg</logo>
```

> **ヒント**
> 一部要素の内容を変更した他、<?xml-stylesheet ?>処理命令、<owner>要素、<memo>要素などを削除しています。もちろん、これら要素をそのままにしても対応するプログラムを作ることはできますが、ソースが冗長になりますので、本書では割愛します。

```
17      <category>XML</category>
18      <url>http://member.nifty.ne.jp/Y-Yamada/xml/→
        </url>
19      <price>2800</price>
20      <publish>昭和システム</publish>
21      <pDate>2000-03-21</pDate>
22    </book>
23    <book isbn="ISBN4-7973-1400-1">
24      <name>標準ASPテクニカルリファレンス</name>
25      <author>Kouichi Usui</author>
26      <logo>ref.jpg</logo>
27      <category>ASP</category>
28      <url>http://member.nifty.ne.jp/Y-Yamada/ref/→
        </url>
29      <price>4000</price>
30      <publish>ハードバンク</publish>
31      <pDate>2000-10-18</pDate>
32    </book>
33    <book isbn="ISBN4-87966-936-9">
34      <name>Webアプリケーション構築技法</name>
35      <author>Akiko Yamamoto</author>
36      <logo>webware.jpg</logo>
37      <category>ASP</category>
38      <url>http://member.nifty.ne.jp/Y-Yamada/→
        webware/</url>
39      <price>3200</price>
40      <publish>頌栄社</publish>
41      <pDate>1999-10-24</pDate>
42    </book>
43 </books>
```

【リスト2：xml2csv.aspx】

```
1 <%@ Page Language="JScript" %>           ページの処理方法を指定するディレクティヴ
2 <%@ Import Namespace="System.IO" %>
3 <%@ Import Namespace="System.Xml" %>
4 <%@ Import Namespace="System.Text" %>    必要な名前空間をインポート
5 <script language="JScript" runat="Server">
6 function Page_Load(objSnd : Object, e : EventArgs){
7   var strNam : String;
```

```
 8    var strBld : StringBuilder=new StringBuilder();
 9    var objSW : StreamWriter=new StreamWriter
      (Server.MapPath("result.csv"),false,Encoding.
      GetEncoding(932));
10    objSW.Write("isbn,name,author,logo,category,url,
      price,publish,pDate\r");
11    var objRed : XmlTextReader=new XmlTextReader(
      Server.MapPath("books.xml"));
12    while(objRed.Read()){
13      switch(objRed.NodeType){
14        case XmlNodeType.Element :
15          if(objRed.Name=="book"){
16            strNam=objRed.Name;
17            while(objRed.MoveToNextAttribute()){
18              strBld.Append(objRed.Value + ",");
19            }
20          }else{
21            strNam=objRed.Name;
22          }
23        case XmlNodeType.Text :
24          if(strNam=="name" || strNam=="author" ||
          strNam=="logo" || strNam=="category" ||
          strNam=="url" || strNam=="price" ||
          strNam=="publish" || strNam=="pDate"){
25            if(objRed.Value!="" && objRed.Value!=null){
26              strBld.Append(objRed.Value + ",");
27              if(strNam=="pDate"){strBld.Append("\r");}
28            }
29          }
30      }
31    }
32    objSW.Write(strBld.ToString());
33    objSW.Close();
34  }
35  </script>
36  <html>
37  <head>
38  <title>XMLファイルからCSVファイルへの変換</title>
39  </head>
40  <body>
41  CSVファイルへの変換が完了しました。
42  </body>
43  </html>
```

注釈:
- 要素ノードの処理方法 (14〜22行)
- テキストノードの処理方法 (23〜29行)
- XML文書の読み取り (12〜31行)
- ページロード時の処理内容 (〜34行)

解説

IISを起動し、ブラウザから「http://localhost/xml10/xml2csv.aspx」と入力します。実行後、「xml2csv.aspx」を格納したのと同じフォルダ上に変換結果である「result.csv」ができており、Excelなどの表計算ソフトからきちんと開くことができれば成功です。

> **ヒント**
> 本サンプルを動作するには、当該フォルダに対して書き込み権限をもつ必要があります。正常に動作していない場合には、仮想ディレクトリ上、また、物理フォルダに対して書き込みの権限を与えるようにしてください。ASP.NETの内部的な実行ユーザはASPNETです。

① XML文書をシーケンシャルに処理する

これまで学んできたDOMの世界では、あらかじめXML文書をツリー構造として展開することで、ドキュメント中の要素にランダムにアクセスすることができます。しかし、XML文書の容量が巨大になればなるほど、消費するメモリリソースが増大するのもDOMの世界です。

なるほど、DOMはXML文書に対する（ほぼ）あらゆる処理を可能にするAPIではありますが、現実の世界でそこまでの機能が本当に必要なのでしょうか。実際のXML文書のやりとりにおいて、要素の順番が入れ替わったり、省略せざるを得ないようなフレキシブルな状況がどれだけあるでしょう。

多くの場合、システム間で交換されるXMLの形式は、やりとりする両者の間で厳密に決まっているのが一般的ですし、ましてや要素の欠落や順番の不揃いなどは原則的にありえません。つまり、XML文書をわざわざランダムに処理しなければならない局面というのは、多くのオペレーションにおいて、きわめて少ないと言えます。

そこで登場したのが、XmlTextReaderと呼ばれるクラスです。ASP.NETにおいては、このXmlTextReaderクラスを用いることで、XML文書の各ノードを順番に読み込み、処理することが可能になります。XmlTextReaderクラスによる処理においては、XML文書全体を一度にメモリに展開する必要はありませんので、大容量のXML文書を処理する場合でも、比較的小さな負荷で処理を進めることができます。

【DOMとXmlTextReaderクラス】

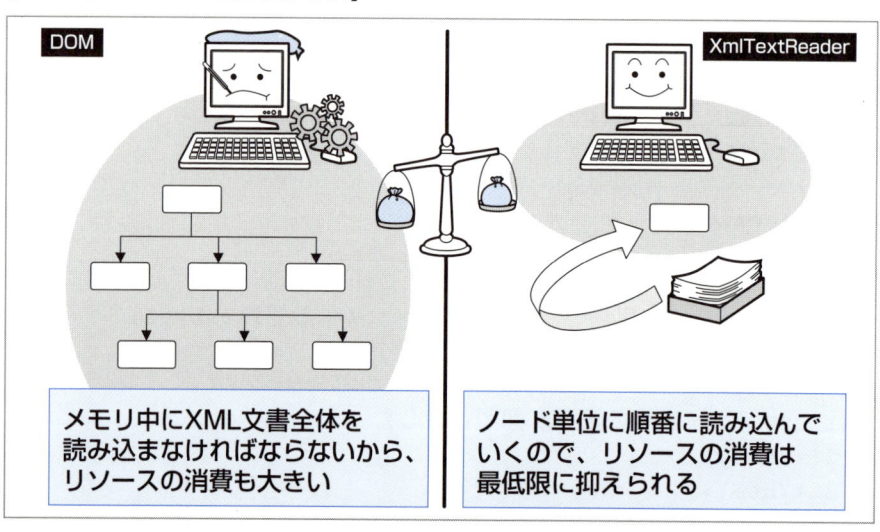

DOM / XmlTextReader

メモリ中にXML文書全体を読み込まなければならないから、リソースの消費も大きい

ノード単位に順番に読み込んでいくので、リソースの消費は最低限に抑えられる

XMLTextReaderクラスの処理はいささか特殊で、シーケンシャルにノードを読み込んでいく過程で、カレントノードの情報をプロパティ値として保持します。プログラマはこのプロパティ値に従って処理を分岐し、また必要な処理を記述していきます。
　処理はXmlTextReaderオブジェクトのReadメソッドがFalseを返す（読み取るノードが存在しない＝XML文書の終端である）まで繰り返します。

```
12  while(objRed.Read()){
13    switch(objRed.NodeType){
14      case XmlNodeType.Element :
  :       // カレントノードが要素ノードであった場合の処理
23      case XmlNodeType.Text :
  :       // カレントノードがテキストノードであった場合の処理
30    }
31  }
```

C O L U M N

SAXとXmlTextReader

　あるいは、SAX（Simple API for XML）と呼ばれるアーキテクチャについて、聞いたことがある方もいらっしゃるかもしれません。SAXは上でも紹介したXmlTextReaderクラス同様、XML文書のシーケンシャルな処理をつかさどるAPIのひとつで、標準的に認知されているかどうかという意味ではSAXの方がおそらくうわ手でしょう。

　サーバサイドの分野でも、SAX技術はサーブレットやPHPなどで採用されているのに対して、XmlTextReaderクラスはあくまでASP .NET固有の技術です。

　それではなぜASP.NETではSAXを採用せずにXMLTextReaderクラスを採用したのでしょうか。あえて標準的なSAXを捨ててまでXMLTextReaderクラスを新たに提供したのはなぜなのでしょう。

　それはSAXというインターフェイスのわかりにくさという点が挙げられます。なるほど、大量にメモリを消費するDOMの代替として、SAXは貴重なソリューションであったと言えます。しかし、SAXが採用したイベントドリブン処理モデルは、「要素ノードが発生した」「テキストノード」が発生したというイベントの単位にプロシージャ（手続き）を記述しなければならない分散管理の世界です。つまり、シーケンシャルにXML文書を処理しているにも関らず、現在の「状態」を管理するにはまた別なロジックを「自分で」記述しなければならなかったわけです。これは大変に面倒なことでした。

　ですが、XmlTextReaderクラスによる処理は、文字どおり、シーケンシャルです。現在の状態も追いやすく、XmlTextReaderというひとつのクラスですべてが管理できます。

　そうした意味で、XmlTextReaderクラスは、SAXという先駆者に対する「.NET」世界の挑戦であると言えましょう。

【SAXとXmlTextReaderの違い】

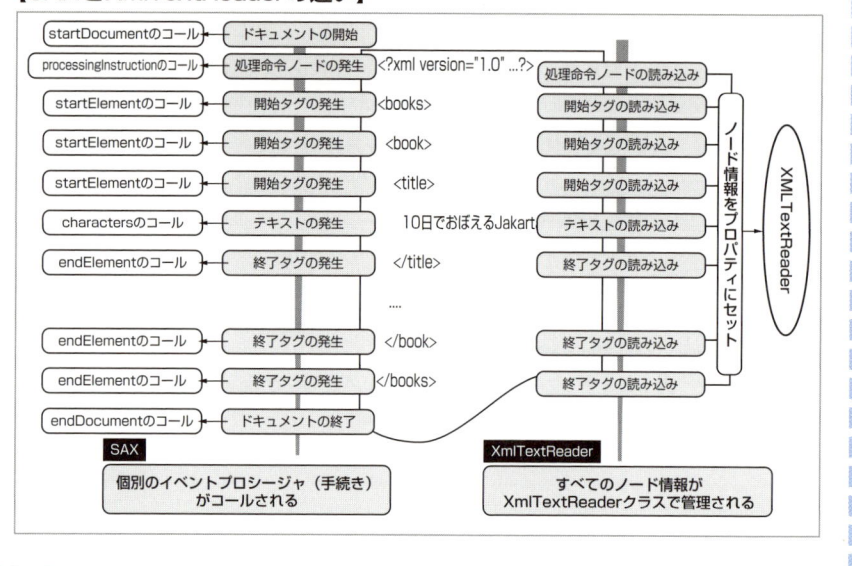

```
startDocumentのコール        → ドキュメントの開始
processingInstructionのコール → 処理命令ノードの発生    <?xml version="1.0" ...?>    処理命令ノードの読み込み  ┐
startElementのコール         → 開始タグの発生         <books>                     開始タグの読み込み        │
startElementのコール         → 開始タグの発生         <book>                      開始タグの読み込み        │ ノード情報をプロパティにセット   XmlTextReader
startElementのコール         → 開始タグの発生         <title>                     開始タグの読み込み        │
charactersのコール           → テキストの発生         10日でおぼえるJakart        テキストの読み込み        │
endElementのコール           → 終了タグの発生         </title>                    終了タグの読み込み        │
                                                   ....                                                  │
endElementのコール           → 終了タグの発生         </book>                     終了タグの読み込み        │
endElementのコール           → 終了タグの発生         </books>                    終了タグの読み込み        ┘
endDocumentのコール          → ドキュメントの終了

  SAX                                                                            XmlTextReader
  個別のイベントプロシージャ（手続き）                                              すべてのノード情報が
  がコールされる                                                                   XmlTextReaderクラスで管理される
```

② 出力先を用意する

　今回は、生成された変換結果をテキストファイル「result.csv」に出力します。
　テキストファイルに対するアクセスを可能にするのは、StreamWriterクラスです。StreamWriterを利用するための準備は、以下9行目のとおりです。

```
9  var objSW : StreamWriter=new StreamWriter→
   (ServerMapPath("result.csv"),false,Encoding.→
   GetEncoding(932));
```

> **ヒント**
> GetEncodingメソッドは、引数にコードページを指定することで、対応する文字エンコーディングを返します。日本語Shift_JISに対応するコードページ番号は932になります。ちなみに、Unicodeには1200、Windows-1252には1252、UTF-8には65001が対応します。

　第2引数は、ファイルを追加書き込みモードで開くか（true）、それとも、新規書き込みモードで開くか（false）を指定します。今回のようなケースでは、第2引数にtrueを指定した場合、既存ファイルの内容に結果が追記されてしまいますので、注意してください。また、第2引数の指定に関らず、指定したファイルが存在しない場合、StreamWriterクラスは新規に指定されたファイルを作成します。
　StreamWriterクラスでは、そのほか、第4引数として、バッファサイズを指定することも可能です。通常、StreamWriterクラスは既定のバッファサイズを利用して書き込みを行ないますが、リソース・パフォーマンス等々の観点から自分で調整したい場合に用います。なお、StreamWriterクラスは、文字コードとしてデフォルトでUTF-8を採用します。したがって、今回のようにShift_JISコードでテキストファイルを記録したいなどという場合には、第3引数として文字エンコードを明示する必要があります。あらかじめShift_JISなどのローカル文字コードで記録されたテキストファイルに対して、UTF-8など異なる文字コードで追記、書き込みを行なった場合、文字化けの原因となりますので、注意してください。

3 ファイルに書き込む文字列を準備する

　今回のように、入力された文字列をカンマ区切りで連結するには、StringBuilderクラスを使用するのがより好ましい選択肢です。

　JavaScriptをよくご存じの皆さんは、文字列の連結ならば「+」演算子で行なえばいいではないかと思われるかもしれません。しかし、String（文字列）クラスは、実は「不変の」文字列を表現するクラスです。「不変の」というのは、最初に中身が初期化された時点でStringクラスは中身を変更することができなくなってしまうのです。でも、Stringクラスの値であっても、途中で値を変更したり、または中身を加工したりといったことを行なっているのではないか、そう思われる方もいるかもしれません。しかし、そうした値の変更を伴なう操作を行なった場合にも、Stringクラスは内部的に新たなStringクラスを生成して、該当する操作の結果を格納しているのです。

　そうした意味では、「+」演算子を利用した文字列連結の場合、元の文字列と連結する文字列と、その結果生成される文字列と、なんと3つのStringクラスが内部的に生成されているのです。こうした操作が、なんとも非効率であることは、感覚的にお分かりいただけるのではないでしょうか。

【String/ StringBuilderクラス】

Stringクラス

文字列A ＋ 文字列B → 連結された文字列C

※合計3つのStringクラスが発生する

StringBuilderクラス

文字列B
↓
文字列A

※1つのStringBuilderクラスに文字列が追加されるのみ

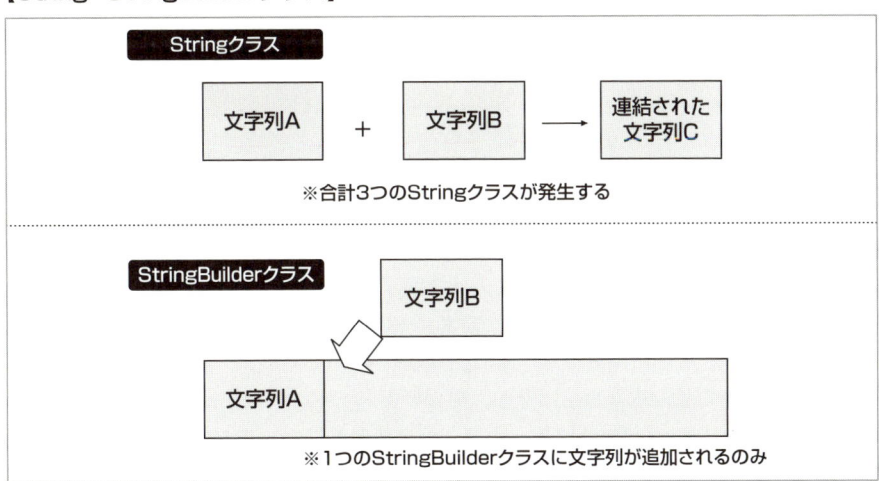

　そこで登場するのが、StringBuilderクラスです。

　StringBuilderクラスは、不変のStringクラスに対し、可変の文字列を表現するクラスです。つまり、あらかじめ一定の領域が確保され、その範囲内で自由に文字列を加工することができるというわけです。文字列加工や連結において、生成されるオブジェクト（インスタンス）はあくまでひとつです。

```
 8  var strBld : StringBuilder=new StringBuilder();
            :
13  switch(objRed.NodeType){
14    case XmlNodeType.Element :
15      if(objRed.Name=="book"){
16        strNam=objRed.Name;
17        while(objRed.MoveToNextAttribute()){
18          strBld.Append(objRed.Value + ",");
19        }
20      }else{
21        strNam=objRed.Name;
22      }
23    case XmlNodeType.Text :
24      if(strNam=="name" || strNam=="author" ||
         strNam=="logo" || strNam=="category" ||
         strNam=="url" || strNam=="price" ||
         strNam=="publish" || strNam=="pDate"){
25        if(objRed.Value!="" && objRed.Value!=null){
26          strBld.Append(objRed.Value + ",");
27          if(strNam=="pDate"){strBld.Append("¥r");}
28        }
29      }
30  }
```

StringBuilderクラスに対して、一連の文字列をStringBuilderクラスが表す文字列の末尾に追加していくのはAppendメソッドです。

13～30行目のswitchブロックでは、要素ノードの名前（Nameプロパティ）がbookの場合には属性値を順に読み取り（MoveToNextAttributeメソッド）その値を追加し、テキストノードの読み込み時にはその直前の要素ノードの名前がname、author、logo、category、url、price、pDateであるかどうかを判定してマッチした場合にその値を追加します。要素・属性ノードの値を取得するのは、Valueプロパティの役割です。

25行目で値の空/nullチェックを行なっているのは、要素の間に入れられた改行やタブなどの文字をスキップするためです。

また、27行目では、要素ノードの名前がpDateである場合には、一レコードの最後であると判断して、改行文字を追加します。

```
32  objSW.Write(strBld.ToString());
33  objSW.Close();
```

ヒント
MoveToAttributeメソッドは、カレントノードに含まれる「次の属性ノード」を取得します。次の属性ノードが存在しない場合、MoveToAttributeメソッドはfalseを返します。

ヒント
「¥r」は改行文字を表します。

そして、最終的に生成されたStringBuilderは、テキストファイルに書き込むに際して、Stringクラスに変換されなければなりません。Stringクラスへの変換はToStringメソッドを用います。ここでは、単純にStringBuilderオブジェクトの中身全体をStringクラスに変換していますが、もしもStringBuilderオブジェクト内の部分文字列をStringクラスに変換したい場合には、第1、2引数にそれぞれ抽出開始位置、抽出終了位置を指定することもできます。

Stringクラスに変換された文字列は、StreamWriterクラスのWriteメソッドによって実際に書き込まれます。Writeメソッドは、指定された文字列をファイルに書き込みます。書き込みが完了した後は、Closeメソッドでテキストファイルをクローズし、処理は完了します。

④ XmlTextReaderクラスのプロパティ

先にもご紹介したように、XmlTextReaderクラスはシーケンシャル読み込みの課程で、カレントノードの情報を自らのプロパティ値として保持します。

本項のサンプルでは、NameやValueなどのプロパティが登場しましたが、そのほかにも以下のようなプロパティが用意されています。

XmlTextReaderクラスの主なプロパティ

プロパティ名	概要
AttributeCount	カレントノードに属する属性ノードの個数
BaseURI	ベースURI
Depth	カレントノードの階層
Encoding	XML文書の文字エンコーディング
HasAttributes	カレントノードが属性をもつかどうか
IsEmptyElement	カレントノードが空要素かどうか
LineNumber	ドキュメント中の行位置
LinePosition	ドキュメント中の桁位置
LocalName	カレントノードのローカル名
Name	カレントノードの限定名
Namespaces	名前空間をサポートするかどうか
NamespaceURI	カレントノードの名前空間URI
NodeType	ノードタイプ
Prefix	カレントノードの名前空間プレフィックス
Value	カレントノードのテキスト

まとめ

- XmlTextReaderクラスを利用することで、XML文書をシーケンシャルに読み取ることができます。
- テキストへの書き込みはStreamWriterクラスを介して行なうことができます。StreamWriterクラスでは文字エンコーディングの指定も可能です。
- 繰り返し、文字列への書き込みを行なう場合には、StringBuilderクラスを使用します。StringBuilderクラスは可変長の文字列を表します。
- XmlTextReaderクラスには、カレントノードの情報にアクセスするためのさまざまなプロパティが用意されています。

練習問題

Q 本文のサンプルと同じ動作を、XSLTを利用しつつ行なってみます。
正しく実行されるように、以下ソースの空白を埋めてみましょう。

【xml2csv.aspx】

```
<%@ Page Language="JScript" %>
<%@ Import Namespace="System.Xml" %>
<%@ Import Namespace="System.Xml.Xsl" %>
<script language="Jscript" runat="server">
function Page_Load(sender : Object, e : EventArgs){
  var objTrn : XslTransform=new XslTransform();
  objTrn.Load(Server.[①]("result.xsl"));
  objTrn.Transform(Server.[①]("books.xml"),→
  Server.[①]("result.csv"));
}
</script>
```

【result.xsl】

```xml
<?xml version="1.0" encoding="Shift_JIS" ?>
<xsl:stylesheet xmlns:xsl="http://www.w3.org/1999/XSL/Transform" version="1.0">
  <xsl:output method=" [②] " encoding="Shift_JIS" />
  <xsl:preserve-space elements="xsl:text" />
  <xsl:template match="/">
    <xsl:for-each select="books/book[1]/@* [③] books/book[1]/node()">
      <xsl:value-of select=" [④] " />
      <xsl:text disable-output-escaping="yes">,</xsl:text>
    </xsl:for-each>
    <xsl:text disable-output-escaping="yes">&#x0a;</xsl:text>
    <xsl:for-each select="books/book">
      <xsl:for-each select="@* [③] node()">
        <xsl:value-of select=" [⑤] " />
        <xsl:text disable-output-escaping="yes">,</xsl:text>
      </xsl:for-each>
      <xsl:text disable-output-escaping="yes">&#x0a;</xsl:text>
    </xsl:for-each>
  </xsl:template>
</xsl:stylesheet>
```

解答は巻末に

第10日 3時限目

【サーバサイドでXMLプログラミング③】データベースの内容をXMLファイルとしてダウンロードする

データベースに格納されたデータをXMLファイルに変換して、クライアントマシンにダウンロードさせます。

今回作成する例題の実行画面

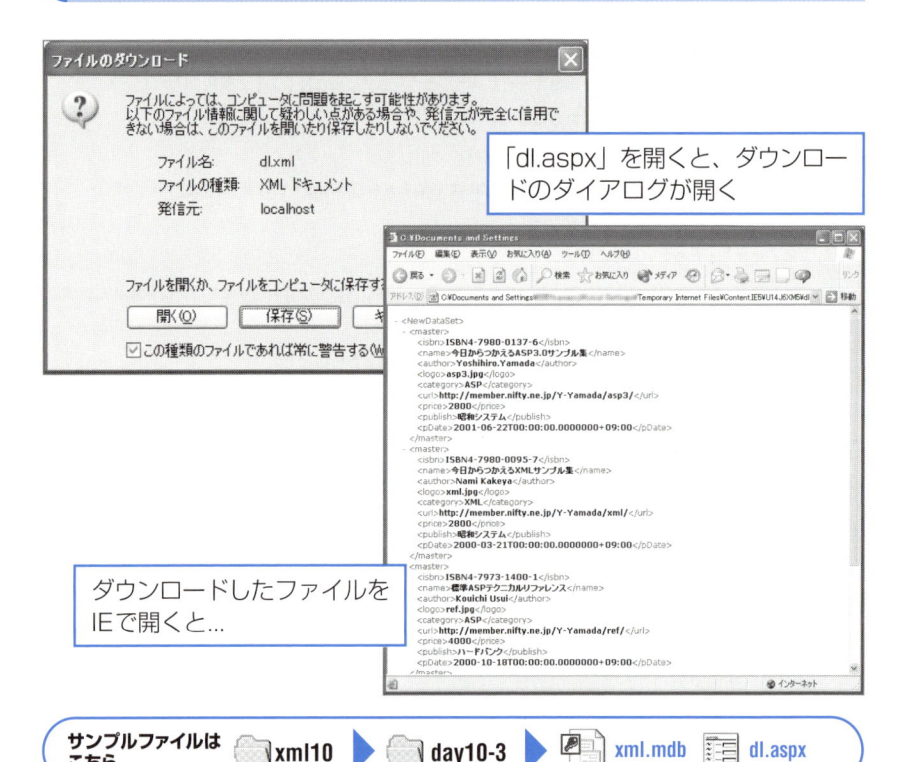

「dl.aspx」を開くと、ダウンロードのダイアログが開く

ダウンロードしたファイルをIEで開くと...

サンプルファイルはこちら　xml10 ▶ day10-3 ▶ xml.mdb　dl.aspx

●このレッスンのねらい

　サーバサイド篇のまとめとして、リレーショナルデータベース（RDB）との連携に挑戦してみます。

　XMLは確かにデータを表現する汎用的な手段ではありますが、決して既存のRDBと競合するものではありません。XMLが今後ますます普及していくことになっても、依然、RDBは残っていくでしょうし、そのなかでデータを「格納」するRDBと「交換」するXMLとのやりとりは重要度を増していくに違いありません。

　データベースへのアクセス手段として、ここではADO（ActiveX Database Objects）.NETを採用しますが、本書ではポイントをのぞいては説明を割愛します。詳細については『独習ASP.NET』（翔泳社刊）などの専門書を参照してください。

252

操作手順

1 Microsoft Accessを起動し、[ファイル] メニューの [新規作成] をクリックする

2 [新規作成] ダイアログで [データベース] アイコンをクリックし、[OK] ボタンをクリックする

1 ここをクリック
2 ここをクリック

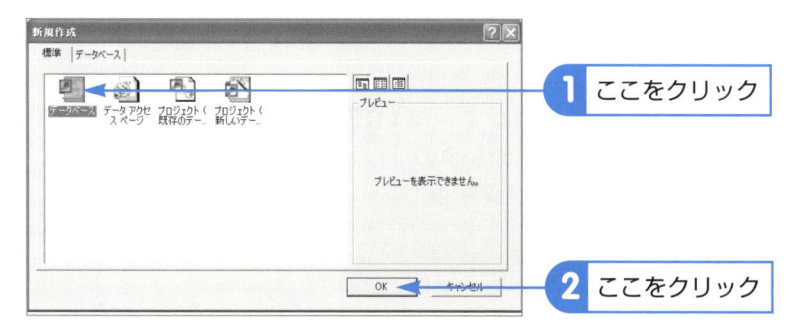

3 [データベースの新規作成] ダイアログで [ファイル名] ボックスに「xml」と入力し、[作成] ボタンをクリックする

1 「xml」と入力
2 ここをクリック

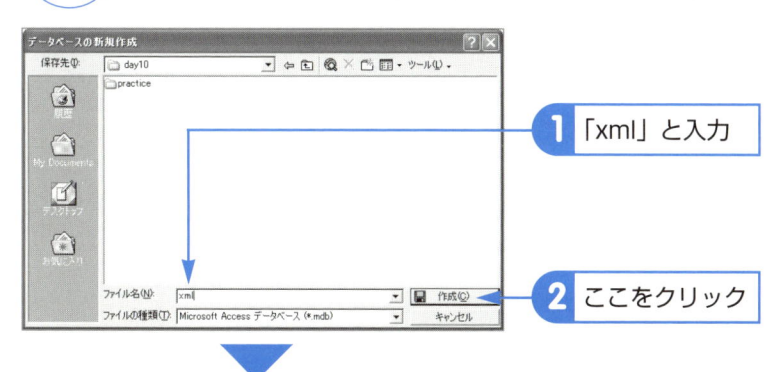

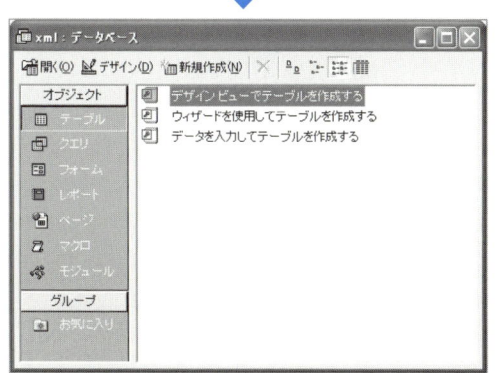

新規のデータベース「xml.mdb」が作成され、「xml:データベース」ウィンドウが開く

> **ヒント**
>
> **ASP.NETから Accessに接続するには…**
> OLE DBというインタフェースを介する必要があります。もしもOLE DBがインストールされているかどうかわからない場合は、p.260のワンポイントアドバイスを参照してください。

④ 「xml:データベース」ウィンドウで、[ファイル] メニュー → [外部データの取り込み] → [インポート] を順に選択する

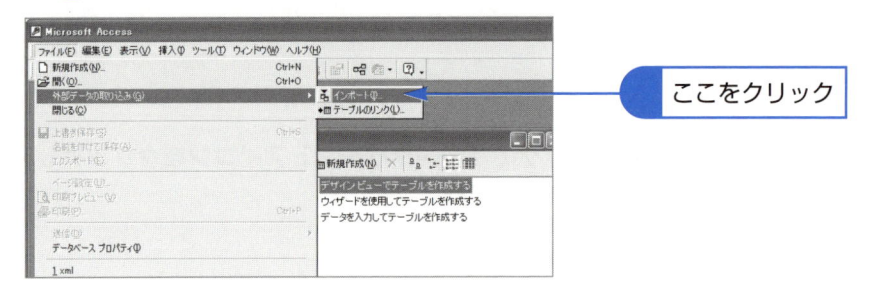

ここをクリック

⑤ [インポート] ダイアログで、第10日2時限目のサンプルから出力された「day10」フォルダの「result.csv」を選択し、[インポート] ボタンをクリックする

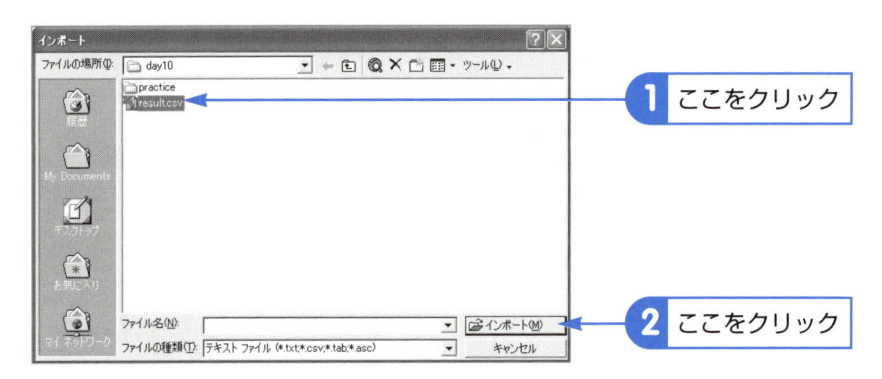

1 ここをクリック

2 ここをクリック

⑥ テキストインポートウィザードで、[区切り記号付き] を選択し、[次へ >] ボタンをクリックする

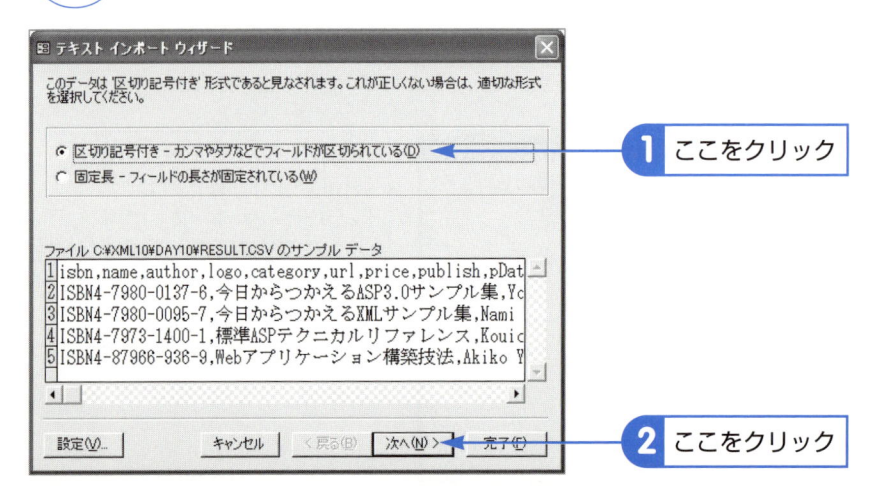

1 ここをクリック

2 ここをクリック

第10日／3時限目●データベースの内容をXMLファイルとしてダウンロードする

7 [カンマ]を選択し、[先頭行をフィールド名として使う]ボックスをチェックし、[次へ >]ボタンをクリックする

1 ここをクリック
2 チェックを入れる
3 ここをクリック

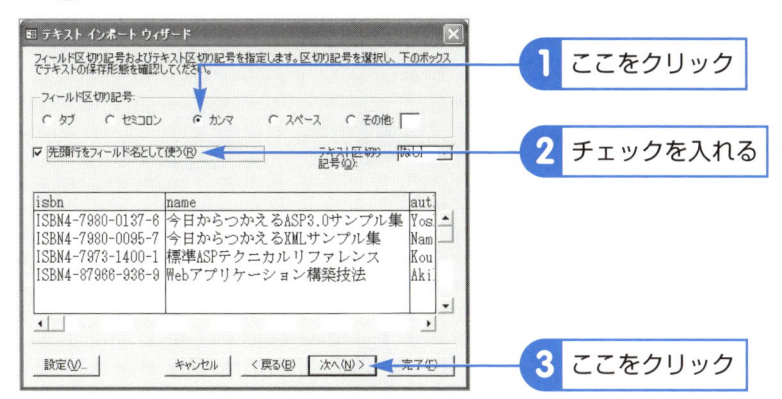

8 [新規テーブルに保存する]を選択し、[次へ >]ボタンをクリックする

1 ここをクリック
2 ここをクリック

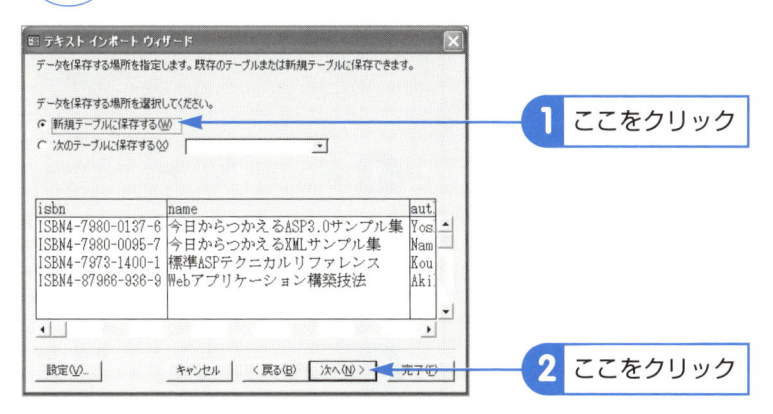

9 [フィールド名]ボックスに「isbn」と入力し、[データ型]ボックスで「テキスト型」を選択して、[次へ >]ボタンをクリックする

1 それぞれ指定
2 ここをクリック

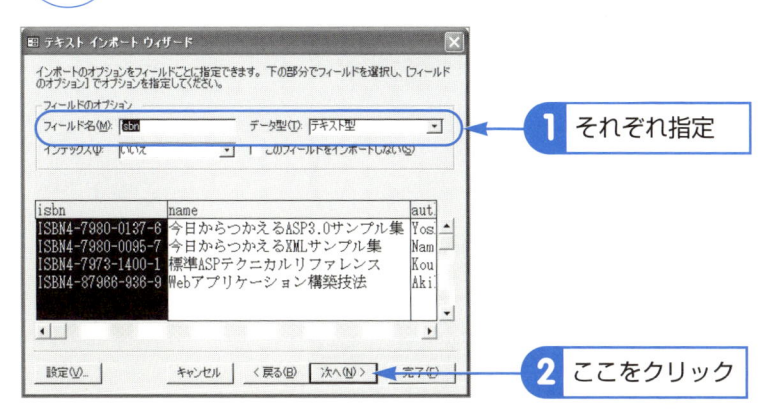

10 [次のフィールドに主キーを設定する]を選択し、右側のボックスで「isbn」を選択して、[次へ >]ボタンをクリックする

1 「isbn」を選択

2 ここをクリック

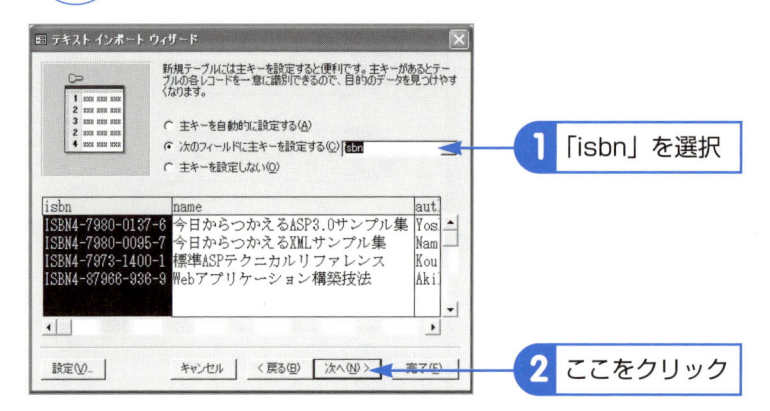

11 [インポート先のテーブル]ボックスに「master」と入力し、[完了]ボタンをクリックする

1 「master」を入力

2 ここをクリック

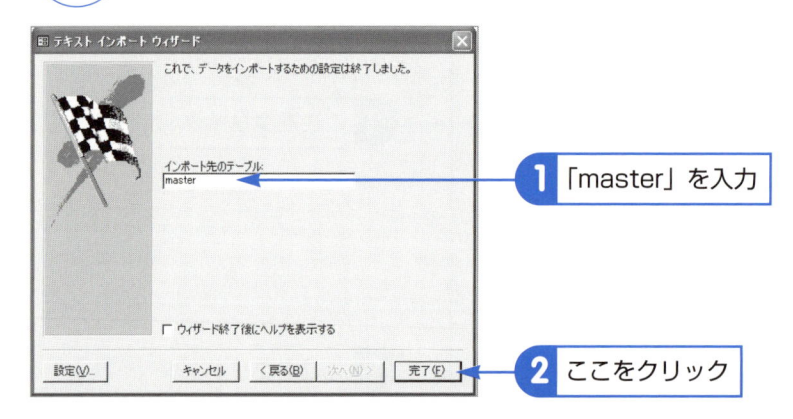

12 テキストエディタで新規文書を作成し、「リスト」のコードを入力して、「xml.mdb」が格納されているフォルダと同じ場所に「dl.aspx」という名前で保存する

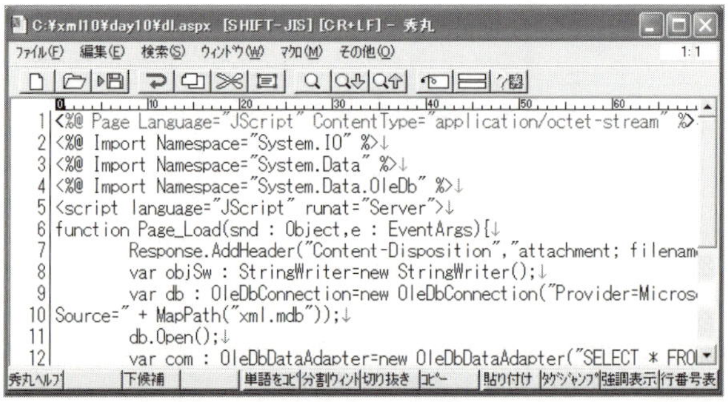

ヒント

本項のサンプルを動作させるためには、あらかじめIISや.NET Frameworkの環境を整えておく必要があります。もしもまだ環境が整っていない場合には、1時限目の操作手順①～③を行なってください。

記述するコード

[dl.aspx]

```
1  <%@ Page Language="JScript" ContentType=
   "application/octet-stream" %>
2  <%@ Import Namespace="System.IO" %>
3  <%@ Import Namespace="System.Data" %>
4  <%@ Import Namespace="System.Data.OleDb" %>
5  <script language="JScript" runat="Server">
6  function Page_Load(snd : Object,e : EventArgs){
7    Response.AddHeader("Content-Disposition",
     "attachment; filename=dl.xml");
8    var objSw : StringWriter=new StringWriter();
9    var db : OleDbConnection=new OleDbConnection(
     "Provider=Microsoft.Jet.OLEDB.4.0;Data Source=
     " + MapPath("xml.mdb"));
10   db.Open();
11   var com : OleDbDataAdapter=new 
     OleDbDataAdapter("SELECT * FROM master",db);
12   var ds : DataSet=new DataSet();
13   com.Fill(ds,"master");
14   ds.WriteXml(objSw);
15   Response.Write(objSw.ToString());
16   db.Close();
17 }
18 </script>
```

1 ページの処理方法を指定するディレクティヴ
2-4 必要な名前空間をインポート
6-17 ページロード時の処理内容
9-13 データベースへの接続と命令の発行
14-15 XMLへの変換・出力

解説

IISを起動し、ブラウザから「http://localhost/xml10/dl.aspx」と入力します。ダウンロードのダイアログが開き、保存されたデータがIE上などから問題なく開ければ成功です。

① クライアントにダウンロードの合図を送信する

ASP.NETはデフォルトでブラウザ（クライアント）に対してHTMLを返します。

逆に言うならば、それ以外の形式をクライアントに認識させるためには、それなりの合図をクライアントに対して最初に送信しておく必要があるということです。

1、7行目を参照してみましょう。

```
1 <%@ Page Language="JScript" ContentType=→
  "application/octet-stream" %>
            :
7 Response.AddHeader("Content-Disposition",→
  "attachment; filename=dl.xml");
```

1行目は出力されたコンテンツがダウンロードデータであることを、そして7行目はこれをdl.xmlという名前でダウンロードさせることを宣言します。

この2文を記述しておくことで、クライアントはデータをサーバから受け取った時に、そのまま表示させるのではなく、ダウンロードのためのダイアログを表示させます。

② データベースからレコードを抽出する

データベースからのデータ抽出には、ADO.NETというプログラミングインタフェース（命令群）を使用します。ADO.NETは非常に多岐にわたる高機能な命令群ですが、データを抽出するだけであれば、ごく限られた範囲さえ把握しておけば充分です。

9～13行目を参照してみましょう

```
 9 var db : OleDbConnection=new OleDbConnection(→
   "Provider=Microsoft.Jet.OLEDB.4.0;Data Source=→
   " + MapPath("xml.mdb"));
10 db.Open();
11 var com : OleDbDataAdapter=new OleDbDataAdapter(→
   "SELECT * FROM master",db);
12 var ds : DataSet=new DataSet();
13 com.Fill(ds,"master");
```

> **ヒント**
>
> ResponseはASP.NET内で暗黙的に（特別な宣言を必要とせずに）使用できるオブジェクトのひとつです。そのほかに、Request、Application、Server、Sessionのようなオブジェクトが用意されています。

9行目はADO.NETの最上位オブジェクトであるOleDbConnectionオブジェクトを生成します。OleDbConnectionオブジェクトはデータベースとの接続を管理し、データ抽出の命令もこのOleDbConnectionオブジェクトに対して発行することになります。ただし、ここではあくまで接続のための設定を宣言しているにすぎません。実際にデータベースへの接続を確立するのは、10行目のOpenメソッドの役割です。

11行目では現在の接続（OleDbConnection）に対するSQL命令の発行を行ないます。SQL文になじみのない方もおられるかもしれませんが、ここではとりあえず、SQL文が「masterテーブルの全レコード（*）を抽出する」という意味を表しているということだけをおさえておけばよいでしょう。

SQL命令の実行結果は、13行目のFillメソッドによってデータセット（DataSetオブジェクト）に格納されます。

③ データセットの内容をXML文書として出力する

DataSetオブジェクトは、内部的にテーブルの構成情報からデータ本体、場合によっては外部テーブルとのリレーションまでをも保持した高機能なオブジェクトです。

DataSetオブジェクトを介することで、取得したレコード群の内容をXML文書に変換することができます。

```
 8 var objSw : StringWriter=new StringWriter();
        :
14 ds.WriteXml(objSw);
15 Response.Write(objSw.ToString());
```

14行目のWriteXmlメソッドは、データセットの内容をXML文書に変換し、指定されたストリーム（出力先）に出力します。ここでは出力先は8行目のStringWriterオブジェクトです。StringWriterオブジェクトは、出力されたデータを文字列としてメモリ上に保持します。

StringWriterオブジェクトの内容はToStringメソッドで文字列（Stringオブジェクト）に変換した上で、Response.Writeメソッドでクライアントに出力します。

> **ヒント**
> Jet4.0 SP7はWindows Updateからインストールすることができます。

ワンポイント・アドバイス

もしも本サンプルが正常に動作しない場合は、以下の内容を試してみてください。

1) http://www.microsoft.com/japan/msdn/data/download.aspから Component Checkerをダウンロードして、サーバマシンのモジュール導入状況を調べます（OLEDBツリーの配下に［Microsoft.Jet.OLEDB.4.0］が存在していればOKです）

2) もしも存在しない場合は、上記のURLから以下モジュールのインストールを行なってください
Microsoft Data Access Components (MDAC) 2.7 SP1 Refresh (2.71.9040.2) 日本語版 (mdac_typ.exe)
Microsoft Jet 4.0 Service Pack 7

3) ダウンロードしたファイルをダブルクリックするだけで、インストールは完了します

まとめ

- ASP.NETからHTML以外のデータを出力したい場合には、@PageディレクティヴのContentType属性、Response.AddHeaderメソッドを利用して、出力するコンテンツの種類をあらかじめ明示しなければなりません。
- ADO.NETは、データベースにアクセスするためのプログラミングインタフェース（命令群）です。
- ADO.NETには、データベースへの接続を管理するOleDbConnectionやコマンドを制御するためのOleDbDataAdaper、抽出したレコード群を管理するためのDataSetなどのクラス（オブジェクト）が用意されています。

練習問題

Q データベースからの抽出結果をXML形式でブラウザに返してみましょう。
ただし、ブラウザ側で以下のXSLTスタイルシート「books.xsl」と関連づけ、表示は一覧形式に整形することにします。

……………………………………………………………… 解答は巻末に

[books.xsl]

```
<?xml version="1.0" encoding="Shift_JIS" ?>
<xsl:stylesheet xmlns:xsl="http://www.w3.org/1999/→
XSL/Transform" version="1.0">
```

```
<xsl:output method="html" encoding="UTF-8" />
<xsl:template match="/">
  <html>
  <head>
  <title>10-3. 練習問題</title>
  <link rel="stylesheet" type="text/css" href=
  "books.css" />
  </head>
  <h1>データベースからデータを抽出する</h1>
  <table border="1">
  <tr>
    <th>ISBNコード</th>
    <th>書籍</th>
    <th>著者</th>
    <th>出版社</th>
    <th>価格</th>
    <th>発刊日</th>
  </tr>
  <xsl:apply-templates select="NewDataSet" />
  </table>
  </html>
</xsl:template>
<xsl:template match="NewDataSet">
  <xsl:for-each select="master">
    <xsl:sort select="publish" data-type="text"
     order="ascending" />
    <xsl:sort select="pDate" data-type
    ="text" order="descending" />
    <tr>
      <td><xsl:value-of select="isbn" /></td>
      <td><xsl:value-of select="name" /></td>
      <td><xsl:value-of select="author" /></td>
      <td><xsl:value-of select="publish" /></td>
      <td><xsl:value-of select="price" /></td>
      <td><xsl:value-of select="pDate" /></td>
    </tr>
  </xsl:for-each>
</xsl:template>
</xsl:stylesheet>
```

> **ヒント**
>
> <NewDataSet>要素は、ADO.NETによって自動的に生成されるXML文書のルート要素です。また、<master>要素は個々のレコードの塊を表します。

COLUMN

Dr.XMLとナミちゃんのワンポイント講座
いよいよ最終回

ナミ「とうとう終わっちゃったわねー。博士、お疲れさまー」
Dr. XML「ふごふご」
ナミ「どうしたの？あらあら、入れ歯をなくしちゃったのね。レッスン中はちゃんとあったのにねぇ、どうしちゃったの？」
Dr. XML「ふごふご」
ナミ「というわけで、博士がしゃべれないので、私から最後のご挨拶。
　　今回のXML講座は本当に基本篇だったので、どちらかというと、XMLによってなにがどのようにできるかというよりも、XMLとはなにかのほうに重点をおいてきました。でももちろん、XMLの魅力は『なにか』ということよりも、『どのように』のほうにはるかに大きくあるといえます。生徒の皆さんは、これをきっかけに、さまざまな実用アプリケーションに挑戦していただければ嬉しいです。最後にこれからの勉強の参考となる図書、サイトをご紹介しておきましょう。

- 『今日からつかえるXMLサンプル集』（書籍：秀和システム）
  http://www.wings.msn.to/
  実用サンプル、リファレンス、その他技術との関連性の丁寧な説明など充実の一冊
- どら猫本舗　http://www.doraneko.org/
  W3C仕様の最新日本語訳をリアルに提供する充実のサイト
- XML Developer Center
  http://www.microsoft.com/japan/msdn/xml/default.asp
  Microsoft社提供の技術情報、記事。最新MSXMLパーサも無償提供中。
- @IT XML eXpert eXchange
  http://www.atmarkit.co.jp/fxml/index.html
  XMLに関するFAQをはじめ、実践向けの記事満載
- XMLテクニック集～XMLを実践的に使うためのテクニック～
  http://www.atmarkit.co.jp/fxml/tecs/index/tech01.html
  XMLに関する技術的なテクニック、XMLの記述方法からXSLTやXML Schema、DOM、SAX、DTDなどの知識などを幅広く紹介

　それでは、ここまで10日間本当にお疲れさまでしたー。
　あら、ポケットから博士の入れ歯...」
Dr. XML「ふごー」
ナミ「それじゃあ、みなさん、さよならー」

付録
練習問題の解答

ここには、各レッスンの練習問題の解答が付いています。

練習問題の解答

1-1 A

第1日
1時限目

誤りは以下の6箇所です。

1. 誤）<?xml ?>の欠落
   正）1行目に以下の1文を挿入

   ```
   <?xml version="1.0" encoding="Shift_JIS" ?>
   ```

   XML文書の先頭には、XMLであることを示すXML宣言<?xml ?>が必要です。ただし、version属性は必須ですがencoding属性は任意ですので、以下のように記述することも可能です。

   ```
   <?xml version="1.0" ?>
   ```

   その場合、XML文書は任意で文字コードがUTF-8として認識されますので注意してください。

2. 誤）<book id=00001>
   正）<book id="00001">
   XML文書において、属性値はかならずダブルクォーテーションで囲む必要があります。

3. 誤）<published> … </Published>
   正）<published> … </published>
   XML文書においては、大文字/小文字が区別されます。したがって、誤った例にあるように、開始タグ<published>と終了タグ</Published>の大文字/小文字が異なることで、両者は異なる要素であると見なされてしまい、意図した解釈をしてもらえないことになります。

4. 誤）XMLと〜
   正）XMLと〜
   要素どうしが正しく入れ子になっていません。XMLにおいては、要素どうしがオーバーラップすることがないように、開始タグと終了タグの対応に注意する必要があります。

5. 誤）<page>
   正）<page />
   XML文書においては、終了タグの省略は認められていません。もしも要素の配下にテキスト情報が存在しない場合は、<要素名 />のようにします。もちろん、次のようにしても正解です。

   ```
   <page></page>
   ```

6. 誤）「<owner>Yoshihiro Yamada</owner>」が<books>要素の外側にある
   正）「<owner>Yoshihiro Yamada</owner>」を<books>要素の直下（たとえば、2行目）に挿入します。

   XML文書において、ルート（最上位）要素はかならずただ1つでなければなりません。問題中のXML文書は<books>要素と<owner>要素が最上位要素として並んでしまっています。そこで、ここでは<owner>要素を<books>要素配下に移動し、<books>要素を唯一のルート要素とします。

1/2 第1日 2時限目

A

(1) 属性主体
「データが細分化されない」「容量を少なくしたい」の2つから判断します。

(2) 要素主体
「今後データの再編が行われる」という点から判断します。

2/1 第2日 1時限目

A (diary.xml　diary.xsl)

1. <?xml-stylesheet type="text/xsl" href="diary.xsl" ?>
   XML文書とXSLTスタイルシートを結び付ける場合には、<?xml-stylesheet ?>命令を使います。

2. <xsl:stylesheet xmlns:xsl="http://www.w3.org/1999/XSL/Transform" version="1.0">
   現在MSXMLパーサが対応しているXSLT1.0を使用する場合は、<xsl:stylesheet>要素のxmlns:xsl属性として、かならずこの値を指定する必要があります。これによって、パーサは「<xsl:～」で始まる要素がXSLT1.0の構文規則にのっとっているということを認識するのです。また、version属性の指定も必須ですので、忘れないようにしてください。

3. `<xsl:value-of select="diary/day/@date" />`
   属性値を抽出したい場合は、属性名の頭にかならず「@」を付けます。

4. `<xsl:text>天気：</xsl:text>`
   固定的なテキストを表示させたい場合は、`<xsl:text>`要素を指定します。ただし、この`<xsl:text>`要素は省略可能です。

5. `<xsl:value-of select="diary/@owner" />`
   要素の内容を表示させたい場合は、`<xsl:value-of>`要素を使用します。

2/2 第2日 2時限目

A (music.xml music.xsl)

1. `method="html"`
   `<xsl:output>`要素を指定した場合、かならず出力形式を示すmethod属性を宣言する必要があります。

2. `<xsl:apply-templates select="music" />`
   他のテンプレートを呼び出すのは、`<xsl:apply-templates>`要素です。select属性が`<xsl:template>`要素のmatch属性に対応します。

3. `match="music"`
   上の2.と関連づけて見ることができれば簡単だったはずです。match属性とselect属性を間違えて覚えることが意外と多いので注意しましょう。

4. `<xsl:for-each select="musician">`
   `<musician>`要素について繰り返し出力を行いたい場合、`<xsl:for-each>`要素を使ってこのように記述します。

5. `<xsl:sort select="@birth" data-type="text" order="ascending" />`
   結果を見れば、生誕日（birth属性）で昇順にソートされていることがわかるはずです。`<xsl:for-each>`要素の出力を制御するのは、`<xsl:sort>`要素でした。

6. `<xsl:value-of select="@name" />`
   `<xsl:for-each>`要素配下では、カレントノードは`<musician>`要素になっています。ですから、name属性にアクセスする場合も、単純に属性名だけを記述すればよいことになります。

2/3 第2日 3時限目

A (address.xml address.xsl)

1. <?xml-stylesheet type="text/xsl" href="address.xsl" ?>
   もはや復習ですね。XML文書とXSLTスタイルシートを結び付けるには、<?xml-stylesheet ?>命令を用います。

2. select="addressBook/member"
   これまでに出てきたいくつかの例に惑わされないでください。今回の例では、<xsl:for-each>要素の位置では、依然としてカレントノードはルート要素（/）です。<member>要素を示すためには、addressBook/memberと記述する必要があります。

3. <xsl:sort select="old" data-type="number" order="ascending" />
   この表は年齢（<old>要素）について昇順にソートされています。<old>要素は数値データですので、data-type属性はかならずnumberとします。

4. ="nowrap"
   XSLTもまたXML文書です。属性値を省略した<td nowrap>のような表現を用いることはできません。かならず属性値まで含めた完全な形で表現する必要があります。

5. mailto:<xsl:value-of select="email" />
   本文でもご紹介した「リンクを張る」の応用です。メールアドレスの場合、href属性の値に、固定値として「mailto:」という文字列を記述する必要がありますので、ちょっと迷ってしまうかもしれませんが、要は<xsl:attribute>要素の中に固定値として文字列を追加するだけです。

3/1 第3日 1時限目

A (article.xml table.xsl)

1. match="/"
   XSLTスタイルシート内にはかならずルート要素に対して適用されるテンプレートが必要となります。ルート要素は「/」で示されます。

2. match="article"
   <xsl:apply-templates select="article" />に対応して呼び出されるテンプレートです。記事一覧の繰り返し部分を出力します。select属性とmatch属性を混同しないように注意しましょう。呼び出す<xsl:apply-template>要素の側は相手を選ぶもので（select）、呼び出された<xsl:template>要素はこれを受けてマッチするもの（match）と覚えておけばよいでしょう。

3. //chapter¦//section
ここがわかってしまえば、他の箇所は意外と簡単かもしれません（逆に言えば、(3)はXSLTになれていないと、なかなか難しいはずです）。
XML文書内の全<chapter>、<section>要素を対象に繰り返し処理を行います。2つの対象を結合するには、演算子¦（Union）を使います。

4. multiple
兄弟要素についてナンバリングし、かつ、親ノードの単位のナンバリングを付加する場合、level属性にmultipleを指定します。その他にも、single、anyなどの指定がありますが、この場合、どのような動作をするかも実際に自分の目で見ておきましょう。

5. chapter¦section
count属性はどの単位でナンバリングするかを定めるための属性です。今回は、<chapter>、<section>要素について、ナンバリングを行います。

3/2 第3日 2時限目

A (article.xml　table.xsl)

1. <xsl:output method="html" encoding="Shift_JIS" />
第2日の復習です。XSLTスタイルシートでは、まず出力の形式と文字コードを<xsl:output>要素で宣言します。

2. xsl:if
単純な分岐は、<xsl:if>要素で表します。

3. name()!='chapter'　または　name()='section'
処理中の要素が<section>要素である場合、chr属性の値を表示します。test属性に指定される条件式は「<chapter>要素でない場合」、「<section>要素である場合」の2とおりで表すことができます。

4. format-number(number(@chr),'#,###')
数値を桁区切り記号を含めて表示する場合は、format-number関数を使います。

4/1 第4日 1時限目

A (books.xml　books.xsl　books.css)

1. books/book[contains(name,'ASP')]
出力する要素を絞り込む場合には、[ ]で囲まれるフィルタパターンを利用します。フィルタパターン内がtrueと評価された要素だけが最終的に出力されます。この場合、配下の<name>要素に文字列「ASP」を含む<book>要素のみを出力しま

す。カレント（現在の）ノードがルート要素なので、パスを<books>要素から記述しなければならない点にも注意してください。

2. `<xsl:sort select="pDate" data-type="text" order="descending" />`
<pDate>属性について、降順にソートします。

3. `substring-after(@isbn,'ISBN')`
isbn属性に含まれる最初の文字列「ISBN」だけを取り除きます。いくつかの方法がありますが、substring-after関数を用いて「ISBN」で文字列を区切った後半の文字列だけを抽出するのがもっとも順当でしょう。
その他、substring関数を用いて、「substring(@isbn,5,20)」のように書くこともできます。第3引数の20はISBN属性でとりうる最大の桁数を記述しています。substring関数において、抽出すべき桁数が対象の文字数を超えた場合は、開始位置からすべての文字を抜き出します。あらかじめ最大桁数が想定されていれば、こちらの方法も可能でしょう。

4. `substring(name,1,7)`
substring関数は、<name>要素の1桁目から7文字分だけ抽出します。

5. `sum(books/book[contains(name,'ASP')]/price)`
合計値はsum関数で求めます。
本文の応用です。ただし、今回は表自体を「タイトルにASPを含むもの」で絞り込んでいますので、ここでも同様の条件で絞り込んでおく必要があります。このように、途中にフィルタパターン[ ]を記述することもできます。

4/2 第4日 2時限目

A (books.xml books.xsl books.css inc.xsl)

1. `<xsl:decimal-format NaN="不明" />`
数値情報が存在しない場合の表記は、<xsl:decimal-format>要素のNaN属性で設定します。本文のサンプルから属性値の部分を変更するだけです。

2. `xsl:attribute-set`
属性セットを定義するには、<xsl:attribute-set>要素を使います。

3. `xsl:use-attribute-sets="tblAtt"`
宣言された属性名を参照するには、xsl:use-sttribute-sets属性を使います。

4. `<xsl:include href="inc.xsl" />`
外部のXSLTスタイルシートinc.xslをインクルードします。

【誤っている箇所】
「inc.xsl」のルート要素が<xsl:stylesheet>要素でない。
原則、インクルードするスタイルシートはXSLTの基本構文に則っている必要があります。部分的なテンプレートの記述は許されていません。

A (article.html　table.xsl)

【解答例】

```
<html>
<head>
<title>5-1.練習問題</title>
<script language="JavaScript">
<!--
var objDoc=new ActiveXObject("Msxml2.DOMDocument");
objDoc.async=false;
objDoc.load("table.xsl");
window.alert(objDoc.xml);
//-->
</script>
</head>
<body>
<h1>5-1.練習問題</h1>
</body>
</html>
```

本文のサンプルと異なる点は、呼び出す対象がXML文書ではなく、XSLTスタイルシートであるという、ただそれだけです。
「XML文書の呼び出し方はわかったけど、XSLTスタイルシートはどうやって呼び出したらいいの？」ととまどってしまった方、ここでちょっと思い出してください。XSLTスタイルシートもXMLの構文規則にのっとって記述されたXML文書であるということを。
そこまで思い出せば、あとは簡単、実は本文のサンプルの、loadメソッドの引数部分だけを書き換えればいいのです。

A (report.xml slct.html)

5/2
第5日
2時限目

1. new ActiveXObject("Msxml2.DOMDocument");
   前のレッスンの復習です。XML文書を呼び出すためには、文書を格納する器となるXMLDOMDocument2オブジェクトをあらかじめ生成しておく必要があります。

2. false
   通常、XML文書呼び出しに際しては、通常、asyncプロパティをfalse（非同期でない）に設定します。デフォルト状態ではasyncプロパティはtrue（非同期呼び出し）となっており、サーバからXML文書を呼び出す場合などエラーとなります。

3. "report.xml"
   loadメソッドの引数として、呼び出すXML文書のファイル名（パス）を指定します。固定文字列はダブルクォーテーションで囲むのを忘れないでください。

4. documentElement
   DOMからXML文書にアクセスする場合、基点となるのはXSLT同様、ルート要素です。documentElementプロパティは、ルート要素を取得します。

5. 1
   これは、次のコードの省略形です。

   ```
   var clnDsc=objHdr.childNodes;
   var objCrt=clnDsc.item(1);
   ```

   JavaScriptでは、このようにプロパティやメソッドの戻り値を前提に、複数のプロパティ、メソッドを連ねることが可能です。
   問題の箇所では、<header>要素の2番目の子要素<creator>要素を取得したいので、itemメソッドの引数としては1をセットします。

6. text
   ノード配下に含まれるテキストを取得するにはtextプロパティを使います。XML形式（<creator>Akihiro Hanazawa</creator>のように）でノードをそのまま返すxmlプロパティとは区別して覚えましょう。

5-3 第5日 3時限目

A (answer1.html answer2.html answer3.html)

以下に解答例を挙げてみます。人によって記述方法は異なってくるはずですが、本文で扱ったいくつかのメソッドを積極的に使ってみましょう。

【answer1.html】

```
<html>
<head>
<title>5-3.練習問題</title>
<script language="JavaScript">
<!--
var objDoc=new ActiveXObject("Msxml2.DOMDocument");
objDoc.async=false;
objDoc.load("books.xml");
var objRoot=objDoc.documentElement;
var clnCld=objRoot.childNodes;
var objNod=clnCld.item(0);
var clnAtr=objNod.attributes;
var objAtr=clnAtr.item(0);
window.alert(objAtr.text);
//-->
</script>
</head>
<body>
<h1>5-3.練習問題</h1>
</body>
</html>
```

【answer2.html】

```
<html>
<head>
<title>5-3.練習問題</title>
<script language="JavaScript">
<!--
var objDoc=new ActiveXObject("Msxml2.DOMDocument");
objDoc.async=false;
objDoc.load("books.xml");
var objRoot=objDoc.documentElement;
var clnCld=objRoot.childNodes;
var objNod=clnCld.item(0);
var objAtr=objNod.getAttributeNode("address");
```

```
window.alert(objAtr.text);
//-->
</script>
</head>
<body>
<h1>5-3.練習問題</h1>
</body>
</html>
```

【answer3.html】

```
<html>
<head>
<title>5-3.練習問題</title>
<script language="JavaScript">
<!--
var objDoc=new ActiveXObject("Msxml2.DOMDocument");
objDoc.async=false;
objDoc.load("books.xml");
var objRoot=objDoc.documentElement;
var clnCld=objRoot.childNodes;
var objNod=clnCld.item(0);
window.alert(objNod.getAttribute("address"));
//-->
</script>
</head>
<body>
<h1>5-3.練習問題</h1>
</body>
</html>
```

第6日 1時限目

A (select.html)

【解答例】

```
<html>
<head>
<title>6-3.練習問題</title>
<script language="JavaScript">
<!--
var objDoc=new ActiveXObject("Msxml2.DOMDocument");
objDoc.async=false;
```

```
objDoc.load("books.xsl");
var clnVal=objDoc.selectNodes("xsl:stylesheet// →
  xsl:value-of/@select");
for(i=0;i<clnVal.length;i++){
  objVal=clnVal.item(i);
  str="ノード名:" + objVal.nodeName + "\r";
  str+="ノード型:" + objVal.nodeType + "/" + objVal →
    .nodeTypeString + "\r";
  str+="ノード値:" + objVal.text;
  window.alert(str);
}
//-->
</script>
</head>
<body>
<h1>6-3.練習問題</h1>
</body>
</html>
```

今回は、本文で紹介したgetElementsByTagNameメソッドに置き換えることはできません。もしも10行目を以下のように置き換えた場合、

```
var clnVal=objDoc.getElementsByTagName("@select");
```

ある程度の結果は望めますが、<xsl:value-of>要素に属する以外のselect属性値も抽出されてしまうためです。

6/2 第6日 2時限目

A (sort.html)

【解答例】

```
<html>
<head>
<title>6-2.練習問題</title>
<script language="JavaScript">
<!--
var objDoc=new ActiveXObject("Msxml2.DOMDocument");
objDoc.async=false;
objDoc.load("books.xsl");
var objRoot=objDoc.documentElement;
var objSort=objDoc.selectSingleNode("//xsl:sort");
var objSrt=objDoc.createElement("xsl:sort");
```

```
objSrt.setAttribute("select","price");
objSrt.setAttribute("data-type","number");
objSrt.setAttribute("order","ascending");
objSort.parentNode.insertBefore(objSrt,objSort);
window.alert(objDoc.xml);
//-->
</script>
</head>
<body>
<h1>6-2.練習問題</h1>
</body>
</html>
```

以前、XSLTの箇所で勉強したように、<xsl:sort>要素は配置の順番に意味があります。第1キーを追加したい場合に、<xsl:sort>要素も1番目に記述する必要があります。

このように、特定の箇所に要素を追加したい場合には、insertBeforeメソッドが有効です。また、insertBeforeの第2引数（挿入箇所）を求める際には、前のレッスンでも習ったselectSingleNodeメソッドが有効でしょう。

insertBeforeメソッドのベースとなるオブジェクトは、<xsl:sort>要素の親要素である<xsl:for-each>要素ですが、これは「挿入箇所の親要素」ということで、あらかじめ求めてあったobjSortからparentNodeメソッドを使って求めています。もちろん、selectNodes（selectSingleNode）メソッドであらためて抽出してもかまいませんが、記述としては、こちらのほうがよりすっきりとするでしょう。

6/3 第6日 3時限目

A (sort.html)

【解答例】

```
<html>
<head>
<title>6-3.練習問題</title>
<script language="JavaScript">
<!--
var objDoc=new ActiveXObject("Msxml2.DOMDocument");
objDoc.async=false;
objDoc.load("books.xsl");
var objRoot=objDoc.documentElement;
var objEch=objDoc.selectSingleNode("xsl:stylesheet/
  xsl:template/xsl:for-each");
var objSrt=objDoc.createElement("xsl:sort");
```

```
objSrt.setAttribute("select","price");
objSrt.setAttribute("data-type","number");
objSrt.setAttribute("order","ascending");
objEch.replaceChild(objSrt,objEch.childNodes.item(0));
objEch.removeChild(objEch.childNodes.item(1));
window.alert(objDoc.xml);
//-->
</script>
</head>
<body>
<h1>6-3.練習問題</h1>
</body>
</html>
```

2つの<xsl:sort>要素が操作の対象となります。

例によって、対象ノードの抽出はselectSingleNodeメソッドで行いますが、ここでは<xsl:sort>要素の親要素である<xsl:for-each>要素を抽出することにします。もちろん、最初の<xsl:sort>要素を抽出し、nextSiblingプロパティで次の要素を抽出したり、あるいは、2回selectSingleNodeメソッドを実行するなど、アプローチ方法はいろいろあるはずです。

要素自体の置き換えは、本文でも紹介したreplaceChildメソッドを使います。もちろん、removeChildメソッドを使って要素を削除した上で、insertBeforeメソッドで要素を追加してもかまいません。

7-1 第7日 1時限目

A (music.xml)
【解答例】

```
<?xml version="1.0" encoding="Shift_JIS" ?>
<!DOCTYPE music [
  <!ELEMENT music (musician+)>
  <!ELEMENT musician EMPTY>
  <!ATTLIST musician name CDATA #REQUIRED
                    category CDATA #IMPLIED
                    birth CDATA #IMPLIED
                    country (フランス | ドイツ | ポーランド) "ドイツ"
                    imp_work CDATA #REQUIRED>
]>
<music>
<musician name="クロード・ドビュッシー" category="印象派" →
  birth="1862-08-22" country="フランス" imp_work="月の光" />
```

```
<musician name="ヨハン・セバスチャン・バッハ" category="バロック"
  birth="1685-03-21" country="ドイツ" imp_work="フーガ ト短調" />
<musician name="ルートヴィヒ・ヴァン・ベートーベン" category="古典派"
  birth="1770-12-16" country="ドイツ" imp_work="交響曲第5番 運命" />
<musician name="フレデリック・ショパン" category="ロマン派"
  birth="1810-02-22" country="ポーランド" imp_work="幻想即興曲" />
<musician name="モーリス・ラベル" category="近現代"
  birth="1875-03-07" country="フランス" imp_work="ボレロ" />
</music>
```

問題文に記述された各条件をDTDの各キーワード、記号で置き換えていけばOKです。<musician>要素配下の構成要素はEMPTYとします。問題文の条件には明記されていませんが、配下に要素も文字データも含まれないのは、元のxml文書からも一目瞭然です。

7/2 第7日 2時限目

A (address.xml address1〜5.xml address.dtd)

【address.xml】

```
<?xml version="1.0" encoding="Shift_JIS" ?>
<!DOCTYPE addressBook SYSTEM "address.dtd" [
  <!ENTITY address1 SYSTEM "address1.xml">
  <!ENTITY address2 SYSTEM "address2.xml">
  <!ENTITY address3 SYSTEM "address3.xml">
  <!ENTITY address4 SYSTEM "address4.xml">
  <!ENTITY address5 SYSTEM "address5.xml">
]>
<addressBook>
  &address1;
  &address2;
  &address3;
  &address4;
  &address5;
</addressBook>
```

【address1.xml】 ※address2〜5.xmlも同様の構成であるので省略

```
<?xml version="1.0" encoding="Shift_JIS" ?>
<member id="A00003">
  <name>金子貴郎</name>
  <email>takao@xxx.yama.co.ym</email>
```

```
    <address>新潟市某町3-3-33</address>
    <old>109</old>
</member>
```

【address.dtd】

```
<!ELEMENT addressBook (member)*>
<!ELEMENT member (name,email,address,old)>
<!ELEMENT name (#PCDATA)>
<!ELEMENT email (#PCDATA)>
<!ELEMENT address (#PCDATA)>
<!ELEMENT old (#PCDATA)>
<!ATTLIST member id ID #REQUIRED>
```

今回は、問題文で条件として、要素、属性を外部サブセットで、実体を内部サブセットでそれぞれ宣言するよう指定されていますので、解答例のようなファイル構成になっていますが、実際には要素、属性を内部サブセットに、実体を外部サブセットに記述することも可能です。外部サブセットか内部サブセットかを決めるのは、それが複数ファイルに共通の宣言か個々のファイルに特有の宣言かという点だけです。

なお、外部実体参照で引用される個々の外部ファイルには、かならずXML宣言を記述するのを忘れないことです。文字コードの宣言がない場合、デフォルトのUTF-8と見なされてしまい、読み込みが正常になされない場合があります。

8/1 第8日 1時限目　A (address.xsd)

【address.xsd】

```
<?xml version="1.0" encoding="Shift_JIS" ?>
<xsd:schema xmlns:xsd="http://www.w3.org/2001→
  /XMLSchema">
  <xsd:element name="addressBook">
    <xsd:complexType>
      <xsd:sequence>
        <xsd:element name="member" type="memberType" →
          minOccurs="0" maxOccurs="unbounded" />
      </xsd:sequence>
    </xsd:complexType>
  </xsd:element>

  <xsd:complexType name="memberType">
    <xsd:sequence>
```

```
      <xsd:element name="name" type="xsd:string" />
      <xsd:element name="email" type="xsd:string" />
      <xsd:element name="address" type="xsd:string" />
      <xsd:element name="old" →
        type="xsd:nonNegativeInteger" />
    </xsd:sequence>
    <xsd:attribute name="id" type="xsd:string" →
      use="required" />
  </xsd:complexType>
</xsd:schema>
```

このほか、<member>要素配下の仕様をmemberType「型」として別に定義するのではなく、<xsd:element name="member">要素配下にまとめて記述することも可能でしょう。ただ、必要以上に階層が深くなり、ソースも見にくくなるため、あまりおすすめはできません。

8/2 第8日 2時限目

A (address.xsd)

【address.xsd】

```
<?xml version="1.0" encoding="Shift_JIS" ?>
<xsd:schema xmlns:xsd="http://www.w3.org/2001/→
  XMLSchema">
<xsd:element name="addressBook">
  <xsd:complexType>
    <xsd:sequence>
      <xsd:element name="member" type="memberType" →
        minOccurs="1" maxOccurs="unbounded" />
    </xsd:sequence>
  </xsd:complexType>
</xsd:element>

<xsd:complexType name="memberType">
  <xsd:sequence>
    <xsd:element name="name" type="xsd:string" />
    <xsd:element name="email">
      <xsd:simpleType>
        <xsd:restriction base="xsd:string">
          <xsd:pattern value="[\w\.-]+(\+[\w-]*)?@→
          ([\w-]+\.)+[\w-]+" />
        </xsd:restriction>
      </xsd:simpleType>
```

```
      </xsd:element>
      <xsd:element name="address">
        <xsd:simpleType>
          <xsd:restriction base="xsd:string">
            <xsd:maxLength value="100" />
            <xsd:minLength value="10" />
          </xsd:restriction>
        </xsd:simpleType>
      </xsd:element>
      <xsd:element name="old">
        <xsd:simpleType>
          <xsd:restriction base="xsd:nonNegativeInteger">
            <xsd:maxExclusive value="120" />
            <xsd:minExclusive value="10" />
          </xsd:restriction>
        </xsd:simpleType>
      </xsd:element>
    </xsd:sequence>
    <xsd:attribute name="id" type="xsd:string" →
  use="required" />
</xsd:complexType>
</xsd:schema>
```

<xsd:restriction>要素を自在に使えるようになれば、文書型表現のかなりのニーズを満たせるはずです。ここでとまどってしまった方は、今一度、本文を見直してみることにしましょう。

A (validate.html)

【解答例】

```
<html>
<head>
<title>XML文書の検証</title>
<script language="JavaScript">
<!--
function chk(){
var objDoc=new ActiveXObject("MSXML2.DOMDocument.4.0");
objDoc.async=false;
objDoc.loadXML(document.fm.strXML.value);
var objErr=objDoc.parseError;
if(objErr.errorCode!=0){
```

```
      str=objErr.errorCode + "\r";
      str+=objErr.line + "行  " + objErr.srcText + "\r";
      str+=objErr.reason;
      window.alert(str);
    }else{
      window.alert("正しいXML文書です");
    }
  }
//-->
</script>
</head>
<body>
<h1>XML文書の検証</h1>
<form name="fm">
<textarea rows="10" cols="60" name="strXML">
</textarea>
</form>
<br />
<input type="button" value="XML文書読込"
   onclick="chk()" />
</body>
</html>
```

XMLSchemaとの関連づけが省略されただけで、本文のサンプルとほとんど変わるところはありません。JavaScriptによるテキストエリアの処理になじみのない方は、「document.fm.strXML.value」の記述にとまどわれたかもしれませんね。

今回使用したloadXMLメソッドは新出の命令ですが、今後、問題文のような形で構文のみが示されるケースはますます多くなっていくはずです。そんなときもとまどわないよう、構文規則の読み取り方もしっかり身につけておきましょう。

9/2 第9日 2時限目

A (books.xsl)

【books.xsl】

```
<?xml version="1.0" encoding="Shift_JIS" ?>
<xsl:stylesheet xmlns:xsl="http://www.w3.org/1999/
  XSL/Transform" version="1.0">
  <xsl:output method="html" encoding="Shift_JIS" />
  <xsl:template match="/">
    <html>
    <head>
    <title><xsl:value-of select="books/@title" />
```

```
</title>
<link rel="stylesheet" type="text/css" →
href="books.css" />
<script language="JavaScript">
<![CDATA[
var objDoc=document.XMLDocument;
var objStl=document.XSLDocument;
var nodRow=objStl.selectSingleNode("//xsl:sort");
function disp(){
  key=document.forms[0].srt.value;
  switch(key){
    case "1":
      tmp1="@isbn";
      tmp2="text";
      break;
    case "2":
      tmp1="name";
      tmp2="text";
      break;
    case "3":
      tmp1="author";
      tmp2="text";
      break;
    case "4":
      tmp1="publish";
      tmp2="text";
      break;
    case "5":
      tmp1="price";
      tmp2="number";
      break;
    case "6":
      tmp1="pDate";
      tmp2="text";
      break;
  }
  nodRow.setAttribute("select",tmp1);
  nodRow.setAttribute("data-type",tmp2);
  nodRow.setAttribute("order",document.forms[0].ad→
.value);
  dSrt.innerHTML=objDoc.documentElement.→
transformNode(objStl);
```

```
      }
    ]]>
    </script>
  </head>
  <body onload="disp()">
    <h1><xsl:value-of select="books/@title" /></h1>
    <div id="dSrt">
      <xsl:apply-templates select="books" />
    </div>
    <p>
    <form>
    ソートキー：
    <select name="srt" onchange="disp()">
      <option value="1">ISBNコード</option>
      <option value="2">書籍名</option>
      <option value="3">著者</option>
      <option value="4">出版社</option>
      <option value="5">価格</option>
      <option value="6">発刊日</option>
    </select>
    昇順/降順：
    <select name="ad" onchange="disp()">
      <option value="ascending">昇順</option>
      <option value="descending">降順</option>
    </select>
    </form>
    </p>
    <div><xsl:value-of select="books/owner" /></div>
  </body>
  </html>
</xsl:template>
<xsl:template match="books">
  <table border="1">
  <tr>
    <th>ISBNコード</th>
    <th>書籍</th>
    <th>著者</th>
    <th>出版社</th>
    <th>価格</th>
    <th>発刊日</th>
  </tr>
  <xsl:for-each select="book">
```

```
        <xsl:sort select="@isbn" data-type="text"
        order="ascending" />
        <tr>
          <td nowrap="nowrap"><xsl:value-of select
          ="@isbn" /></td>
          <td nowrap="nowrap">
            <xsl:element name="a">
              <xsl:attribute name="href">
                <xsl:value-of select="url" />
              </xsl:attribute>
              <xsl:value-of select="name" />
            </xsl:element>
          </td>
          <td nowrap="nowrap"><xsl:value-of select
          ="author" /></td>
          <td nowrap="nowrap"><xsl:value-of select
          ="publish" /></td>
          <td nowrap="nowrap">
            <xsl:choose>
              <xsl:when test="price[number(.) &lt;= 3000]">
                <span style="font-weight:bold;">
                  <xsl:value-of select="price" />円
                </span>
              </xsl:when>
              <xsl:otherwise>
                <xsl:value-of select="price" />円
              </xsl:otherwise>
            </xsl:choose>
          </td>
          <td nowrap="nowrap"><xsl:value-of select
          ="pDate" /></td>
        </tr>
      </xsl:for-each>
    </table>
  </xsl:template>
</xsl:stylesheet>
```

　一見して難しく感じられてしまうかもしれませんが、実は昇順／降順選択のコンボボックスを追加し、その選択に従ってorder属性を変更する以下の1行を書き加えるだけの作業です。

```
nodRow.setAttribute("order",document.forms[0].ad.value);
```

ソートキーのコンボボックスを変更しても、昇順／降順のコンボボックスを変更しても、同じく共通してdisp関数を呼び出している点に注意してください。

9/3 第9日 3時限目

A (result.js)

【result.js】

```
function disp(){
  var strPub=parent.up.fm.pub.value;
  var strKey=parent.up.fm.key.value;
  var strDat=parent.up.fm.pDat.value;
  var objDoc=new ActiveXObject("Msxml2.DOMDocument");
  objDoc.async=false;
  objDoc.load("books.xml");
  flg=false;
  strFlt="/books/book";
  if(strPub!=""){
    strFlt+="[(publish = '" + strPub + "')";
    flg=true;
  }
  if(strKey!=""){
    if(flg){
      strFlt+=" and ";
    }else{
      strFlt+="[";
      flg=true;
    }
    strFlt+="(category ='" + strKey + "')";
  }
  if(strDat!=""){
    if(flg){
      strFlt+=" and ";
    }else{
      strFlt+="[";
      flg=true;
    }
    strFlt+="(pDate >= '" + strDat + "')";
  }
  if(flg){strFlt+="]"};
  var clnNod=objDoc.selectNodes(strFlt);
```

```
with(parent.down.document){
  open("text/html");
  writeln("<html><head><title>検索結果</title>");
  writeln("<link rel=¥"stylesheet¥" type=→
    ¥"text/css¥" href=¥"books.css¥" />");
  writeln("</head><body>");
  writeln("<table border='1'><tr>");
  writeln("<tr><th>ISBNコード</th><th>書籍→
    </th><th>著者</th>");
  writeln("<th>出版社</th><th>価格</th><th>発刊日</th>→
</tr>");
  for(i=0;i<clnNod.length;i++){
    objNod=clnNod.item(i);
    objIsb=objNod.selectSingleNode("@isbn");
    objNam=objNod.selectSingleNode("name");
    objAut=objNod.selectSingleNode("author");
    objPub=objNod.selectSingleNode("publish");
    objPrc=objNod.selectSingleNode("price");
    objDat=objNod.selectSingleNode("pDate");
    writeln("<tr>");
    writeln("<td>" + objIsb.text + "</td>");
    writeln("<td>" + objNam.text + "</td>");
    writeln("<td>" + objAut.text + "</td>");
    writeln("<td>" + objPub.text + "</td>");
    writeln("<td>" + objPrc.text + "円</td>");
    writeln("<td>" + objDat.text + "</td>");
    writeln("</tr>");
  }
  writeln("</table></body></html>");
  close();
  }
}
```

基本的には、後半の冗長な出力部分を書き換えるだけですみますので、タイプミスなどさえしなければ、見かけの複雑さとは裏腹にそれほど難しい問題ではなかったはずです。逆に、迷ってしまったという方は、もう一度、本文の内容（場合によっては第5日～第6日のレッスン）をもう一度見直してみましょう。

第10日 1時限目

A (trans.aspx)

【解答例】

```
<%@ Page Language="JScript" %>
<%@ Import Namespace="System.Xml" %>
<%@ Import Namespace="System.Xml.Xsl" %>
<script language="JScript" runat="server">
function Page_Load(sender : Object, e : EventArgs){
  var objDoc : XmlDocument=new XmlDocument();
  var objTrn : XslTransform=new XslTransform();
  objDoc.Load(Server.MapPath("books.xml"));
  if(Request.UserAgent.IndexOf("IE")>0){
    objTrn.Load(Server.MapPath("description.xsl"));
  }else{
    objTrn.Load(Server.MapPath("books.xsl"));
  }
  objXml.Document=objDoc;
  objXml.Transform=objTrn;
}
</script>
<asp:Xml id="objXml" runat="server" />
```

本サンプルを動作させるためには、あらかじめ「day02」フォルダのbooks.xsl、books.css、「day03」フォルダのbooks.xml、description.xsl、book2.css、asp3.jpg、xml.jpg、webware.jpgを「day10」フォルダにコピーしておいてください。

コードの内容的には、本文のそれとほとんど変わりありません。唯一異なるのは、Request.UserAgentプロパティの値に従って、XslTransformオブジェクトにセットするXSLTスタイルシートの内容を動的に切り替えている点ですが、これもヒントをきちんと読み解けば理解できるはずです。

これをさらに応用すれば、携帯端末に対応したサイトの構築も可能になるでしょう。ユーザエージェントによる判定を更に細分化するだけですので、余力のある方は、是非挑戦してみてください。

第10日 2時限目

A

1.MapPath

1時限目でもご紹介した方法です。サーバサイドにおいて、ファイルのパスを渡す場合には、絶対パスでもって行なう必要があります。Server.MapPathメソッドは、指定されたファイル名（相対パス）を絶対パスに変換するのでした。

なお、XslTransformクラスのTransformメソッドは、第1引数で指定された
XML文書をXSLTスタイルシートで変換し、第3引数で指定されたファイルに出
力します。1時限目では<asp:Xml>コントロールを使用しましたが、ファイルな
どに出力する場合にはこちらの方法が便利です。

2. text

今回、XSLTスタイルシートによる出力はこれまでのようにHTMLではなく、テ
キストです。以前、XSLTはかならずしもXML文書をHTMLに変換するだけの
ものではないと書きましたが、これはそれを実際に証明する好例と言えましょう。
そのほか、XMLから別形式のXMLに変換するようなケースもありますが、その
場合、method属性は"xml"になります。

3. ¦（縦棒）

@*（配下の属性群すべて）、もしくはnode()（子要素群すべて）について処理す
る必要があります。このような場合に2つのxPath式を¦（Union：結合）でつな
ぎます。これによって、それぞれの条件に合致したノードを結合した上で抽出し
ます。

4. name()

現在の要素、属性のノード名を返すのは、xPathで定義されたname関数です。
ちなみに、名前空間を除いたローカル名だけを取得したい場合にはlocal-name
関数を使います。

5. .（ピリオド）

現在の要素、属性の値を取得するのですから、「.」を指定します。

10/3 第10日 3時限目

A (dl.aspx)

【解答例】

```
<%@ Page Language="JScript" ContentType="text/xml" %>
<%@ Import Namespace="System.IO" %>
<%@ Import Namespace="System.Data" %>
<%@ Import Namespace="System.Data.OleDb" %>
<script language="JScript" runat="Server">
function Page_Load(snd : Object,e : EventArgs){
  Response.Write("<?xml version=¥"1.0¥" encoding=→
  ¥"UTF-8¥" ?>");
  Response.Write("<?xml-stylesheet type=→
  ¥"text/xsl¥" href=¥"books.xsl¥" ?>");
  var objSw : StringWriter=new StringWriter();
```

```
  var db : OleDbConnection=new OleDbConnection(
  "Provider=Microsoft.Jet.OLEDB.4.0;Data Source=
  " + MapPath("xml.mdb"));
  db.Open();
  var com : OleDbDataAdapter=new OleDbDataAdapter(
  "SELECT * FROM master",db);
  var ds : DataSet=new DataSet();
  com.Fill(ds,"master");
  ds.WriteXml(objSw);
  Response.Write(objSw.ToString());
  db.Close()
}
</script>
```

ブラウザに対して、XML形式でデータを出力する場合は、コンテンツタイプ（ContentTypeプロパティ）に"text/xml"をセットします。

データベースからの出力結果は、books.xslに対応する形式で各要素にマッピングしてやればOKです。今回はすでにADO .NETからの出力結果を想定したXSLTスタイルシートが提供されていますので、比較的簡単だったのではないのでしょうか。問題文に「ブラウザ側でXSLTスタイルシートbooks.xslと関連づけ」とありますので、かならず<?xml-stylesheet ?>処理命令を記述するのを忘れないようにしましょう。

なお、1時限目でもご紹介したように、<asp:Xml>サーバコントロールの配下にXML文書を動的に出力することで、サーバサイドでXSLT変換を行うというようなこともできるでしょう。上のコードを参考にすれば比較的簡単にできるはずですので、余力のある方は是非挑戦してみてください。

索引

記号／数字

--	50
!=	51
#	155
#FIXED	5,158
#IMPLIED	5,158
#PCDATA	xvi,5,156
#REQUIRED	5,158
&#	167
&#x	167
&&	222
()	50
*	29,50,155
,	155
.	29
.NET Framework SDK	225
.NET Framework Software Development Kit	226
/	29
//	29,129,130
:	29
?	155
@	29,266
@ Page	234,258
@ Import	234
[]	50
¦	51,155,268,288
+	50,155
+=	131
<	51
<![CDATA[〜]]>	211
<!--〜-->	17
<!ATTRIST	157
<!DOCTYPE	154
<!ELEMENT	155
<?xml	6
<?xml ?>	264
<?xml-stylesheet	265
<?xml-stylesheet?>	24
<=	51
=	51
==	221
>	51
>=	51
¥n	131
¥r	131
¥t	131

A

Active server Pages	147
ActiveXobject	271
ADO(ActiveX Database Objects).NET	252
ADO.NET	258
and	50
ANY	5,156
Append	248
AppendChild	140
ASP	147
ASP.NET	223,224
asp:Xml	235
async	108,271
ATTLIST	5
Attribute	122
AttributeCount	249
<apply-templates>	63
<asp:Xml>	288

B

baseName	131
BaseURI	249
binary	176

boolean	86,176	default	181
byte	176	Depth	249
		div	50
C		DOCTYPE	5
C#	234	document	85
CDATA	5,157	Document Type Definition	150
CDATAセクション	211	documentElement	113,271
CDATAセクションノード	139	DOM	104,106,119,244
ceiling	87	DOM(Document Object Model)	xii
century	176	DOMオブジェクト	116
childNodes	113,129	double	176
Close	249	DTD	xiii,xiv,xvi,150,160,174,183
comment()	65	DTD(Document Type Definition)	x
ComponentChecker	260		
concat	86	**E**	
contains	86	ELEMENT	5
ContentType	258,289	element-available	89
count	85	EMPTY	5,156
createAttribute	138	encoding	5,6,246,249
createCDATAsection	139	ENTITES	5,157
createComment	139	ENTITY	5,157,176
createDocumentFragment	139	enumeraition	157
createElement	137	errorCode	205
createEntityReference	139		
createProcessingInstruction	139	**F**	
createTextNode	139	fales	86
css	24,39	filepos	205
CSV	xiii	Fill	259
current	88	firstChild	115
		fixd	181
D		float	176
data-type	47,131	floor	90
date	176	FO(Formatting Object)	xi,40
DateSet	259	for	114
decimal	176	format-number	75,91,98,268

function-available	92

G

getAttribute	124
getAttributeNode	123
getElementsByTagName	130,274
GetEncoding	246
getNamedItem	123
getQualifiedItem	123

H

HasAttributes	249
hasChildNodes	131
href	24
HTML	ix
HTML(HyperText Markup Language)	viii

I

ID	5,157,176
IDE	235
IDREF	5,157,176
IDREFS	5,157,176
IGNORE	5
IIS	225
INCLUDE	5
insertBefore	141,275
integer	176
Integrated Development EnviroMent	235
Internet Information Services	225
IsEmptyElement	249
item	114,131

J

JavaScript	104,107
Jscript.NET	234

JSP	147

L

lang	86
last	85
lastChild	115,146
length	113
line	205
LineNumber	249
LinePosition	249
load	107,204,271
loadXML	205
LocalName	249
local-name	85
long	176

M

MapPath	237,287
MaxOccurs	179
Microsoft Access	253
minOccurs	179
mod	50
month	176
MoveToNextAttribute	248
MSXML	171

N

name	85,176,248,249,288
name()	66
Namespaces	249
namespaceURI	131,249
namespace-uri	85
NaN	269
NCNAME	176
NDATA	5

negativeInteger	176	PUBLIC	6
nextSibling	115		
NMTOKEN	5,157,176	**Q**	
NMTOKENS	6,157,176	QNAME	176
NodeType	249		
node()	65	**R**	
nodeName	131	RDV	xiii
nodeType	131	Read	245
nodeTypeString	131	reason	205
nonNegativeInteger	176	removeAttribute	145
nonPositiveInteger	176	removeAttributeNode	146
normalize-space	86	removeChild	145
not	51,86	removeNamedItem	146
NOTATION	6,176	removeQualifiedItem	146
number	93	replaceChild	146
number()	49	required	181
		Response.AddHeader	258
O		round	94
OleDbConnection	259	**S**	
One Source、Multi Use	x		
Open	259	save	147
optional	181	SAX	245
or	51	schemas	204
		script	219
P		<script>	107,211,236
Page_Load	237	selectNodes	129,220,275
parent	220	selectSingleNode	130,275
parentNode	116,129,275	setAttributeNode	139,140
parseError	204	setNamedItem	140
position()	85	SGML	ix
positivinteger	176	short	176
prefix	131,249	srcText	205
previousSibling	115	standalone	6,7
Processing Instruction	7	start-with	86
processing-instruction()	65	StreamWriter	246

string	86,176,247
StringBuilder	247
string-length	86
StringWriter	259
substring	86,269
substring-after	86
substring-before	86
sum	85,95,269
SYSTEM	6
System.Xml.Xsl名前空間	234
System.Xml名前空間	234
system-property	96

T

TDV	xiii
text	109,122,271
time	176
timeDuration	176
ToString	249,259
Transform	288
transformNode	212
true	86
type	24

U

unbounded	179
Unicode	7
Union	268,288
unsignedByte	176
unsignedInt	176
unsignedLong	176
unsignedShort	176
uriReference	176
url	205
URN	203
UserAgent	289
UTF-8	264

V

Vaild(妥当)なXML	xiii,xiv
Vaild(妥当)なXML文書	155
Value	249
version	6,6
Visual Basic.NET	234
Visual Studio.NET	235

W

W3C（World wide Web Consortium）	xi
Well-Formed(整形式)	xiv
Well-Formed(整形式)なXML文書	155
Well-Formed XML	xiv
while	115
Write	249,259
WriteXml	259

X

xLink	159,x
XML	4,6,109
XML Schema	x,xv,xvi,170,174,183
XML(eXtensible Markup Language)	viii
xml:lang	6
xml:space	6
XMLDocument	211,234,237
XMLDOMAttribute	116
XMLDOMComment	116
XMLDOMDocument	116
XMLDOMDocument2	107,203,271
XMLDOMDocumentType	116
XMLDOMElement	116
XMLDOMEntityReference	116

XMLDOMNamedNodeMap	116,122,146	XSL	40
XMLDOMNode	113,116	XSL(eXtensible Stylesheet language)	xi
XMLDOMNodeList	113,116,221	<xsl:apply-templates>	35,266
XMLDOMParseError	204	<xsl:attribute>	48,63
XMLDOMProcessingInstruction	116	<xsl:attribute-set>	97,269
XMLDOMSchemaCache	203	<xsl:choose>	49,74,84
XMLDOMText	116	<xsl:decimal-format>	98,269
XmlTextReader	244	<xsl:element>	48
XMLコントロール	236	<xsl:for-each>	38,266
xPath	29,126,219	<xsl:if>	73,84,268
xPath関数	85	<xsl:include>	99,269
XPointer	x	<xsl:message>	88
<xsd:all>	177	<xsl:number>	65
<xsd:attribute>	181	<xsl:otherwise>	49
<xsd:attributeGroup>	189	<xsl:output>	26,268
<xsd:choice>	188	<xsl:sort>	39,275,266
<xsd:complexType>	177,180	<xsl:stylesheet>	25,265
<xsd:element>	175	<xsl:template>	25,63
<xsd:encoding>	193	<xsl:text>	27,266
<xsd:enumeration>	191	<xsl:value-of>	28,266
<xsd:include>	194	<xsl:variable>	96
<xsd:length>	193	<xsl:when>	49
<xsd:list>	193	xsl:use-attribute-sets	98,269
<xsd:maxExclusive>	193	XSLDocument	211
<xsd:maxInclusive>	193	XSLT	viii,x,xi,xi,20,119
<xsd:maxLength>	193,194	XslTransform	237,287
<xsd:minExclusive>	193	XslTransformクラス	234
<xsd:minInclusive>	193		
<xsd:minLength>	193	**Y**	
<xsd:pattern>	192		
<xsd:precision>	193	year	176
<xsd:restriction>	178,190,191,194		
<xsd:scale>	193		
<xsd:schema>	174		
<xsd:sequence>	177		

あ

イベント	236
イベントドリブン型	236
イベントプロシージャ	236
入れ子	264
インスタンス	154
エスケープ	49
オーバーラップ	264
大文字	264
親子	17

か

外部DTD	165
外部サブセット	154,165
外部実体参照	167
仮想ディレクトリ	229
カレントノード	37
カンマ区切りテキスト	240
簡略形	51
記法宣言	154
兄弟	17
クラス	234
グルーピング	50
結合	51,288
候補値	157
固定長ファイル	240
コメント	17
コメントノード	139
小文字	264

さ

サーバコントロール	235
サーバサイド	233
サーバサイドスクリプト	223
サーブレット	147

最上位要素	8
実体	166
実体参照	157,166
実体参照ノード	139
実体宣言	154
処理命令	7
処理命令ノード	139
スキーマ	170
正規表現	191
双方向リンク	159
属性	4
属性ノード	138
属性リスト	122,157
属性リスト宣言	154

た

第1要素	7
タグ	4
タグの省略	265
タブ区切りテキスト	240
ダブルクォーテーション	264
単純型要素	177
データ型	157,176
テキストノード	139
テンプレート	25,35
同期	108
統合開発環境	235
登場回数	155,178
登場順序	155
ドキュメントの断片	139

な

内部サブセット	154,165
内部実体参照	166
名前空間	xvi,133,234

名前空間セパレータ	29
名前トークン	157
日本語	18
ネスト	9
ノード	5
ノードウォーキング	110,126
ノードセット関数	85

は

バージョン	6
パス	29
秀丸エディタ	xvi
フィルタパターン	49,50,74,220,268
ブーリアン（真偽）関数	86
複雑型要素	177
文書型宣言	150
文書修飾言語	x

ま

マークアップ言語	viii
メタ記述言語	x
文字	5
文字コード	6
文字列関数	86

や

ユーザエージェント	239
ユニコード	7
ゆらぎ	188
要素	4
要素型	155,179
要素型宣言	154
要素ノード	137
予約語	5

ら

リンク	159
ルート（最上位）要素	265
ルート要素	7,17
列挙	157
連番	65
論理積	50
論理和	51

著者紹介
◎
山田 祥寛
やまだ よしひろ

静岡県生まれ。一橋大学経済学部卒業後、コンピュータメーカにてシステム企画業務に携わるが、2003年4月をもってフリーライターに転身。主な著書に『10日でおぼえるJakarta入門教室』『10日でおぼえるJSP/サーブレット入門教室』(以上、小社刊)、『プチリファレンスPHP』『今日からつかえるPHP4サンプル集』『プチリファレンスJSP＆サーブレット』『今日からつかえるJSP＆サーブレットサンプル集』『今日からつかえるASP3.0サンプル集』(以上、秀和システム刊)、『JSP/PHP/ASPサーバサイドプログラミング徹底比較』(技術評論社刊) など。また、@ITでは.NET、Windows、Java、Linux、Database、XMLなど各フォーラムにて連載、『.NET Magazine』(小社刊)『日経ソフトウェア』(日経ＢＰ刊) 連載記事、『Web+DB Press』『Software Design』『Java Press』(技術評論社刊) 読切記事、などでも活躍中。最近の活動内容は、著者サポートサイト (http://www.wings.msn.to/) にて。

「10日でおぼえる」のホームページ

本書の内容確認には十分気を付けていますが、万一プログラムコードや本文の誤記などで訂正が発生した場合には、下記ホームページにて訂正内容をお知らせいたします。ご利用ください。

http://www.shoeisha.com/book/hp/10days/

ブックデザイン　株式会社アレフ・ゼロ (宇田俊彦)
DTPオペレーション　株式会社ムックハウスJr.

10日でおぼえる
XML入門教室
第2版

2001年12月 4日　初版第1刷発行
2004年10月 1日　第2版第1刷発行
2010年 5月15日　第2版第9刷発行

著者　山田 祥寛
発行人　佐々木 幹夫
発行所　株式会社翔泳社
(http://www.shoeisha.co.jp)

印刷・製本　日経印刷株式会社

© 2004 Yoshihiro Yamada

●本書は著作権上の保護を受けています。本書の一部または全部について (ソフトウェアおよびプログラムを含む)、株式会社翔泳社から文書による許諾を得ずに、いかなる方法においても無断で複写、複製することは禁じられています。
●落丁・乱丁はお取り替えいたします。03-5362-3705までご連絡ください。
●本書の内容に関するお問い合わせについては、本書ii ページ記載のガイドラインに従った方法でお願いします。

ISBN4-7981-0487-6　Printed in Japan